石油企业岗位练兵手册

轻烃装置操作工

（第二版）

大庆油田有限责任公司　编

石油工业出版社

内容提要

本书采用问答形式，对轻烃装置操作工的相关知识和问题进行了介绍与解答，主要内容分为基本素养、基础知识、基本技能、HSE 知识四部分。基本素养包括企业文化、发展纲要和职业道德等内容；基础知识包括与轻烃装置操作工岗位密切相关的名词解释和问答等内容；基本技能包括操作技能、风险点源识别、常见故障判断处理等内容；HSE 知识包括基础 HSE 知识、风险识别以及必备技能。本书适合轻烃装置操作工阅读使用。

图书在版编目（CIP）数据

轻烃装置操作工 / 大庆油田有限责任公司编 .—2 版 .—北京：石油工业出版社，2023.9
（石油企业岗位练兵手册）
ISBN 978-7-5183-6300-1

Ⅰ .①轻⋯ Ⅱ .①大 ⋯ Ⅲ .①烃 – 石油炼制 – 化工设备 – 操作 – 技术手册 Ⅳ .① TE96-62

中国国家版本馆 CIP 数据核字（2023）第 169254 号

出版发行：石油工业出版社
（北京市朝阳区安华里 2 区 1 号楼 100011）
网　址：www.petropub.com
编辑部：（010）64243803
图书营销中心：（010）64523633
经　　销：全国新华书店
印　　刷：北京中石油彩色印刷有限责任公司

2023 年 9 月第 2 版　2023 年 9 月第 1 次印刷
880×1230 毫米　开本：1/32　印张：17.25
字数：430 千字

定价：54.00 元
（如出现印装质量问题，我社图书营销中心负责调换）

《轻烃装置操作工》编委会

主　　任：陶建文

执行主任：李钟磬

副 主 任：夏克明　张　兵

委　　员：全海涛　崔　伟　张智博　武　威　郭　红
　　　　　余　斌　姜　猛　张　丹　赵　辉

《轻烃装置操作工》编审组

孟庆祥　李　馨　王恒斌　常　城　张希彬　郭鸣轩
陈　曦　赵燕飞　邓　蕾　李圣龙　白艳明　肖　戈
于　丽　孟　琦　宋富庆　赵晓辉　吕广博　魏文昭
郑成新　孙　建　周　靖　王胜男　徐隆江　韩梓伊
王昊江　朱侠成　吴丹丹　曲　鑫　刘　丹　王继峰
姚建鑫　孙亚彬　杨宇龙　郭　超　周　洁　徐志峰
包立强　崔秋丽　张　蕾　张因秀　郝振庆　李程顺
刘　涛　王　礼　晏　硕　张丹迪　于云龙　宋　爽
庄学武　黄学庆　李新伟　向红一　王　云　常秀芹
王　建　陈　钊　王川甲子　冯　德　赵　阳　于海龙
王　辉　刘　博　唐　岩　孙胜勇　丁　誉　代　勇
李庆峰　裴庆银　刘君富　徐广森　刘　欧　杜辅祥
李　亮　高向向　吴景刚　邓　涵

前言

岗位练兵是大庆油田的优良传统，是强化基本功训练、提升员工素质的重要手段。新时期、新形势下，按照全面加强“三基”工作的有关要求，为进一步强化和规范经常性岗位练兵活动，切实提高基层员工队伍的基本素质，按照“实际、实用、实效”的原则，大庆油田有限责任公司人事部组织编写、修订了基层员工《石油企业岗位练兵手册》丛书。围绕提升政治素养和业务技能的要求，本套丛书架构分为基本素养、基础知识、基本技能三部分，基本素养包括企业文化（大庆精神铁人精神、优良传统）、发展纲要和职业道德等内容；基础知识包括与工种岗位密切相关的专业知识和HSE知识等内容；基本技能包括操作技能和常见故障判断处理等内容。本套丛书的编写，严格依据最新行业规范和技术标准，同时充分结合目前专业知识更新、生产设备调整、操作工艺优化等实际情况，具有突出的实用性和规范性的特点，既能作为基层开展岗位练兵、提高业务技能的实用教材，也可以作为员工岗位自学、单位开展技能竞赛的参考资料。

希望各单位积极应用，充分发挥本套丛书的基础性作用，持续、深入地抓好基层全员培训工作，不断提升员工队伍整体素质，为实现公司科学发展提供人力资源保障。同时，希望各单位结合本套丛书的应用实践，对丛书的修改完善提出宝贵意见，以便更好地规范和丰富丛书内容，为基层扎实有效地开展岗位练兵活动提供有力支撑。

大庆油田有限责任公司人事部

2023 年 4 月 28 日

目录

第一部分 基本素养

第二部分　基础知识

第三部分　基本技能

第四部分 HSE知识

第一部分
基本素养

企业文化

（一）名词解释

1. 石油精神：石油精神以大庆精神铁人精神为主体，是对石油战线企业精神及优良传统的高度概括和凝练升华，是我国石油队伍精神风貌的集中体现，是历代石油人对人类精神文明的杰出贡献，是石油石化企业的政治优势和文化软实力。其核心是“苦干实干”“三老四严”。

2. 大庆精神：为国争光、为民族争气的爱国主义精神；独立自主、自力更生的艰苦创业精神；讲究科学、“三老四严”的求实精神；胸怀全局、为国分忧的奉献精神，凝练为“爱国、创业、求实、奉献”8个字。

3. 铁人精神：“为国分忧、为民族争气”的爱国主义精神；“宁肯少活二十年，拼命也要拿下大油田”的忘我拼搏精神；“有条件要上，没有条件创造条件也要上”的艰苦奋斗精神；“干工作要经得起子孙万代检查”“为革命练一身硬功夫、真本事”的科学求实精神；“甘愿为党和人民当一辈子老黄牛”、埋头苦干的无私奉献精神。

4. 三超精神：超越权威，超越前人，超越自我。

5. 艰苦创业的六个传家宝：人拉肩扛精神，干打垒精神，五把铁锹闹革命精神，缝补厂精神，回收队精神，修旧利废精神。

6. 三要十不：“三要”：一要甩掉石油工业的落后帽子；二要高速度、高水平拿下大油田；三要在会战中夺冠军，争取集体荣誉。“十不”：第一，不讲条件，就是说有条件要上，没有条件创造条件上；第二，不讲时间，特别是工作紧张时，大家都不分白天黑夜地干；第三，不讲报酬，干啥都是为了革命，为了石油，而不光是为了个人的物质报酬而劳动；第四，不分级别，有工作大家一起干；第五，不讲职务高低，不管是局长、队长，都一起来；第六，不分你我，互相支援；第七，不分南北东西，就是不分玉门来的、四川来的、新疆来的，为了大会战，一个目标，大家一起上；第八，不管有无命令，只要是该干的活就抢着干；第九，不分部门，大家同心协力；第十，不分男女老少，能干什么就干什么、什么需要就干什么。这“三要十不”，激励了几万职工团结战斗、同心协力、艰苦创业，一心为会战的思想和行动，没有高度觉悟是做不到的。

7. 三老四严：对待革命事业，要当老实人，说老实话，办老实事；对待工作，要有严格的要求，严密的组织，严肃的态度，严明的纪律。

8. 四个一样：对待革命工作要做到，黑天和白天一个样，坏天气和好天气一个样，领导不在场和领导在场一个样，没有人检查和有人检查一个样。

9. 思想政治工作“两手抓”：抓生产从思想入手，抓思想从生产出发。这是大庆人正确处理思想政治工作与经济工作关系的基本原则，也是大庆人思想政治工作的一条基本经验。

10. 岗位责任制管理：大庆油田岗位责任制，是大庆石油会战时期从实践中总结出来的一整套行之有效的基础管理方法，也是大庆油田特色管理的核心内容。其实质就是把全部生产任务和管理工作落实到各个岗位上，给企业每个岗位人员都规定出具体的任务、责任，做到事事有人管，人人有专责，办事有标准，工作有检查。它包括工人岗位责任制、基层干部岗位责任制、领导干部和机关干部岗位责任制。工人岗位责任制一般包括岗位专责制、交接班制、巡回检查制、设备维修保养制、质量负责制、岗位练兵制、安全生产制、班组经济核算制等 8 项制度；基层干部岗位责任制包括岗位专责制、工作检查制、生产分析制、经济活动分析制、顶岗劳动制、学习制度等 6 项制度；领导干部和机关干部岗位责任制包括岗位专责制、现场办公制、参加劳动制、向工人学习日制、工作总结制、学习制度等 6 项制度。

11. 三基工作：以党支部建设为核心的基层建设，以岗位责任制为中心的基础工作，以岗位练兵为主要内容的基本功训练。

12. 四懂三会：这是在大庆石油会战时期提出的对各行各业技术工人必备的基本知识、基本技能的基本要求，也是“应知应会”的基本内容。四懂即懂设备结构、懂设备原理、懂设备性能、懂工艺流程。三会即会操作、会维修保养、会排除故障。

13. 五条要求：人人出手过得硬，事事做到规格化，项项工程质量全优，台台在用设备完好，处处注意勤俭节约。

14. 会战时期“五面红旗”：王进喜、马德仁、段兴枝、薛国邦、朱洪昌。

15. 新时期铁人：王启民。

16. 大庆新铁人：李新民。

17. 新时代履行岗位责任、弘扬严实作风“四条要求”：要人人体现严和实，事事体现严和实，时时体现严和实，处处体现严和实。

18. 新时代履行岗位责任、弘扬严实作风“五项措施”：开展一场学习，组织一次查摆，剖析一批案例，建立一项制度，完善一项机制。

（二）问答

1. 简述大庆油田名称的由来。

1959 年 9 月 26 日，新中国成立十周年大庆前夕，位于黑龙江省原肇州县大同镇附近的松基三井喷出了具有工业价值的油流，为了纪念这个大喜大庆的日子，当时黑龙江省委第一书记欧阳钦同志建议将该油田定名为大庆油田。

2. 中共中央何时批准大庆石油会战？

1960 年 2 月 13 日，石油工业部以党组的名义向中共中央、国务院提出了《关于东北松辽地区石油勘探情况和今后部署问题的报告》。1960 年 2 月 20 日中共中央正式批准大庆石油会战。

3. 什么是“两论”起家？

1960年4月10日，大庆石油会战一开始，会战领导小组就以石油工业部机关党委的名义作出了《关于学习毛泽东同志所著〈实践论〉和〈矛盾论〉的决定》，号召广大会战职工学习毛泽东同志的《实践论》《矛盾论》和毛泽东同志的其他著作，以马列主义、毛泽东思想指导石油大会战，用辩证唯物主义的立场、观点、方法，认识油田规律，分析和解决会战中遇到的各种问题。广大职工说，我们的会战是靠“两论”起家的。

4. 什么是“两分法”前进？

即在任何时候，对任何事情，都要用“两分法”，形势好的时候要看到不足，保持清醒的头脑，增强忧患意识，形势严峻的时候更要一分为二，看到希望，增强发展的信心。

5. 简述会战时期“五面红旗”及其具体事迹。

“五面红旗”喻指大庆石油会战初期涌现的五位先进榜样：王进喜、马德仁、段兴枝、薛国邦、朱洪昌。钻井队长王进喜带领队伍人拉肩扛抬钻机，端水打井保开钻，在发生井喷的危急时刻，奋不顾身跳下泥浆池，用身体搅拌泥浆制服井喷。钻井队长马德仁在泥浆泵上水管线冻结时，不畏严寒，破冰下泥浆池，疏通上水管线。钻井队长段兴枝在吊车和拖拉机不足的情况下，利用钻机本身的动力设施，解决了钻机搬家的困难。大庆油田第一个采油队队长薛国邦自制绞车，给第一批油井清蜡，又手持蒸汽管下到油池里化开凝结的原油，保证了大庆油田首次原油外运列车顺利启程。工程队队长朱洪昌在供水管线漏水时，用手捂着漏点，忍着灼烧的疼痛，让焊工焊接裂缝，保证了供水工程提前竣工。

6. 大庆油田投产的第一口油井和试注成功的第一口水井各是什么？

1960年5月16日，大庆油田第一口油井中7-11井投产；1960年10月18日，大庆油田第一口注水井7排11井试注成功。

7. 大庆石油会战时期讲的“三股气”是指什么？

对一个国家来讲，就要有民气；对一个队伍来讲，就要有士气；对一个人来讲，就要有志气。三股气结合起来，就会形成强大的力量。

8. 什么是“九热一冷”工作法？

大庆石油会战中创造的一种领导工作方法。是指在1旬中，有9天“热”，1天“冷”。每逢十日，领导干部再忙，也要坐在一起开务虚会，学习上级指示，分析形势，总结经验，从而把感性认识提高到理性认识上来，使领导作风和领导水平得到不断改进和提高。

9. 什么是“三一”“四到”“五报”交接班法？

对重要的生产部位要一点一点地交接、对主要的生产数据要一个一个地交接、对主要的生产工具要一件一件地交接。交接班时应该看到的要看到、应该听到的要听到、应该摸到的要摸到、应该闻到的要闻到。交接班时报检查部位、报部件名称、报生产状况、报存在的问题、报采取的措施，开好交接班会议，会议记录必须规范完整。

10. 大庆油田原油年产5000万吨以上持续稳产的时间是哪年？

1976年至2002年，大庆油田实现原油年产5000万吨以上连续27年高产稳产，创造了世界同类油田开发史上的奇迹。

11. 大庆油田原油年产4000万吨以上持续稳产的时间是哪年？

2003年至2014年，大庆油田实现原油年产4000万吨以上连续12年持续稳产，继续书写了“我为祖国献石油”新篇章。

12. 中国石油天然气集团有限公司企业精神是什么？

石油精神和大庆精神铁人精神。

13. 中国石油天然气集团有限公司的主营业务是什么？

中国石油天然气集团有限公司是国有重要骨干企业和全球主要的油气生产商和供应商之一，是集国内外油气勘探开发和新能源、炼化销售和新材料、支持和服务、资本和金融等业务于一体的综合性国际能源公司，在全球32个国家和地区开展油气投资业务。

14. 中国石油天然气集团有限公司的企业愿景和价值追求分别是什么？

企业愿景：建设基业长青世界一流综合性国际能源公司；

企业价值追求：绿色发展、奉献能源，为客户成长增动力、为人民幸福赋新能。

15. 中国石油天然气集团有限公司的人才发展理念是什么？

生才有道、聚才有力、理才有方、用才有效。

16. 中国石油天然气集团有限公司的质量安全环保理念是什么？

以人为本、质量至上、安全第一、环保优先。

17. 中国石油天然气集团有限公司的依法合规理念是什么？

法律至上、合规为先、诚实守信、依法维权。

二、发展纲要

（一）名词解释

1. 三个构建：一是构建与时俱进的开放系统；二是构建产业成长的生态系统；三是构建崇尚奋斗的内生系统。

2. 一个加快：加快推动新时代大庆能源革命。

3. 抓好“三件大事”：抓好高质量原油稳产这个发展全局之要；抓好弘扬严实作风这个标准价值之基；抓好发展接续力量这个事关长远之计。

4. 谱写“四个新篇”：奋力谱写“发展新篇”；奋力谱写“改革新篇”；奋力谱写“科技新篇”；奋力谱写“党建新篇”。

5. 统筹“五大业务”：大力发展油气业务；协同发展服务业务；加快发展新能源业务；积极发展“走出去”业务；特色发展新产业新业态。

6. “十四五”发展目标：实现“五个开新局”，即稳油增气开新局；绿色发展开新局；效益提升开新局；幸福生活开新局；企业党建开新局。

7. 高质量发展重要保障：思想理论保障；人才支持保障；基础环境保障；队伍建设保障；企地协作保障。

（二）问答

1. 习近平总书记致大庆油田发现60周年贺信的内容是什么？

值此大庆油田发现 60 周年之际，我代表党中央，向大庆油田广大干部职工、离退休老同志及家属表示热烈的祝贺，并致以诚挚的慰问！

60 年前，党中央作出石油勘探战略东移的重大决策，广大石油、地质工作者历尽艰辛发现大庆油田，翻开了中国石油开发史上具有历史转折意义的一页。60 年来，几代大庆人艰苦创业、接力奋斗，在亘古荒原上建成我国最大的石油生产基地。大庆油田的卓越贡献已经镌刻在伟大祖国的历史丰碑上，大庆精神、铁人精神已经成为中华民族伟大精神的重要组成部分。

站在新的历史起点上，希望大庆油田全体干部职工不忘初心、牢记使命，大力弘扬大庆精神、铁人精神，不断改革创新，推动高质量发展，肩负起当好标杆旗帜、建设百年油田的重大责任，为实现“两个一百年”奋斗目标、实现中华民族伟大复兴的中国梦作出新的更大的贡献！

2. 当好标杆旗帜、建设百年油田的含义是什么？

当好标杆旗帜——树立了前行标尺，是我们一切工作的根本遵循。大庆油田要当好能源安全保障的标杆、国企深化改革的标杆、科技自立自强的标杆、赓续精神血脉的标杆。

建设百年油田——指明了前行方向，是我们未来发展的奋斗目标。百年油田，首先是时间的概念，追求能源主业的升级发展，建设一个基业长青的百年油田；百年油田，也是空间的拓展，追求发展舞台的开辟延伸，建设一个走向世界的百年油田；百年油田，更是精神的赓续，追求红色基因的传承弘扬，建设一个旗帜高扬的百年油田。

3. 大庆油田 60 多年的开发建设取得的辉煌历史有哪些？

大庆油田 60 多年的开发建设，为振兴发展奠定了坚实基础。建成了我国最大的石油生产基地；孕育形成了大庆精神铁人精神；创造了世界领先的陆相油田开发技术；打造了过硬的“铁人式”职工队伍；促进了区域经济社会的繁荣发展。

4. 开启建设百年油田新征程两个阶段的总体规划是什么？

第一阶段，从现在起到 2035 年，实现转型升级、高质量发展；第二阶段，从 2035 年到本世纪中叶，实现基业长青、百年发展。

5. 大庆油田“十四五”发展总体思路是什么？

坚持以习近平新时代中国特色社会主义思想为指导，深入贯彻落实党的二十大精神，牢记践行习近平总书记重要讲话重要指示批示精神特别是“9·26”贺信精神，完整、准确、全面贯彻新发展理念，服务和融入新发展格局，立足增强能源供应链稳定性和安全性，贯彻落实国家“十四五”现代能源体系规划，认真落实中国石油天然气集团有限公司党组和黑龙江省委省政府部署要求，全面加强党的领导党的建设，坚持稳中求进工作总基调，突出高质量发展主题，遵循“四个坚持”兴企方略和“四化”治企准则，推进实施以抓好“三件大事”为总纲、以谱写“四个新篇”为实践、以统筹“五大业务”为发展支撑的总体战略布局，全面提升企业的创新力、竞争力和可持续发展能力，当好标杆旗帜、建设百年油田，开创油田高质量发展新局面。

6. 大庆油田“十四五”发展基本原则是什么？

坚持“九个牢牢把握”，即牢牢把握“当好标杆旗帜”这个根本遵循；牢牢把握“市场化道路”这个基本方向；牢牢把握“低成本发展”这个核心能力；牢牢把握“绿色低碳转型”这个发展趋势；牢牢把握“科技自立自强”这个战略支撑；牢牢把握“人才强企工程”这个重大举措；牢牢把握“依法合规治企”这个内在要求；牢牢把握“加强作风建设”这个立身之本；牢牢把握“全面从严治党”这个政治引领。

7. 中国共产党第二十次全国代表大会会议主题是什么？

高举中国特色社会主义伟大旗帜，全面贯彻新时代中国特色社会主义思想，弘扬伟大建党精神，自信自强、守正创新，踔厉奋发、勇毅前行，为全面建设社会主义现代化国家、全面推进中华民族伟大复兴而团结奋斗。

8. 在中国共产党第二十次全国代表大会上的报告中，中国共产党的中心任务是什么？

从现在起，中国共产党的中心任务就是团结带领全国各族人民全面建成社会主义现代化强国、实现第二个百年奋斗目标，以中国式现代化全面推进中华民族伟大复兴。

9. 在中国共产党第二十次全国代表大会上的报告中，中国式现代化的含义是什么？

中国式现代化，是中国共产党领导的社会主义现代化，既有各国现代化的共同特征，更有基于自己国情的中国特色。中国式现代化是人口规模巨大的现代化；中国式现代化是全体人民共同富裕的现代化；中国式现代化是物质文明和精神文明相协调的现代化；中国式现代化是人与自然和谐共生的现代化；中国式现代化是走和平发展道路的现代化。

10. 在中国共产党第二十次全国代表大会上的报告中，两步走是什么？

全面建成社会主义现代化强国，总的战略安排是分两步走：从二〇二〇年到二〇三五年基本实现社会主义现代化；从二〇三五年到本世纪中叶把我国建成富强民主文明和谐美丽的社会主义现代化强国。

11. 在中国共产党第二十次全国代表大会上的报告中，“三个务必”是什么？

全党同志务必不忘初心、牢记使命，务必谦虚谨慎、艰苦奋斗，务必敢于斗争、善于斗争，坚定历史自信，增强历史主动，谱写新时代中国特色社会主义更加绚丽的华章。

12. 在中国共产党第二十次全国代表大会上的报告中，牢牢把握的“五个重大原则”是什么？

坚持和加强党的全面领导；坚持中国特色社会主义道路；坚持以人民为中心的发展思想；坚持深化改革开放；坚持发扬斗争精神。

13. 在中国共产党第二十次全国代表大会上的报告中，十年来，对党和人民事业具有重大现实意义和深远意义的三件大事是什么？

一是迎来中国共产党成立一百周年，二是中国特色社会主义进入新时代，三是完成脱贫攻坚、全面建成小康社会的历史任务，实现第一个百年奋斗目标。

14. 在中国共产党第二十次全国代表大会上的报告中，坚持“五个必由之路”的内容是什么？

全党必须牢记，坚持党的全面领导是坚持和发展中国特色社会主义的必由之路，中国特色社会主义是实现中华民族伟大复兴的必由之路，团结奋斗是中国人民创造历史伟业的必由之路，贯彻新发展理念是新时代我国发展壮大的必由之路，全面从严治党是党永葆生机活力、走好新的赶考之路的必由之路。

职业道德

（一）名词解释

1. 道德：是调节个人与自我、他人、社会和自然界之间关系的行为规范的总和。

2. 职业道德：是同人们的职业活动紧密联系的、符合职业特点所要求的道德准则、道德情操与道德品质的总和。

3. 爱岗敬业：爱岗就是热爱自己的工作岗位，热爱自己从事的职业；敬业就是以恭敬、严肃、负责的态度对待工作，一丝不苟，兢兢业业，专心致志。

4. 诚实守信：诚实就是真心诚意，实事求是，不虚假，不欺诈；守信就是遵守承诺，讲究信用，注重质量和信誉。

5. 劳动纪律：是用人单位为形成和维持生产经营秩序，保证劳动合同得以履行，要求全体员工在集体劳动、工作、生活过程中，以及与劳动、工作紧密相关的其他过程中必须共同遵守的规则。

6. 团结互助：指在人与人之间的关系中，为了实现共同的利益和目标，互相帮助，互相支持，团结协作，共同发展。

（二）问答

1. 社会主义精神文明建设的根本任务是什么？

适应社会主义现代化建设的需要，培育有理想、有道德、有文化、有纪律的社会主义公民，提高整个中华民族的思想道德素质和科学文化素质。

2. 我国社会主义道德建设的基本要求是什么？

爱祖国、爱人民、爱劳动、爱科学、爱社会主义。

3. 为什么要遵守职业道德？

职业道德是社会道德体系的重要组成部分，它一方面具有社会道德的一般作用，另一方面它又具有自身的特殊作用，具体表现在：（1）调节职业交往中从业人员内部以及从业人员与服务对象间的关系。（2）有助于维护和提高本行业的信誉。（3）促进本行业的发展。（4）有助于提高全社会的道德水平。

4. 爱岗敬业的基本要求是什么？

（1）要乐业。乐业就是从内心里热爱并热心于自己所从事的职业和岗位，把干好工作当作最快乐的事，做到其乐融融。（2）要勤业。勤业是指忠于职守，认真负责，刻苦勤奋，不懈努力。（3）要精业。精业是指对本职工作业务纯熟，精益求精，力求使自己的技能不断提高，使自己的工作成果尽善尽美，不断地有所进步、有所发明、有所创造。

5. 诚实守信的基本要求是什么？

（1）要诚信无欺。（2）要讲究质量。（3）要信守合同。

6. 职业纪律的重要性是什么？

职业纪律影响企业的形象，关系企业的成败。遵守职业纪律是企业选择员工的重要标准，关系到员工个人事业成功与发展。

7. 合作的重要性是什么？

合作是企业生产经营顺利实施的内在要求，是从业人员汲取智慧和力量的重要手段，是打造优秀团队的有效途径。

8. 奉献的重要性是什么？

奉献是企业发展的保障，是从业人员履行职业责任的必由之路，有助于创造良好的工作环境，是从业人员实现职业理想的途径。

9. 奉献的基本要求是什么？

（1）尽职尽责。要明确岗位职责，培养职责情感，全力以赴工作。（2）尊重集体。以企业利益为重，正确对待个人利益，树立职业理想。（3）为人民服务。树立为人民服务的意识，培育为人民服务的荣誉感，提高为人民服务的本领。

10. 企业员工应具备的职业素养是什么？

诚实守信、爱岗敬业、团结互助、文明礼貌、办事公道、勤劳节俭、开拓创新。

11. 培养“四有”职工队伍的主要内容是什么？

有理想、有道德、有文化、有纪律。

12. 如何做到团结互助？

（1）具备强烈的归属感。（2）参与和分享。（3）平等尊重。（4）信任。（5）协同合作。（6）顾全大局。

13. 职业道德行为养成的途径和方法是什么？

（1）在日常生活中培养。从小事做起，严格遵守行为规范；从自我做起，自觉养成良好习惯。（2）在专业学习中训练。增强职业意识，遵守职业规范；重视技能训练，提高职业素养。（3）在社会实践中体验。参加社会实践，培养职业道德；学做结合，知行统一。（4）在自我修养中提高。体验生活，经常进行“内省”；学习榜样，努力做到“慎独”。（5）在职业活动中强化。将职业道德知识内化为信念；将职业道德信念外化为行为。

14. 员工违规行为处理工作应当坚持的原则是什么？

（1）依法依规、违规必究；（2）业务主导、分级负责；（3）实事求是、客观公正；（4）惩教结合、强化预防。

15. 对员工的奖励包括哪几种？

奖励种类包括通报表彰、记功、记大功、 授予荣誉称号、成果性奖励等。在给予上述奖励时，可以是一定的物质奖励。物质奖励可以给予一次性现金奖励（奖金）或实物奖励，也可根据需要安排一定时间的带薪休假。

16. 员工违规行为处理的方式包括哪几种？

员工违规行为处理方式分为：警示诫勉、组织处理、处分、经济处罚、禁入限制。

17.《中国石油天然气集团公司反违章禁令》有哪些规定？

为进一步规范员工安全行为，防止和杜绝“三违”现象，保障员工生命安全和企业生产经营的顺利进行，特制定本禁令。

一、严禁特种作业无有效操作证人员上岗操作；

二、严禁违反操作规程操作；

三、严禁无票证从事危险作业；

四、严禁脱岗、睡岗和酒后上岗；

五、严禁违反规定运输民爆物品、放射源和危险化学品；

六、严禁违章指挥、强令他人违章作业。

员工违反上述禁令，给予行政处分；造成事故的，解除劳动合同。

第二部分 基础知识

一、名词解释

（一）油气生产原料及产品名词解释

1. 原油：一种从地下深处开采出来的黄色、褐色乃至黑色的流动或半流动的可燃性黏稠液体，主要是烃类物质的混合物，同时含有一些不稳定的轻组分，相对密度在 0.8 ～ 1.0 之间。

2. 页岩油：以页岩为主的层系中所含的石油资源，在炼油工业中，一般指油页岩经干馏得到的油状产物。

3. 稳定原油：经稳定处理后饱和蒸气压符合规范要求的原油。

4. 原油饱和压力：地层原油在压力降低到开始脱气时的压力，常用单位为 MPa。

5. 溶解气油比：通常把在某一压力、温度下的地下含气原油，在地面进行脱气后，得到 1m^3 原油时所分出的气量，就称为该压力、温度下地层油的溶解气油比，单位为 m^3/t 或 m^3/m^3。

6. 原油密度：单位体积原油的质量，常用单位为 kg/m^3。

7. 原油相对密度：在温度为 20℃、压力为 0.101MPa 的标准状态下脱气原油的密度与温度为 4℃时纯水密度的比值。

8. 原油黏度：表示原油流动时内部分子之间摩擦阻力大小的指标。黏度有绝对黏度（动力黏度）、运动黏度条件黏度。绝对黏度常用单位为 mPa・s。原油黏度变化较大，一般在 1 ～ 100mPa・s 之间，其大小取决于原油温度、压力、溶解气量及其化学组成。

9. 原油凝点：原油按规定方法冷却到失去流动性时的最高温度。

10. 原油收缩率：地层原油取到地面后，天然气逸出使体积缩小，收缩的体积占原体积的百分数。

11. 原油压缩系数：单位体积地层原油在压力改变 0.1MPa 的体积变化率，单位是 MPa^{-1}。

12. 天然气：从广义来说，天然气是指自然界中天然存在的一切气体，包括大气圈、水圈和岩石圈中各种自然过程形成的气体；从狭义来说，是指天然蕴藏于地层中的烃类和非烃类气体的混合物，主要成分是烷烃，其中甲烷占绝大多数，另有少量的乙烷、丙烷和丁烷。

13. 油田气：即油田伴生气，它是与原油共生，在油藏中与原油呈相平衡接触的气体，包括游离气（气层气）和溶解在原油中的溶解气两种，从组成上讲属于湿气。

14. 气井气：即纯气田天然气，气藏中的天然气以气相存在，通过气井开采出来。气井气中甲烷含量高，属于干气。

15. 页岩气：从致密页岩层中开采出来的天然气。

16. 凝析气：凝析气田开采出来的天然气，在气藏中以气相存在，其凝析液主要是凝析油，可能还有部分被凝析的水。凝析气除含有甲烷、乙烷外，还含有一定量的丙烷、丁烷及戊烷以上的烃类。

17. **净化天然气**：经脱除硫化氢、二氧化碳、水分、液烃或其他有害杂质后符合产品标准的天然气。

18. **干气**：每一标准立方米的天然气中，戊烷以上重烃按液态计含量低于 13.5cm^3 的天然气。

19. **湿气**：每一标准立方米的天然气中，戊烷以上重烃按液态计含量超过 13.5cm^3 的天然气。

20. **贫气**：每一标准立方米的天然气中，丙烷以上烃类按液态计含量低于 94cm^3 的天然气。

21. **富气**：每一标准立方米的天然气中，丙烷以上烃类按液态计含量超过 94cm^3 的天然气。

22. **酸性气**：显著含有硫化氢和二氧化碳等酸性气体，需要净化处理才能达到管输标准的天然气。在常规加工条件下，酸性气会腐蚀与其相接触的金属设备。

23. **洁气**：硫化物和二氧化碳等酸性气体含量甚微，不需净化处理就可外输或利用的天然气。

24. **天然气的绝对湿度**：单位体积或单位质量天然气中所含水蒸气的质量，常用单位为 g/m^3。

25. **天然气的相对湿度**：天然气的绝对湿度与相同条件下呈饱和状态的单位体积天然气中所含水蒸气质量之比。

26. **天然气的水露点**：一定压力下，天然气为水所饱和时的温度称为天然气的水露点，或者说，天然气中出现第一滴水珠时的温度称为天然气的水露点。

27. **天然气的密度**：单位体积天然气的质量，单位为 kg/m^3。

28. **天然气的相对密度**：在相同压力和温度下，天然气的密度与干空气密度之比。

29. **天然气的热值**：单位体积或单位质量的天然气完全燃烧时所放出的热量。

30. 天然气的全热值：单位体积或单位质量的天然气燃烧时，将所产生的蒸汽的汽化潜热计算在内的热量称为全热值或高热值。

31. 天然气的低热值：全热值减去水的汽化潜热的热值称为低热值。

32. 理想气体：严格遵从理想气体状态方程（$pV=nRT$）的气体为理想气体。从微观角度来看，理想气体是指气体分子本身的体积和气体分子间的作用力都可以忽略不计的气体。

33. 爆炸极限：可燃物质（可燃气体、蒸气和粉尘）与空气（或氧气）必须在一定的浓度范围内均匀混合，形成预混气，遇着火源才会发生爆炸，这个浓度范围称为爆炸极限，或爆炸浓度极限。可燃物质和空气组成的混合气遇火源即能发生爆炸的可燃物最低浓度称为爆炸下限。可燃物质和空气组成的混合气遇火源即能发生爆炸的可燃物最高浓度称为爆炸上限。

34. 临界点：物质的一种热力学状态，指的是物质处于临界温度和临界压力下的状态。

35. 临界温度：使物质由气态变为液态的最高温度。对某组分的气体而言，在临界温度以上，无论加多大的压力，气体也不会液化，只有在临界温度以下才能通过加压的方式实现液化。

36. 临界压力：在临界温度时使气体液化所需要的最小压力。

37. 潜热：相变潜热的简称，指单位质量的物质在等温等压情况下，从一个相变化到另一个相吸收或放出的热量。

38. 显热：物质在加热或冷却过程中，温度升高或降低而不发生化学变化或相变化时所需吸收或放出的热量。

39. 天然气凝液：从天然气中回收的且未经稳定处理的液态烃类混合物的总称，一般包括乙烷、液化石油气和稳定轻烃成分，也称为混合轻烃或轻烃。

40. 轻烃：通过天然气冷凝或原油稳定得到的液态烃类混合物，一般不经分离直接用作制液化石油气或热裂解制轻质烯烃的原料。

41. 轻烃密度：单位体积轻烃的质量，常用单位为 kg/m^3。

42. 气烃收率：气烃产量与原料气处理量的比值，常用单位为 $t/(10^4m^3)$。

43. 油烃收率：油烃产量与原油处理量的比值，常用单位为 $t/(10^4t)$。

44. 饱和蒸气压：在密闭条件中，一定温度下，与固体或液体处于相平衡的蒸气所具有的压强。

45. 沸点：一定压力下，液体纯物质沸腾时的温度。

46. 泡点：液体混合物在压力一定的情况下，开始从液相中分离出第一批气泡的温度。

47. 露点：气体混合物在压力一定的情况下，开始从气相中分离出第一批液滴的温度。

48. 闪点：在规定条件下，可燃液体和固体表面产生的蒸气能发生闪燃的最低温度。

（二）压力容器、设备相关名词解释

1. 压力：垂直作用于单位面积物体表面的力。物理学中称为压强。

2. 工作压力：在正常工作情况下，容器顶部可能达到的最高压力。

3. 设计压力：设定的容器顶部的最高压力，其值不低于工作压力。

4. 整定压力：安全阀在运行条件下开始开启的设定压力，是在阀门进口处测量的表压力。在该压力下，在规定的运行条件下由介质压力产生的使阀门开启的力与使阀瓣保持在阀座上的力相互平衡。

5. 最高允许工作压力：在指定的温度下，容器顶部所允许承受的最大压力。

6. 试验压力：进行耐压试验或泄漏试验时，容器顶部的压力。

7. 试验温度：进行耐压试验或泄漏试验时，容器壳体的金属温度。

8. 设计温度：容器在正常工作情况下，设定的元件的金属温度。

9. 压力管道：利用一定的压力，用于输送气体或者液体的管状设备，其范围规定为最高工作压力大于或者等于0.1MPa的气体、液化气体、蒸汽介质或者可燃、易爆、有毒、有腐蚀性、最高工作温度高于或者等于标准沸点的液体介质，且公称直径大于25mm的管道。

10. 压力容器：盛装气体或液体，承载一定压力的密闭设备。具体要求如下：

（1）工作压力大于或者等于0.1MPa（表压）；

（2）容积大于或者等于0.03m^{3}并且内直径大于或者等于150mm；

（3）盛装介质为气体、液化气体以及介质最高工作温度高于或者等于其标准沸点的液体。

11. **低压容器**：设计压力在 0.1MPa ≤ p < 1.6MPa 范围内的容器。

12. **中压容器**：设计压力在 1.6MPa ≤ p < 10MPa 范围内的容器。

13. **高压容器**：设计压力在 10MPa ≤ p < 100MPa 范围内的容器。

14. **超高压容器**：设计压力 p ≥ 100MPa 的容器。

15. **低温容器**：设计温度低于 -20℃的碳素钢、低合金钢、双相不锈钢和铁素体不锈钢容器以及设计温度低于 -196℃的奥氏体不锈钢制容器。

16. **容器计算厚度**：按各计算公式计算所得的厚度。

17. **容器设计厚度**：计算厚度与腐蚀裕量之和。

18. **容器名义厚度**：设计厚度加上钢材厚度负偏差后，向上圆整至钢材标准规格的厚度，即在图样上的厚度。

19. **储存压力容器**：主要用于储存、盛装气体、液体、液化气体等介质的压力容器。

20. **介质温度**：容器内工作介质的温度，可以用仪表测得。

21. **金属温度**：容器受压元件沿厚度截面的平均温度。

22. **油气分离器**：实现油气分离的立式、卧式和球形压力容器，内部一般装有旋涡消除器、缓冲板、消泡板、分离组合件和捕雾器等。

23. **过滤器**：采用过滤方式去除气体中的固体、液体，液体中的固体或不同相液体，例如去除水中原油及悬浮固体的处理设备。

24. **换热器**：供两种不同温度的工艺流体进行热交换的设备。

25. **换热器公称直径**：对卷制圆筒，以圆筒内直径作为换热器的公称直径；对钢管制圆筒，以管外径作为换热器的公称直径。

26. **换热面积**：以换热管外径为基准，扣除伸入管板内的换热管长度后，计算得到的管束外表面积。

27. **膨胀节**：为补偿因温度差与机械振动引起的附加应力而设置在容器壳体或管道上的一种挠性结构。

28. **空冷器**：以环境空气作为冷却介质，使管内高温工艺流体得到冷却或冷凝的设备。

29. **炉**：在工业生产中，利用燃料燃烧或电能转化的热量，将物料或工件加热的热工设备。

30. **管式加热炉**：用火焰通过炉管直接加热炉管中的原油、天然气、生产用水及其混合物等介质的专用设备。

31. **传热**：由于温度差引起的能量转移，又称热传递。

32. **热辐射**：因热的原因而产生电磁波在空间的传递。

33. **对流**：流体各部分之间发生相对位移所引起的热传递过程。

34. **蒸发**：物质从液态转化为气态的相变过程。

35. **蒸馏**：利用物系中各组分挥发度不同的特性来实现分离的过程。

36. **蒸馏塔**：用于蒸馏的塔器。

37. **吸收**：利用各组分溶解度不同而分离气体混合物的操作。

38. **吸收塔**：用于吸收的塔器。

39. **精馏**：挥发度不同的液体混合物在精馏塔中同时多次地进行部分汽化和部分冷凝，使混合物不断分离的过程。

40. **传质**：由于物质浓度不均匀而发生的质量转移过程。

41. 板式塔：内设一定数量的塔板，使气体以鼓泡状、蜂窝状、泡沫状或喷射形式穿过板上的液层进行传质和传热的设备。

42. 填料塔：内装一定高度的填料层，使液体自塔顶沿填料表面向下流动，气体逆流向上流动，气、液两相密切接触进行传质和传热的设备。

43. 液泛：塔内若气、液两相之一的流量增大，使降液管内液体不能顺利向下流动，管内液体积累，当管内液体增高到越过溢流堰顶部，于是两板间液体相连，该层塔板产生积液，并依次上升，这种现象称为液泛，亦称淹塔。

44. 雾沫夹带：上升气流穿过塔板上液层时，将板上液体带入上层塔板的现象。

45. 壁流：当液体沿填料层向下流动时，有逐渐向塔壁集中的趋势，使得塔壁附近的液体流量逐渐增大的现象。

（三）泵、压缩机相关名词解释

1. 泵：泵是输送流体或使流体增压的机械，它将原动机的机械能或其他外部能量传递给流体使流体能量增加。

2. 泵的流量：泵在单位时间内输送液体的量（体积或质量）。

3. 转速：单位时间内设备转子的旋转圈数，单位为 r/min。

4. 扬程：单位质量的液体，从泵进口到泵出口的能量增值，用 H 表示，单位为 m。

5. 轴功率：单位时间内由原动机传递到泵主轴上的功率，又称输入功率。

6. 有效功率：单位时间内泵出口流出的液体从泵中获得的能量，又称输出功率。

7. 泵效率：有效功率与轴功率之比，又称泵的总效率。

8. 汽蚀：当叶轮入口处的压力等于或低于该输送温度下液体的饱和蒸气压时，液体将在该处部分汽化，产生气泡。含气泡的液体进入叶轮高压区后，气泡就急剧凝结或破裂。因气泡的消失产生局部真空，此时周围的液体以极高的速度流向原气泡占据的空间，产生了极大的局部冲击压力。在这种巨大冲击力的反复作用下，导致泵壳和叶轮损坏，这种现象称为汽蚀。

9. 气缚：气缚是泵内吸入空气后产生的不正常现象。如果泵及吸入管路系统密封性差或吸入管安装位置不当，致使泵内吸入较多空气，由于空气密度很小，不能抛到叶轮外缘，就会堵住叶轮部分或全部流道，使排液中断。

10. 压缩机：一种将低压气体提升为高压气体的从动的流体机械。

11. 压缩比：压缩机出口绝对压力与入口绝对压力的比值。

12. 压缩机的级：每一级叶轮和与之相应配合的固定元件构成的一个基本单元为一个级。

13. 压缩机的段：以中间冷却器隔开级的单元。

14. 余隙容积：活塞式压缩机活塞到达止点时活塞与气缸端部之间的间隙、气阀腔室与活塞之间的间隙、第一道活塞环与气缸之间的间隙。

15. 冲程：活塞每一次往复形成一个工作循环，活塞每来回一次所经过的距离。

16. 密封：防止流体或固体微粒从相邻结合面间泄漏以及防止外界杂质（灰尘、水分等）侵入机器设备内部的零部件或措施。

17. 轴承：用于支撑轴旋转、保持其准确的位置并承受由轴传来的力、减少旋转摩擦的一种机械零件。

18. 压缩机液击： 大量液体进入压缩机造成的异常冲击事故。

19. 油膜振荡： 旋转的轴径在滑动的轴承中带动润滑油高速流动，在一定条件下，高速油流反过来激励轴颈，产生一种强烈的自激振动现象。转子在失稳转速以前转动是平稳的，一旦达到失稳转速，随即会发生半速涡动。以后继续升速，涡动速度也随之增加并总是保持着约等于转速一半的比例关系。当继续升速达到第一临界转速时，半速涡动会被更剧烈的临界转速的共振所掩盖，越过第一临界转速后又重新表现为半速涡动。当转速升高到两倍于第一临界转速时，由于半速涡动的涡动速度正好与转子的第一临界转速相重合，此时的半速涡动将被共振放大，从而表现为剧烈的振动，这就是油膜振荡。

20. 临界转速： 转子、轴承和支承系统达到共振状态时轴的转速。

21. 压缩机喘振： 气流沿压气机轴线方向发生的低频率(通常只有几赫兹或十几赫兹)、高振幅（强烈的压强和流量波动）的气流振荡现象。这种低频率高振幅的气流振荡是一种很大的激振力来源，它会导致压气机部件的强烈机械振动和热端超温，并在很短的时间内造成部件的严重损坏，所以在任何状态下都不允许压气机进入喘振区工作。

22. 飞车： 发动机超过极限运转转速的一种表现。动力机械速度升高时超速保护失效，转速失控，超出转速限制，如汽轮机、柴油机都可能发生飞车事故。飞车时转子应力可能超出屈服极限，容易造成严重事故。飞车本身即是事故，动力机械应具有相应措施避免，一般会设计多道保护措施，包括电子、机械措施等。运行中也应规范操作，避免飞车事故发生。

23. 堵转：设备转速为零时仍然输出扭矩的一种情况，一般是由于电动机负载过大、拖动的机械故障、轴承损坏扫膛等原因引起的电动机无法启动或停止转动。

24. 节流制冷：利用天然气自身的压力，流经节流阀进行等焓膨胀产生焦耳—汤姆逊效应，使气体温度降低的一种制冷方法。

25. 冷剂制冷：利用液态冷剂相变时的吸热效应产生冷量，使天然气降温后部分冷凝，从而回收凝液的工艺。

26. 膨胀制冷：利用天然气在膨胀机中进行等熵膨胀，使气体温度降低并回收有用功的一种制冷方法。

27. 膨胀机：利用压缩气体膨胀降压时，向外输出机械功使气体温度降低的原理来获得冷量的机械。

28. 膨胀比：膨胀端的入口绝对压力与膨胀端的出口绝对压力的比值。

29. 风机：依靠输入的机械能，提高气体压力并排送气体的机械，它是一种从动的流体机械。风机是对气体压缩和气体输送机械的习惯简称。

（四）常用仪表相关名词解释

1. 一次仪表：现场仪表的一种，指安装在现场且直接与工艺介质相接触的仪表，如弹簧管压力表、双金属温度计、差压变送器等。

2. 二次仪表：安装在控制室的仪表，是自动检测装置的部件（元件）之一，用以指示、记录或计算来自一次仪表的测量结果。

3. 变送器：把传感器的输出信号转变为可被控制器识别的信号的转换器。

4. 调节阀：又称控制阀，在工业自动化过程控制领域中，通过接受调节控制单元输出的控制信号，借助动力操作去改变介质流量、压力、温度、液位等工艺参数的最终控制组件。

5. 电磁阀：由两个基本功能单元组成，即电磁线圈和磁芯组成的功能单元，以及包含一个或几个孔的阀体组成的功能单元。当电磁线圈通电或断电时，磁芯的运动将导致流体通过或被切断。

6. 流量计：测量流体流量的仪表。

7. 表压：被测气体压力与大气压的差值，表压＝绝对压力－大气压。

8. 真空度：当绝对压力小于大气压时大气压与绝对压力之差，真空度＝大气压－绝对压力。

9. 绝对压力：被测介质所受的实际压力，绝对压力＝表压＋大气压。

10. 差压：两个压力之间的差值。

11. 零点漂移：简称零漂，当仪表输入信号为零时，输出信号偏离零点而上下漂动的现象。

12. 检测仪表：用以确定被测变量的量值或量的特性、状态的仪表。

13. 控制仪表：用以对被控变量进行控制的仪表。

14. 回路：在控制系统中，一个或多个相关仪表与功能的组合。

15. 可编程序逻辑控制器：简称 PLC（Programmable Logic Controller），它采用一类可编程的存储器，用于其内部存储程序，执行逻辑运算、顺序控制、定时、计数与算术操作等面向用户的指令，并通过数字或模拟式输入 / 输出控制各种类型的机械或生产过程。

16. 冗余：重复配置系统的一些部件，当系统发生故障时，冗余配置的部件介入并承担故障部件的工作，由此减少系统的故障时间。

17. 模拟信号：连续变化的量，其信号回路始终是闭合的。

18. 数字信号：将模拟信号用采样的方法，离散化，经模数转换得到计算机能识别的“0”“1”信号。

19. 测量范围：按规定精确度进行测量的被测量的范围。

20. 防爆形式：为防止点燃周围爆炸性环境而对电气设备采取各种特定措施。

21. 本质安全电气设备：内部的所有电路都是本质安全电路的电气设备。

22. 正压外壳型：通过保持外壳内部或空间内保护气体的压力高于外部大气压力，以阻止外部爆炸性气体进入的防爆形式。

23. 隔爆外壳：电气设备的一种防爆形式，其外壳能够承受通过外壳任何接合面或结构间隙进入外壳内部的爆炸性混合物在内部爆炸而不损坏，并且不会引起外部由一种、多种气体或蒸气形成的爆炸性气体环境的点燃。

24. 增安型：电气设备的一种防爆形式，即对电气设备采取一些附加措施，以提高其安全程度，防止在正常运行或规定的异常条件下产生危险温度、电弧和火花的可能性。

25. 接地系统：将接地导线、接地连接导体、接地汇流排、接地板、接地装置等连接在一起的接地网络。

26. 防静电接地：用于泄放静电的接地。

27. 防雷接地：用于泄放雷电流的接地。

28. 精确度：测量值与真值（实际值）之间的一致程度，表示测量误差大小，简称精度。

29. **精确度等级：**符合一定的计量要求，使引用误差或相对误差保持在规定极限以内的仪表等别、级别。

30. **交接计量：**用于企业对外交接和贸易结算类的计量。

（五）工艺物料相关名词解释

1. **导热油：**也称有机热载体、热传导液、热载体油，是指作为传热介质使用的有机物质的统称。

2. **润滑油：**用在各种类型活动设备、固定设备上以减少摩擦，保护机械及加工件的液体或半固体润滑剂，主要起润滑、冷却、防锈、清洁、密封和缓冲等作用。

3. **低沸物：**通过模拟蒸馏方法测得加热后试样的沸程在未使用有机热载体初馏点以下的物质。

4. **有机热载体热稳定性：**有机热载体在高温下抵抗化学分解的能力。随着温度的升高，有机热载体将发生化学反应或分子重排，所生成的气相分解产物、低沸物、高沸物和不能蒸发的产物将影响有机热载体的使用性能。

5. **有机热载体最高允许使用温度：**被测有机热载体的变质率不超过 10%（质量分数）条件下的最高试验温度。

6. **倾点：**油品经预热后，按规定的速度冷却，并每间隔 3℃观察试样流动特性，油品能够流动的最低温度值为倾点。

7. **凝点：**将油品冷却至预期温度，将试管倾斜至与水平成 45° 静置 1min，观察液面是否移动，液面不移动时的最高温度为油品的凝点。

8. **酸值：**在指定溶剂中将试样滴定到指定终点时所使用的碱的量，以 KOH 计，单位为 mg/g。

9. **分子筛：**具有均匀孔径结构的多孔固体，主要是多孔结晶（硅铝酸盐等），主要用作催化剂、催化剂载体、吸附剂、离子交换剂。几种形状分子筛见图1。

(a) 球形颗粒

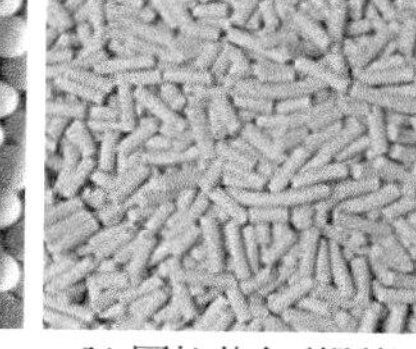
(b) 圆柱状条形颗粒

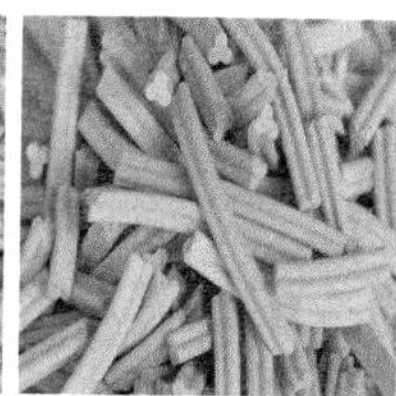
(c) 三叶草条状颗粒

图1　分子筛

10. 丙烷：无色无味气体，沸点 −42.1℃，微溶于水，易溶于醇、醚和各种烃类溶剂；极易燃，能与空气形成爆炸性混合物，与氧化剂剧烈反应；微毒，高浓度吸入会引起麻醉作用；常用作燃油和润滑油馏分的脱蜡和脱沥青的溶剂，裂解制乙烯的原料、燃料、制冷剂等。

11. 乙二醇：无色透明黏稠液体，味甜，具有吸湿性，密度 1.1135g/cm^3，沸点 197.85℃，溶于水、醇、甘油、丙酮、乙酸、吡啶和醛类，微毒；可燃，爆炸下限 3.2%；常用作防冻液、耐寒润滑油、表面活性剂、气体脱水剂等。

12. 三甘醇：无色黏稠液体，有吸湿性，密度 1.1274g/cm^3，沸点 285℃，能与水、醇、苯、甲苯混溶；常用作溶剂、天然气干燥剂、空气减湿剂、烟草防干剂等。

13. 甲醇：无色透明易挥发液体，略有酒精气味，密度 0.7913g/cm^3，溶于水、醇、醚、苯、丙酮等有机溶剂，能与碱金属和酸作用生成盐与酯；易燃，爆炸极限 6.0% ～ 36.5%，有毒；常用作基本有机原料、防冻剂等。

14. 物质的量浓度：单位体积的溶液里所含溶质的物质

的量，也称为该溶质的体积摩尔浓度。

15. 质量分数：100g 溶液中含有溶质的质量，质量分数 = 溶质质量 / 溶液质量 ×100%。

16. pH 值：表示溶液酸性或碱性程度的数值，pH=$-\lg[H^+]$，即所含氢离子浓度的常用对数的负值。

（六）通用电气名词解释

1. 电力网：输配电的各种装置和设备、变电站、电力线路或电缆的组合。

2. 电力系统：发电、输电及配电的所有装置和设备的组合。

3. 低压：交流电力系统中 1000V 及以下的电压等级，直流电力系统中 1500V 及以下的电压等级。

4. 高压：一般指交流电力系统中 1000V 以上或直流电力系统中 1500V 以上的电压等级。特定情况下，也指电力系统中的高于 1kV、低于 330kV 的交流电压等级或高于 1.5kV、低于 800kV 的直流电压等级。

5. 运行状态：设备单元正常带负荷的工作状态，即该单元一次设备的开关在合位、刀闸也在合位（或小车开关在“运行”位置）的状态，电源端至受电端的电路接通，继电保护自动装置按规定的方式投入，起保护作用的状态。

6. 热备用状态：设备单元开关在分位、刀闸仍在合位（或小车开关仍在“运行”位置）的状态；继电保护自动装置按调度和规程规定投入运行的状态。

7. 冷备用状态：设备单元开关在分位、刀闸也在分位（或小车开关拉至“试验”位置）的状态，继电保护自动装置按调度和规程规定投入运行的状态。

8. 检修状态： 设备单元开关在分位、刀闸也在分位（或小车开关拉至“检修”位置）、装设接地线或合上接地刀闸、已悬挂标示牌和装设临时遮栏的状态。继电保护自动装置可根据现场具体工作任务性质，决定投入或者停用。

9. 跨步电压： 当电气设备发生接地故障，接地电流通过接地体向大地流散，在地面上形成电位分布时，若有人在接地点周围行走，其两脚之间的电位差就是跨步电压。

10. 设备缺陷： 运行或处于备用状态的设备、装置，因自身或相关功能而影响其正常运行的异常现象。

11. 防爆电气设备： 在规定条件下不会引起周围爆炸性环境点燃的电气设备。

12. 接地电阻： 被接地体与地下零电位之间的所有电阻（包括接地引线电阻、接地器电阻、土壤电阻等）之和。

13. 接地： 与大地的直接连接，电气装置或电气线路带电部分的某点与大地的连接、电气装置或其他装置正常时不带电部分某点与大地的人为连接都称为接地。

14. 工作接地： 在正常情况下，为了保证电气设备可靠运行，必须将电力系统中某一点接地时，称为工作接地。例如某些变压器低压侧的中性点接地即为工作接地。

15. 单独接地： 就是用电器的接地线不与其他电器的接地线合用。

16. 等电位线接地： 将分开的装置、诸导电物体用等电位连接导体或电涌保护器连接起来以减小雷电流在它们之间产生的电位差。

17. 静电： 对观测者处于相对静止的电荷。静电可由物质的接触与分离、静电感应、介质极化和带电微粒的附着等物理过程而产生。

18. **绝缘**：用绝缘材料阻止导电元件之间的电传导。

问答

（一）油气生产原料及产品问答

1. 原油的元素组成是怎样的？

原油的组成中最主要的元素是碳（C）和氢（H），占96% ～ 99%，其中碳占83% ～ 87%，氢占11% ～ 14%；其余的硫（S）、氮（N）、氧（O）和微量元素总含量不超过1% ～ 4%。原油中氯、碘、磷、砷、硅等微量非金属元素和铁、钒、镍、铜、铅、钙、钠、镁、钛、钴、锌等微量金属元素，在石油中的含量极低，但对石油加工过程特别是对催化加工等二次加工过程影响很大。

原油中的各种元素不是以单质存在，而是以碳氢化合物及其衍生物的形式存在。

2. 按相对密度不同，原油的分类是怎样的？

按相对密度不同，原油分为轻质原油（相对密度小于0.878）、中质原油（相对密度在0.878 ～ 0.884之间）、重质原油（相对密度在0.884 ～ 1.0000之间）和特重原油（相对密度大于或等于1.000）。轻质原油一般含汽油、煤油、柴油等轻质馏分多；硫、氮、胶质含量少。中质原油轻组分含量虽然不高，但烷烃含量较高，则相对密度也小。重质原油则含轻馏分少，含蜡少；而非烃化合物和胶质、沥青质较多。特重质原油，轻组分含量少，重组分和胶质、沥青质含量多。

3. 按含硫、含蜡量不同，原油的分类是怎样的？

按含硫量不同原油分为：低硫原油（硫含量小于0.5%）、含硫原油（硫含量在0.5%～2.0%之间）、高硫原油（硫含量大于2.0%）。

按含蜡量不同原油分为：低蜡原油（凝点小于16℃）、含蜡原油（凝点16～21℃）、多蜡原油（凝点大于21℃）。

4. 原油脱水的目的是什么？

（1）满足商品原油水含量、盐含量的国家或行业标准；

（2）原油脱水后密度降低，商品原油交易时原油售价提高；

（3）原油在收集、矿场处理、存储过程中，需要加热升温，原油脱水后可降低燃料消耗，降低生产成本；

（4）原油经脱水可降低原油黏度，降低管输费用；

（5）原油脱水后，可减缓金属管道、运输设备和炼油设备的结垢与腐蚀，减缓泥沙等固体杂质对泵、管道和其他设备产生的机械磨损，延长管道和设备的使用寿命；

（6）原油脱水后可确保炼制工作的正常进行。

5. 原油稳定的概念是什么？

使脱水处理后的净化油内溶解的天然气组分汽化，与原油分离，降低常温常压下原油蒸气压的过程称为原油稳定。

6. 原油稳定目的是什么？

（1）从原油中脱除部分轻质组分，降低原油在储运过程中的蒸发消耗；

（2）合理利用油气资源；

（3）保护环境；

（4）提高原油在储运过程中的安全性；

（5）减小原油在管道输送过程中的阻力。

7. 原油稳定方法有哪些？

（1）闪蒸稳定法：脱水原油经加热、减压至部分汽化，进入闪蒸容器，在一定温度、压力下，气液两相迅速分离使原油蒸气压降低，称为闪蒸稳定。按闪蒸容器的压力，可将闪蒸分为负压闪蒸和正压闪蒸两类。

（2）分馏稳定法：脱水原油经加热后进入稳定塔，在塔内汽化，气相在塔上部进行精馏，液相在塔底部进行提馏后，使原油蒸气压降低。根据稳定塔结构不同，分馏法可分为只有提馏段的提馏法、只有精馏段的精馏法和既有提馏段又有精馏段的分馏法。

（3）多级分离法：利用若干次减压闪蒸使原油达到一定程度的稳定。

8. 原油稳定工艺原理是什么？

原油稳定是根据一定压力和温度下，原油中不同组分饱和蒸气压不同（即挥发度不同），通过加热、减压的方式，使原油中的轻组分汽化，汽化后的轻组分经冷凝部分液化回收，实现降低原油蒸气压的目的。

9. 油吸收工艺原理是什么？

油吸收法是利用不同烃类在吸收油中溶解度不同，从而将天然气各个组分分离。吸收油相对分子质量越小，天然气凝液收率越高，但吸收油蒸发损失越大。

10. 天然气特性有哪些？

无色、无味的气体，密度比空气小，当天然气中混有低浓度硫化氢时，会出现刺鼻臭味。

易燃易爆，爆炸极限为5%～15%，无腐蚀性，当混有酸性气体时，可能有腐蚀性。

11. 天然气组成是怎样的？

天然气的主要成分为甲烷和少量乙烷、丙烷、丁烷、戊烷及以上烃类气体，并可能含有氮气、氢气、二氧化碳、硫化氢、水蒸气等非烃类气体及少量氦气、氩气等惰性气体。

12. 天然气分类是怎样的？

（1）按烃类组分关系分类：干气 / 湿气、贫气 / 富气。

（2）按矿藏特点分类：油田气、凝析井气和气井气。

13. 常见烷烃的爆炸极限值是怎样的？

可燃气体和空气混合遇明火能引起爆炸的可燃气体浓度范围称为爆炸极限。混合物爆炸极限与温度、压力、各可燃气体体积分数以及各可燃气体爆炸极限有关。常见烷烃气体的爆炸极限见表 1。

表 1　常见烷烃气体的爆炸极限（常压，20℃）

名称	下限，%（体积分数）	上限，%（体积分数）
甲烷	5	15
乙烷	2.9	13.0
丙烷	2.1	9.5
正丁烷	1.5	8.5
异丁烷	1.8	8.5
正戊烷	1.4	8.3

14. 影响可燃气体爆炸极限的因素有哪些？

爆炸极限不是一个固定值，影响爆炸极限的主要因素有：初始温度，初始压力，惰性介质及杂质含量，充装容器的材质及尺寸，火花的能量、热表面积、火源与混合物接触时间。

15. 天然气的用途有哪些？

（1）燃料：如城镇居民用气，天然气发电，天然气汽车，锅炉、裂解炉和加热炉等用气。

（2）工业原料：用作生产甲醇、合成氨、乙炔、炭黑等的原料，用来提取生产氦气、硫黄和二氧化碳等。

16. 天然气脱水的方法有哪些？

（1）吸收法：用甘醇化合物或金属氯化物盐溶液等液体吸收剂吸收天然气中的水蒸气。

（2）吸附法：用固体吸附剂吸附气流中的水蒸气。

（3）低温法：用空冷法、膨胀法和冷剂制冷直接冷却天然气，使天然气中饱和水随温度降低而减少。

17. 天然气中的杂质有哪些？危害是什么？

（1）固体杂质：主要来自采出气夹带的一些地层岩屑和设备管线的腐蚀产物，会导致管道和设备堵塞和磨损，降低管道输送能力，甚至酿成终止输气的事故。

（2）水：从地层采出天然气中含有饱和水蒸气，在输气和气加工过程中由于工艺条件的变化如温降、增压等情况，常引起水蒸气凝析成液态水，聚集在管道和设备的低凹处，减少输气管道流通断面；寒冷季节会形成冰堵塞管道和设备；在一定条件下会与烃类形成水合物，对输气造成严重影响。

（3）酸性气体：从地下采出的天然气内常含有硫化氢、二氧化碳和有机硫化物等组分，硫化氢和二氧化碳遇水可分别生成氢硫酸和碳酸，严重腐蚀金属管道和设备。

（4）液态轻烃：天然气中的重组分，在输送过程中，由于温度和压力的变化，会有一部分凝析成液态轻烃，使管道内产生两相流动，降低输量，增大压降。

18. 轻烃回收的目的有哪些？

（1）满足管输天然气质量要求。根据 GB/T 37124—2018《进入天然气长输管道的气体质量要求》的规定，进入天然气长输管道的气体应符合以下要求：在天然气长输管道进气点压力和温度下，管道中应不存在液态水和液态烃；天然气中固体颗粒应不影响天然气的输送和利用，进入管道的气体应确保颗粒物粒径不大于5μm。

（2）满足商品天然气质量指标。根据GB 17820—2018《天然气》的规定，一类天然气应当满足以下质量要求：总硫≤20mg/m^3，硫化氢≤6mg/m^3，二氧化碳摩尔分数≤3.0%；二类天然气应当满足以下质量要求：总硫≤100mg/m^3，硫化氢≤20mg/m^3，二氧化碳摩尔分数≤4.0%。

（3）最大程度回收天然气凝液。回收过程中得到的凝液比其作为商品气时价值更高，因而具有良好的经济效益。

19. 轻烃回收的方法有哪些？

（1）冷凝分离法：利用在一定压力下天然气中各组分的沸点不同，将天然气冷却至露点温度以下某一值，使其部分冷凝与气液分离，从而得到富含较重烃类的天然气凝液。常用制冷方法有：冷剂制冷法、膨胀制冷法和联合制冷法。

（2）油吸收法：利用不同烃类在吸收油中溶解度不同，从而将天然气中各个组分分离。

（3）吸附法：利用固体吸附剂（如活性炭）对各种烃类的吸附容量不同，从而使天然气中一些组分分离。

20. 天然气加工装置常用制冷工艺有哪些？

（1）冷剂制冷：利用制冷剂汽化时吸收汽化潜热的性质，使之与天然气换热，使天然气获得低温。

（2）节流膨胀制冷：由节流阀节流降压，使气体获得低温，属于气体“自制冷过程”。

（3）膨胀机制冷：高压气体通过膨胀机进行绝热膨胀时，对膨胀机做功，使压力、温度同时降低。在同样初、终态气体压降下，膨胀机制冷比节流膨胀获得的气体温降更大，也属于“自制冷过程”。

21. 热虹吸式再沸器的工艺原理是什么？

热虹吸式再沸器为自然循环式，蒸馏塔底的液体进入再沸器被加热而部分汽化，再沸器入口管线中充满液体，而出口管线中是气液相混合物。再沸器的汽化率越大，则出口管线中物料的密度越小，两者的密度差越大，利用进出口管线的密度差使塔底液体不断被“虹吸”入再沸器，加热汽化后的气液混合物自动返回塔内，不必用泵就可以不断循环。

（二）常用工具问答

1. 防爆活动扳手使用方法是什么？

防爆活动扳手（图2）是由防爆的含金材料加工而成的，用于四方头或六方头螺纹管件的紧固、拆卸工具。使用时用相互平行的固定钳口和活动钳口将对称多边形工件固定住，通过朝活动钳口方向旋转手柄，拆卸或紧固工件。

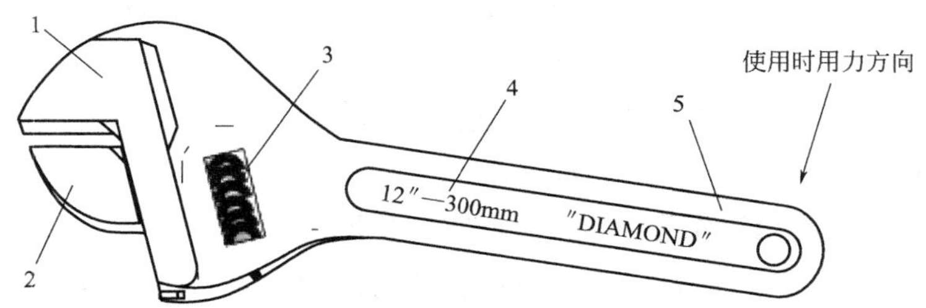

图2　防爆活动扳手示意图

1—固定部分；2—活动部分；3—涡轮及轴销；4—尺寸标示；5—手柄

2. 防爆活动扳手使用注意事项有哪些？

（1）应按螺栓或管件大小选用适当的防爆活动扳手；

（2）使用时，扳手开口要适当，防止打滑，以免损坏管件或螺栓，并造成人员受伤；

（3）不应套加力管使用，不准把扳手当手锤用；

（4）使用扳手要用力顺扳，不准反扳，以免损坏扳手；

（5）扳手用力方向 1m 内不准站人；

（6）活动部分保持干净，用后擦洗。

3. 防爆 F 形扳手使用方法是什么？

防爆 F 形扳手（图 3）是由防爆的合金材料加工而成的，主要应用于阀门的开关操作中，使用时把两个力臂插入阀门手轮内，在确认卡好后即可用力开关操作。

图 3　防爆 F 形扳手示意图

4. 防爆 F 形扳手使用注意事项有哪些？

（1）防爆 F 形扳手应该与手轮卡牢，开口向外，防止脱开；

（2）操作人应两脚分开且脚底站稳，两腿合理支撑，防止摔倒；

（3）操作人应两手握紧手柄，并且合理、均匀用力，防止用猛力或暴力；

（4）扳手的手柄应与手轮在同一水平面，使得扳手的力合理地用在手轮上，防止用力过大而损坏手轮。

5. 固定扳手使用方法是什么？

固定扳手（图 4）又称呆扳手、叉口扳手，是扳拧螺栓和螺母或其他紧固件的常用工具，开口宽度不能调节，用于紧固或拆卸六角头或方头螺栓（螺母）。使用时，选择和螺栓、螺母的头部尺寸相适应的扳手，然后扳手厚的一边应置于受力大的一侧，用拉动的方式进行扳动。

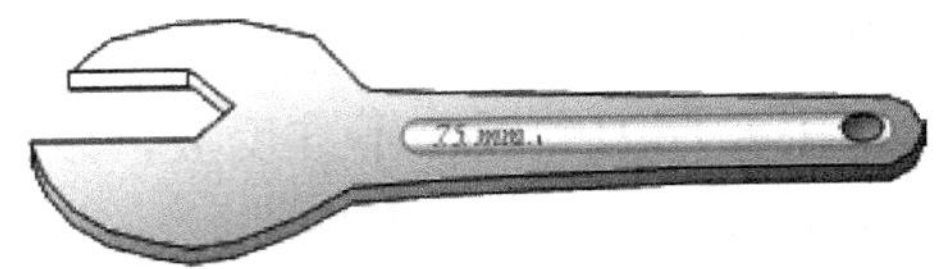

图 4　单头固定扳手示意图

6. 梅花扳手使用方法是什么?

在使用梅花扳手（图 5）时，左手推住梅花扳手与螺栓连接处，保持梅花扳手与螺栓完全配合，防止滑脱，右手握住梅花扳手另一端并加力。梅花扳手可将螺栓、螺母的头部全部围住，因此不会损坏螺栓角。

图 5　梅花扳手示意图

7. 固定扳手和梅花扳手使用注意事项有哪些?

（1）应按螺栓、螺母大小选用适当的扳手；

（2）扳手应与螺栓或螺母的平面保持水平，以免用力时扳手滑出伤人；

（3）不能在扳手尾端加接套管延长力臂，以防损坏扳手；

（4）不能用钢锤敲击扳手，扳手在冲击载荷下极易变形或损坏。

8. 套筒扳手使用方法是什么?

套筒扳手（图 6）是紧固和拆卸某一种规格六角螺栓、螺母的专用工具，并配有手柄、接杆等多种附件，特别适用于拧转地位十分狭小或凹陷很深处的螺栓或螺母。套筒扳手按用途分手动和气动两种。在使用时，将套筒套在配套手柄的方榫上（视需要与长接杆、短接杆或万向接头配合使用)，再将套筒套住螺栓或螺母，左手握住手柄与套筒连接处，保持套筒与所拆卸或紧固的螺栓同轴，右手握住配套手柄加力。

(a) 手动套筒扳手

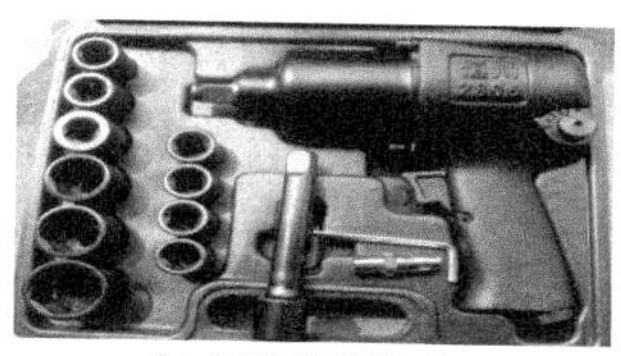
(b) 气动套筒扳手

图 6　套筒扳手示意图

9. 套筒扳手的使用注意事项有哪些？

(1) 套筒扳手主要用于拧紧或是拧松力矩较大的或头部为特殊形状的螺栓、螺母；

(2) 根据作业空间及力矩要求的不同，可以选用接杆及合适的套筒进行作业；

(3) 在使用时，必须注意套筒与螺栓或螺母的形状与尺寸相适合，通常不允许使用外接加力装置；

(4) 在使用套筒的过程中，左手握紧手柄与套筒连接处，不要晃动，以免套筒滑出或损坏螺栓或螺母的棱角；朝向自己的方向用力，可以防止滑脱而造成手部受伤；

(5) 不要使用出现裂纹或已损坏的套筒，这种套筒会引起打滑，从而损坏螺栓或螺母的棱角；禁止用锤子将套筒击入变形的螺栓或螺母六角进行拆装，以免损坏套筒；

(6) 在使用旋具套筒头拆卸或是紧固螺钉时，一定要检查螺栓头部的六角或花形孔内是否有杂物，及时清理后进行操作，以免因工具打滑而损坏螺栓或伤及自身；

(7) 在使用旋具套筒时，一定要给予旋具套筒足够的下压力，防止旋具套筒滑出螺钉头。

10. 管钳使用方法是什么？

管钳如图 7 所示，使用时，调节管钳头开口将管钳卡到管子上，松紧应合适，沿顺时针方向旋转手柄。

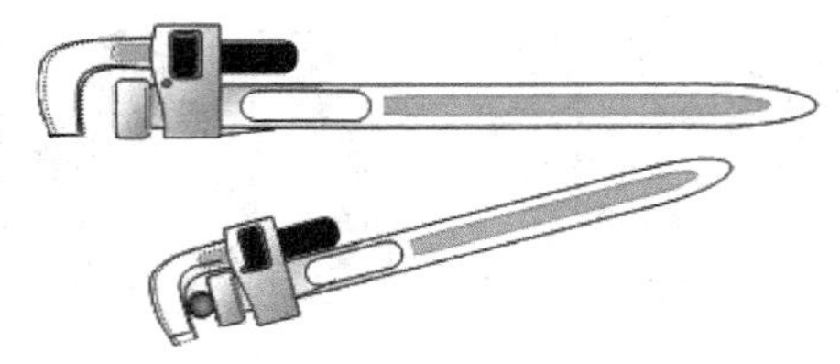

图 7　管钳示意图

11. 链条式管钳的使用方法是什么？

链条式管钳，俗称链钳，包含钳柄和一端与钳柄铰接的链条，钳柄的前端设有与链条啮合的牙。其用于外径尺寸较大、管壁较薄的金属管的螺纹装卸，也可以用于管壁较厚的管材上扣、卸扣。链钳主要由手柄、钳头、链条等主要部件组成。钳头卡板均做成梯形齿，以便与管壁咬合。链条采用全包式，可绕过管子卡在锁紧部位。使用时，将钳头垂直排放在所需转动的管体的螺纹连接部位，将链条绕过管体并拉紧卡在锁紧部位的卡子上，将钳柄向后稍拖一下，使卡板上的梯形齿与管体紧密咬合，旋转钳柄，可安装、拆卸管体。工作结束，下压钳柄，可使包合管子的链条松动。

12. 管钳使用注意事项有哪些？

（1）选择合适规格的管钳；

（2）钳头开口要等于工件的直径；

（3）钳头要卡紧工件后再用力扳，防止打滑伤人；

（4）用加力杆时长度要适当，不能用力过猛或超过管钳允许强度；

（5）管钳不得用于松、紧六角头螺栓和带棱的工件；

（6）管钳牙和调节环要保持清洁。

13. 铁皮剪刀使用注意事项有哪些？

（1）选择合适规格的铁皮剪刀（图 8）；

图 8　铁皮剪刀示意图

（2）使用铁皮剪刀，尽可能在干燥环境中，当不可能避免在潮湿环境中使用时，应尽量加快操作速度，减少工作时间，以避免造成较大腐蚀而发生危险。

14. 听诊器使用方法是什么？

听诊器（图 9）又称听针，听针的听头为大于听杆直径的球体，有放大听音效果的功能。使用时，一只手握住听针的尖头端听杆，另一只手握住听针的球体端，把听针的尖头一端接触需要测定的部位，另一端用拢起的四根手指轻轻握住听针，大拇指按在球体上，松开握住尖头端的手，耳朵轻轻贴在大拇指上，就能听出声音异常，利用声音传导原理准确判断问题位置。

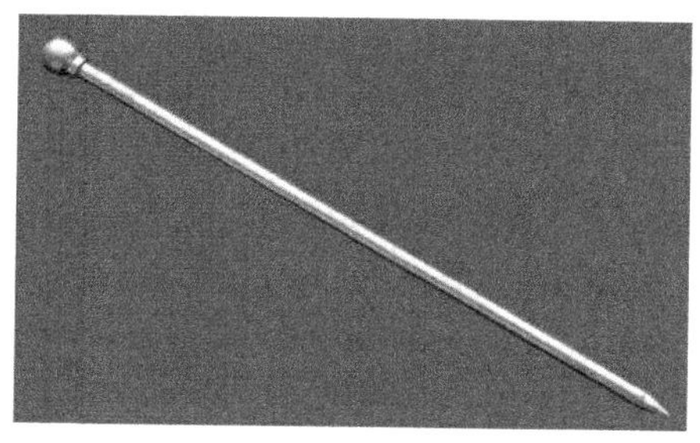

图 9　听诊器示意图

15. Raynger ST 远红外线测温仪使用方法是什么？

（1）手持测温仪（图 10）手柄，轻轻按动一下测量开关，此时测温仪已经打开。

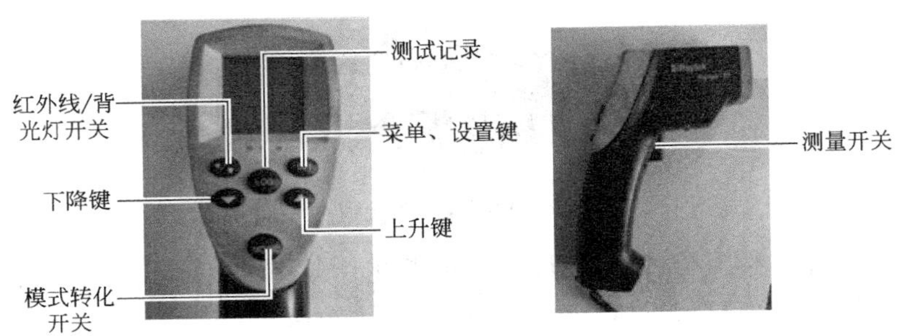

图 10　Raynger ST 远红外线测温仪

（2）按住仪器测量开关，用红色激光点对准需测量部位，长按测量开关，此时测温仪将显示测量部位实时温度。测量结果将在 5s 后消失，同时仪器自动关机。

（3）红外线/背光灯开关标识：开机状态下，按动按钮，即可进行红外线/背光灯功能开关操作。

（4）菜单键、设置键：按动此按钮，可进入参数设定界面，选择需设定参数，按动上下键调整需要参数。

（5）MODE 模式转化开关：在开机状态下，每按动一次即测量不同温度值。显示 max 即测量当前数据最大值；显示 min 即测量当前数据最小值；显示 AVG 即测量当前数据平均值。

16. ST320 远红外线测温仪使用方法是什么？

（1）手持测温仪（图 11）手柄，轻轻按动一下测量开关，此时测温仪已经打开。

（2）按住仪器测量开关，用红色激光点对准需测量部位，长按测量开关，此时测温仪将显示测量部位实时温度。

测量结果将在 5s 后消失，同时仪器自动关机。

（3）⚠镭射红外线开关标识：开机状态下，按动⚠按钮，即可进行红外线功能开关操作。

（4）“℃ / ℉”摄氏 / 华氏温度转换按钮：开机状态下按动此按钮，即可进行摄氏温度与华氏温度的转换。

（5）MODE 模式转化开关：在开机状态下，每按动一次即测量不同温度值。显示屏上显示 max 即测量当前数据最大值；显示 min 即测量当前数据最小值；显示 AVG 即测量当前数据平均值。

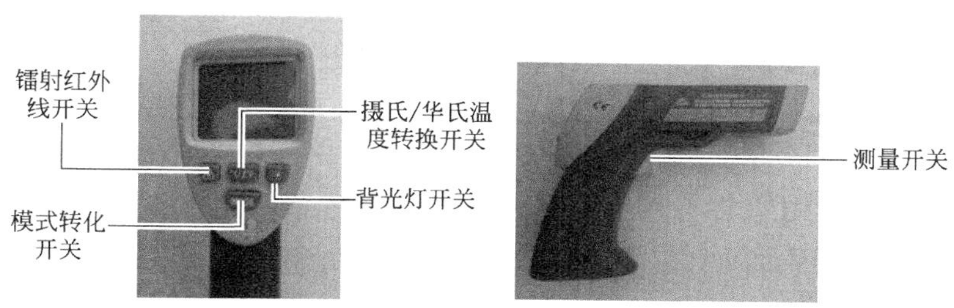

图 11　ST320 远红外线测温仪

17. 测振仪使用方法是什么？

（1）拨动测振仪（图 12）测量选择开关，可选择测量加速度、速度或位移，并由显示器右边的箭头指向所选择的测量单位。

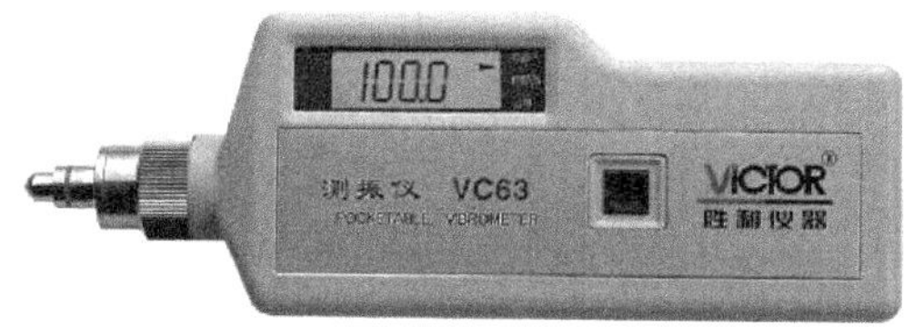

图 12　测振仪

（2）测量时手握测振仪，将探针垂直压在被测物体上，大拇指压住测量键，仪表即刻进入测量状态，松开按键，此时的测量值被保持；再按测量键，可继续进行测量。松开键后数据被保持 1min，同时仪表将自动关机。

18. 测振仪使用注意事项有哪些？

（1）不宜在强磁场、腐蚀性气体和强烈冲击的环境中使用；

（2）仪表及传感器为全封闭结构，不可随意拆卸，不可随意调整内部电位器；

（3）当显示器有电池更换标记时，要及时更换电池；

（4）仪表长期不用，请将电池取出，以免受蚀；

（5）测量时，探头要垂直于被测部位。

（三）管道及管件问答

1. 常用管件分哪几类？

常用管件有短管、弯头、三通、异径管、法兰、盲板、阀门等。

2. 弯头的作用是什么？

弯头主要用来改变管路走向。常见的有 90°、45° 及 180° 弯头，180° 弯头又称 U 形弯管。其他还有根据工艺配管需要的特定角度的弯头。

3. 三通的作用是什么？

当一条管路与另一条管路相连通时，或管路需要有旁路分流时，其接头处的管件称为三通。根据接入管的角度不同，有垂直接入的正接三通，有斜度的斜接三通；按出、入口的口径大小差异分为等径三通和异径三通。

4. 短接管的作用是什么？

当管路装配中短缺一小段，或因检修需要在管路中设置一小段可拆的管段时，经常采用短接管。它是一短段直管，有的带连接头（如法兰等），有的则仅仅是一段厚壁的直管，这种管也称为管垫。

5. 异径管的作用是什么？

异径管可以将两个不等管径的管口连通起来，也称大小头。

6. 法兰的作用是什么？

法兰是管子与管子之间相互连接的零件，用于管端之间的连接；也有用在设备进出口上的法兰，用于两个设备之间的连接。

7. 法兰有哪几类？代号分别是什么？

法兰类型（图 13）包括：板式平焊法兰、带颈平焊法兰、带颈对焊法兰、整体法兰、承插焊法兰、螺纹法兰、对焊环松套法兰、平焊环松套法兰、法兰盖和衬里法兰盖。

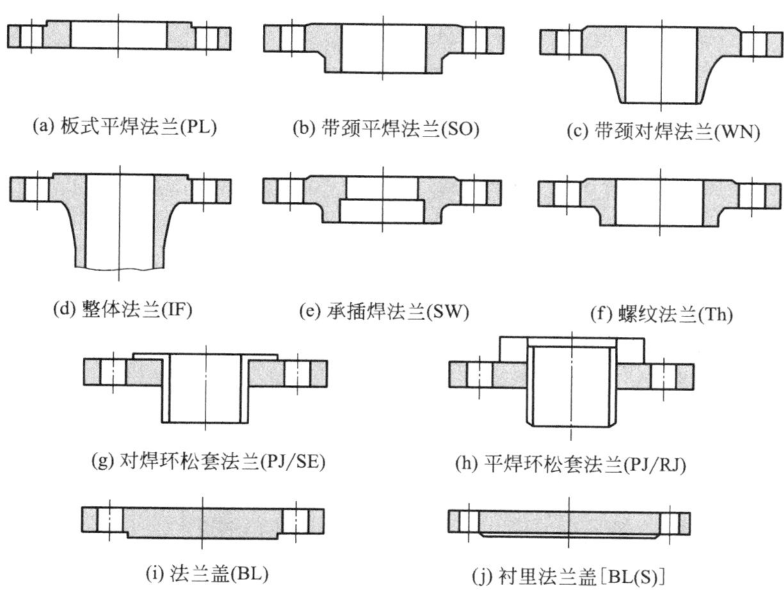

图 13 法兰类型及其代号

8. 法兰密封面有哪几类？代号分别是什么？

法兰的密封面类型（图 14）包括：突面、凹面 / 凸面、榫面 / 槽面、全平面和环连接面。

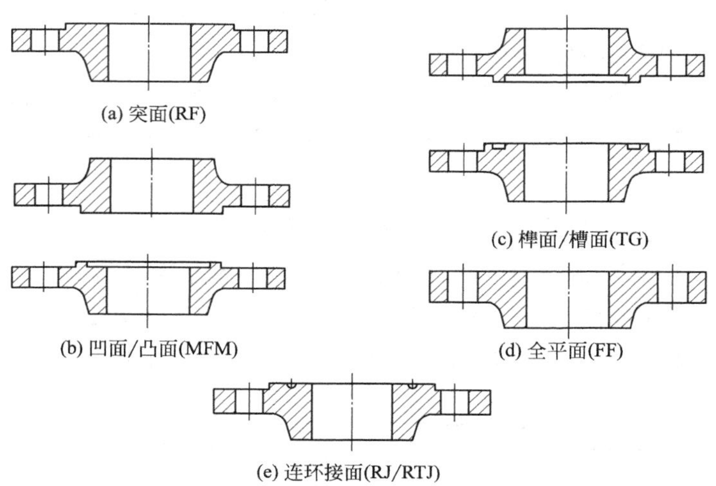

图 14　法兰密封面类型及其代号

9. 常用垫片有哪几类？

（1）非金属垫片：橡胶垫片、石棉橡胶板、非石棉纤维橡胶板、聚四氟乙烯板、膨胀或填充改性聚四氟乙烯板或带、增强柔性石墨板、高温云母复合板、聚四氟乙烯包覆垫；

（2）半金属垫片：缠绕垫、齿形组合垫；

（3）半金属 / 金属垫片：金属包覆垫；

（4）金属垫片：金属环垫。

不同垫片（图 15）的使用，一般根据加装部位法兰密封面类型、管径、压力、温度、介质进行选择。

10. 盲板的作用是什么？

盲板可以用来封闭管路的某一接口，或将管路中的某一段管路中断与系统的联系。在一般中低压管路中，盲板的形状与法兰相像，类似于一个实心法兰，所以这种盲板又称法兰盖。在化工设备和管路检修中，为确保安全，常采用钢板制成的实心圆片插入两只法兰之间，用来暂时将设备或管路与生产系统隔绝。这种盲板习惯叫插入盲板。不同盲板的使用，一般根据加装部位的管径、压力、温度进行选择。

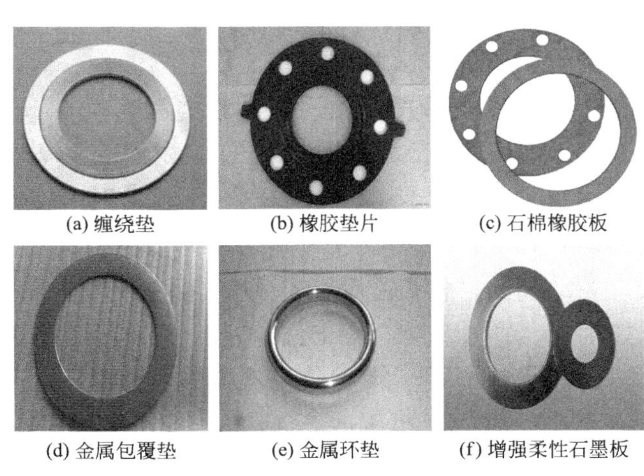

(a) 缠绕垫　(b) 橡胶垫片　(c) 石棉橡胶板

(d) 金属包覆垫　(e) 金属环垫　(f) 增强柔性石墨板

图 15　常用垫片

（四）阀门问答

1. 按用途和作用不同，阀门分哪几类？

（1）截断阀类：主要用于截断或接通管路中的介质流。如截止阀、闸阀、球阀、旋塞阀、蝶阀、隔膜阀等；

（2）止回阀类：用于阻止介质倒流，如各种不同结构的止回阀；

（3）调节阀类：主要用于调节管路中介质的压力和流量，如调节阀、节流阀、减压阀、减温减压装置等；

（4）分流阀类：用于改变管路中介质流动的方向，起分配、分流或混合介质的作用，如各种结构的分配阀、三通或四通旋塞，三通或四通球阀及各种类型的疏水阀等；

（5）安全阀类：用于超压安全保护，通过排放多余介质防止压力超过规定数值；

（6）多用阀类：用于替代两个、三个甚至更多个类型的阀门，如截止止回阀、止回球阀、截止止回安全阀；

（7）其他特殊专用阀类：如排污阀、放空阀、清焦阀、清管阀、紧急切断阀、试验堵阀等。

2. 按自动和驱动形式，阀门分哪几类？

（1）自动阀门：依靠介质本身的能力而自行动作的阀门，如安全阀、止回阀、减压阀、蒸汽疏水阀、空气疏水阀、紧急切断阀等；

（2）驱动阀门：借助手动、电动、液力或气力来操纵的阀门，如闸阀、截止阀、节流阀、蝶阀、球阀、旋塞阀等。

3. 按公称尺寸不同，阀门分哪几类？

（1）小口径阀门：小于或等于 DN40mm 的阀门；

（2）中口径阀门：DN50 ～ 300mm 的阀门；

（3）大口径阀门：DN350 ～ 1200mm 的阀门；

（4）特大口径阀门：大于或等于 DN1400mm 的阀门。

4. 按公称压力不同，阀门分哪几类？

（1）真空阀：低于标准大气压的阀门；

（2）低压阀：小于或等于 PN16 的阀门；

（3）中压阀：PN25 ～ 63 的阀门；

（4）高压阀：PN100 ～ 800 的阀门；

（5）超高压阀：大于或等于 PN1000 的阀门。

5. 按介质工作温度不同，阀门分哪几类？

（1）高温阀：温度高于 450℃的阀门；

（2）中温阀：温度为 120 ～ 450℃的阀门；

（3）常温阀：温度为 -29 ～ 119℃的阀门；

（4）低温阀：温度为 -100 ～ -30℃的阀门；

（5）超低温阀：温度低于 -100℃的阀门。

6. 按阀体材料不同，阀门分哪几类？

（1）非金属材料阀门：如陶瓷阀门、玻璃钢阀门、塑料阀门；

（2）金属材料阀门：如铜合金阀门、铝合金阀门、钛合金阀门、蒙乃尔合金阀门、哈氏合金阀门、因科镍尔合金阀门、铸铁阀门、铸钢阀门、低合金钢阀门、高合金钢阀门；

（3）金属阀体衬里阀门：如衬铅阀门、衬塑料阀门、衬搪瓷阀门。

7. 按与管道连接方式不同，阀门分哪几类？

（1）法兰连接阀门：阀体上带有法兰，与管道采用法兰连接的阀门；

（2）螺纹连接阀门：阀体上带有内螺纹或外螺纹，与管道采用螺纹连接的阀门；

（3）焊接连接阀门：阀体上带有焊口，与管道采用焊接连接的阀门；

（4）夹箍连接阀门：阀体上带有夹口，与管道采用夹箍连接的阀门；

（5）卡套连接阀门：用卡套与管道连接的阀门。

8. 按操纵方式不同，阀门分哪几类？

（1）手动阀门：借助手轮、手柄、杠杆或链轮等，由人力来操纵的阀门。当需传递较大的力矩时，可采用蜗轮、齿轮等减速装置。

（2）电动阀门：用电动机、电磁或其他电气装置操纵的阀门。

（3）液压或气压阀门：借助液体或空气的压力操纵的阀门。

9. 阀门型号如何表示？

阀门型号由阀门类型、驱动方式、连接形式、结构形式、密封面材料或衬里材料类型、公称压力代号或工作温度下的工作压力、阀体材料七部分组成。其具体编制顺序及举例见图 16。

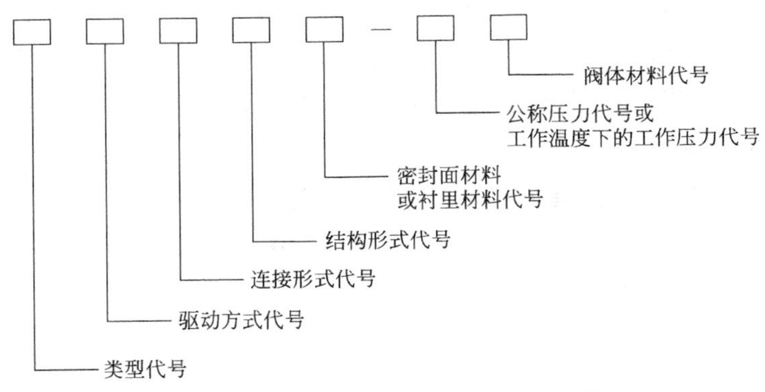

举例：

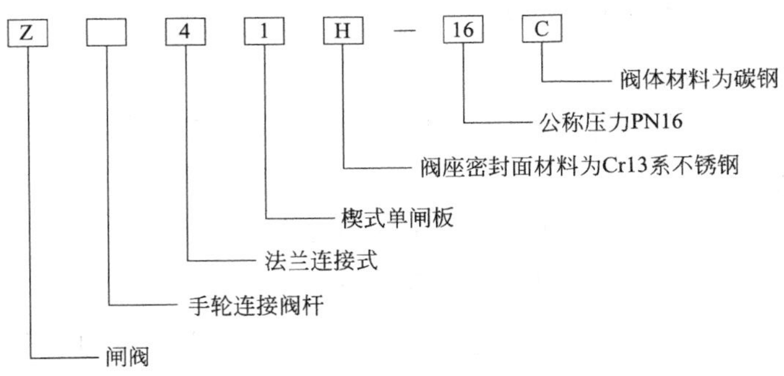

图 16　阀门型表示方法

注：手轮连接阀杆阀门可省略第二项标号。

10. 闸阀的工作原理是什么？

如图 17 所示，在阀体内设一个与介质流向成垂直方向的平面闸板，靠这一闸板的升降来开启或关闭介质的通路；依靠顶模、弹簧或闸板的模形，来增强密封效果。

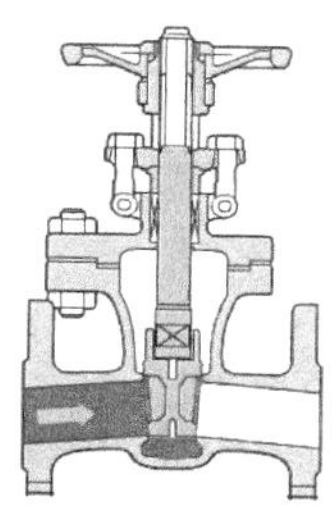

图 17　闸阀结构图

11. 闸阀的用途是什么？

闸阀在管道上主要作用为切断介质，即全开或全闭使用。一般闸阀不可作为节流用。它可以用于高温和高压，并可以用于各种不同的介质。闸阀一般不用于输送泥浆、黏稠性流体的管道中。

12. 截止阀的工作原理是什么？

截止阀（图 18）的关闭是依靠阀杆压力使阀瓣密封面与阀座密封面紧密贴合，阻止介质流通。

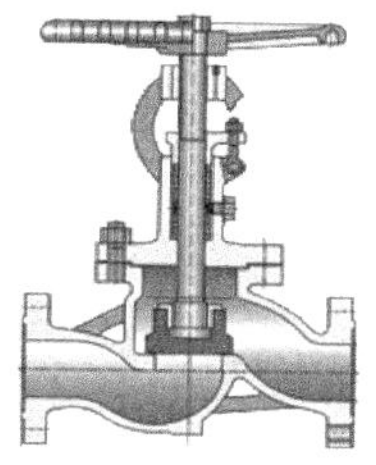

图 18　截止阀结构图

13. 截止阀的用途是什么？

截止阀在管道上主要起切断作用。截止阀的使用极为普遍，但由于开启和关闭力矩较大，结构长度较长，通常公称尺寸都限制在 250mm 以下。

14. 球阀的工作原理是什么？

球阀（图 19）有圆形通孔或通道通过其轴线，具有旋转 90° 的动作。当球旋转 90° 时，在进、出口处应全部呈现球面，从而截断流动。

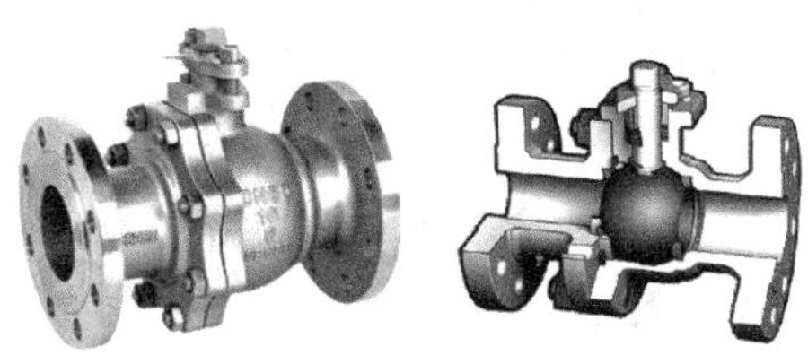

图 19　球阀结构图

15. 球阀的用途是什么？

球阀在管道上主要用于切断、分配和改变介质流动方向。球阀不仅适用于水、溶剂、酸和天然气等一般工作介质，而且还可适用于工作条件恶劣的介质，如氧气、过氧化氢、甲烷、乙烯等。

16. 蝶阀的工作原理是什么？

蝶阀（图 20）的启闭件是一个圆盘形的蝶板，在蝶阀阀体圆柱形通道内绕其自身的轴线旋转，达到启闭或调节的目的。旋转角度为 0° ～ 90° 之间，旋转到 90° 时，阀门为全开状态。

17. 蝶阀的用途是什么？

蝶阀在管道上主要作切断和节流用。蝶阀在石油、化工、城市煤气、城市供热、水处理等一般工业上应用很广，也适用于热电站的冷凝器及冷却水系统。

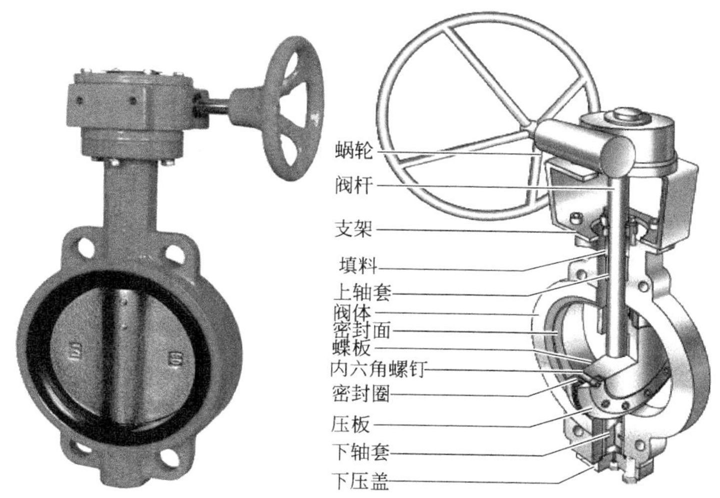

图 20 蝶阀结构图

18. 止回阀的工作原理是什么？

如图 21 所示，在一个方向流动的流体压力作用下，阀瓣打开；流体反方向流动时，由流体压力和阀瓣的自重将阀瓣作用于阀座，从而切断流动。

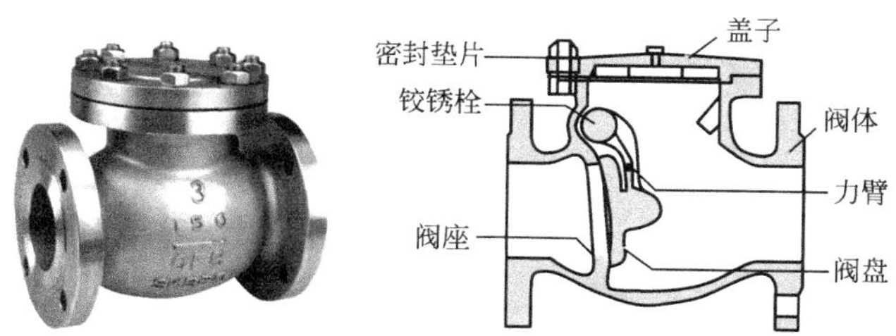

图 21 止回阀结构图

19. 止回阀的用途是什么？

止回阀用于防止介质倒流，防止泵及其驱动电动机反转以及容器内介质的泄放。止回阀根据材质的不同，可以适用于各种介质的管路上。

20. 安全阀分哪几类？

（1）按开启高度分为：微启式安全阀、中启式安全阀、全启式安全阀；

（2）按阀瓣加载方式分为：重锤式或杠杆重锤式安全阀、弹簧式安全阀、气室式安全阀；

（3）按作用原理分为：直接作用式安全阀、非直接作用式安全阀；

（4）按动作特性分为：比例作用式安全阀、两段作用式安全阀；

（5）按有无背压平衡机构分为：背压平衡式安全阀、常规式安全阀。

21. 弹簧式安全阀的工作原理是什么？

弹簧式安全阀（图 22）是利用压缩弹簧的力来平衡作用在阀瓣上的力。螺旋圈形弹簧的压缩量可以通过转动它上面的调整螺母来调节，利用这种结构就可以根据需要校正安全阀的整定压力。

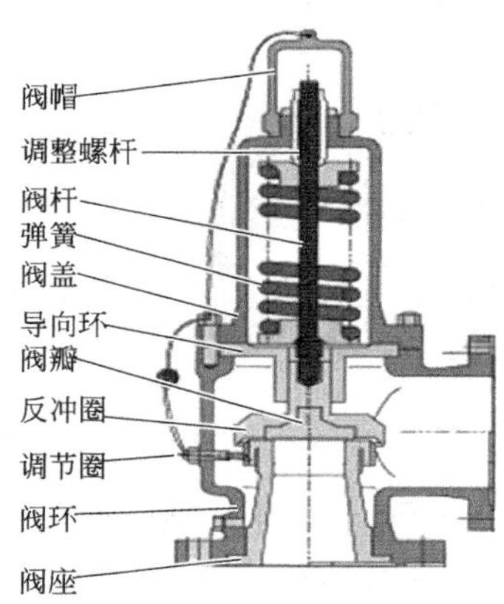

图 22　弹簧式安全阀

22. 程控阀的工作原理是什么？

程控阀由电磁阀、执行机构、控制阀、阀位传感器组成。根据工艺条件设置了顺控程序，然后按规定时间顺序将开关信号送至现场电磁阀，电磁阀根据开关信号去改变供气方向，推动执行机构的动作来改变阀门状态以满足工艺生产的需要。

同时，程控阀通过阀位传感器将程控阀开关状态反馈至控制系统，用于状态显示和顺序控制，并通过对输出信号的对比实现阀门故障的判断和报警见图 23。

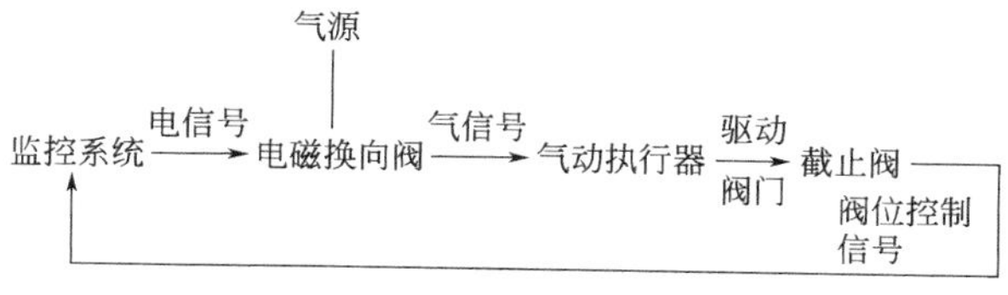

图 23 程控阀工作原理图

23. 气动薄膜调节阀的工作原理是什么？

如图 24 所示，当来自控制器的信号压力通入薄膜气室时，在膜片上产生一个推力，并推动推杆部件向下移动，使阀芯和阀座之间的空隙减小（即流通面积减小），流体受到的阻力增大，流量减小。推杆下移的同时，弹簧受压产生反作用力，直到弹簧的反作用力与信号压力在膜片上产生的推力相平衡为止。此时，阀芯与阀座之间的流通面积不再改变，流体的流量稳定。可见，调节阀是根据信号压力的大小，通过改变阀芯的行程来改变阀的阻力大小，达到控制流量的目的。

24. 自力式调节阀的工作原理是什么？

自力式调节阀结构如图 25 所示。

（1）阀后压力控制：工作介质的阀前压力经过阀芯、阀座后的节流后，变为阀后压力。阀后压力经过控制管线输入执行器的下膜室内作用在顶盘上，产生的作用力与弹簧的反作用力相平衡，决定了阀芯、阀座的相对位置，控制阀后压力。当阀后压力增加时，阀后压力作用在顶盘上的作用力也随之增加。此时，顶盘的作用力大于弹簧的反作用力，使阀芯关向阀座的位置，直到顶盘的作用力与弹簧的反作用力相平衡为止。这时，阀芯与阀座的流通面积减少，流阻变大，从而使阀后压力降为设定值。同理，当阀后压力降低时，作用方向与上述相反，这就是自力式（阀后）压力调节阀的工作原理。

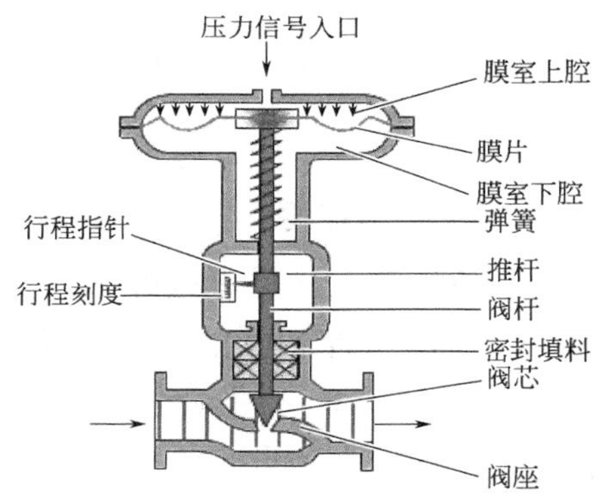

图 24　气动薄膜调节阀结构图

（2）阀前压力控制：工作介质的阀前压力经过阀芯、阀座后的节流后，变为阀后压力。同时阀前压力经过控制管线输入到执行器的上膜室内作用在顶盘上，产生的作用力与弹簧的反作用力相平衡，决定了阀芯、阀座的相对位置，控制阀前压力。当阀后压力增加时，阀前压力作用在顶盘上的作用力也随之增加。此时，顶盘的作用力大于弹簧的反作用力，使阀芯向离开阀座的方向移动，直到顶盘的作用力与弹簧的反作用力相平衡为止。这时，阀芯与阀座的流通面积增大，流阻变小，从而使阀前压力降为设定值。同理，当阀后压力降低时，作用方向与上述相反，这就是自力式（阀前）压力调节阀的工作原理。

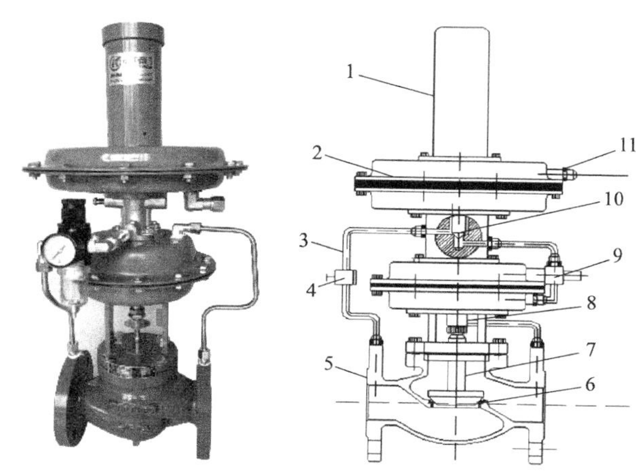

图 25　自力式调节阀结构图

1—指挥器；2—检测机构；3—接管；4—减压阀；5—主阀；6—主阀芯；7—阀杆；8—推杆；9—节流阀；10—指挥器阀芯；11—接口螺纹

25. 紧急切断阀的工作原理是什么？

阀门在日常工作中处于常开状态，电磁阀线圈处于断电状态；当事故发生时，阀门线圈瞬间通电，触发阀门快速关闭，进入自锁状态。

26. J-T 阀的工作原理是什么？

利用天然气自身的压力，流经节流阀进行等焓膨胀产生焦耳—汤姆逊效应，使气体温度降低。

27. 阀门操作的注意事项有哪些？

（1）操作阀门前应检查阀门的开关位置、执行机构是否完好灵敏、密封性能是否良好；

（2）操作阀门时不允许将身体正对阀杆顶部，以防阀杆打出，受到伤害；

（3）操作阀门时要用力平稳、均匀，绝对不能使用冲击力。

（五）容器、设备相关问答

1. 压力容器按承受压力分哪几类？

（1）低压容器：0.1MPa ≤ p < 1.6MPa。

（2）中压容器：1.6MPa ≤ p < 10MPa。

（3）高压容器：10MPa ≤ p < 100MPa。

（4）超高压容器：p ≥ 100MPa。

2. 常用储罐有哪几类？

常用储罐有立式储罐、卧式储罐、球形储罐（图 26）。

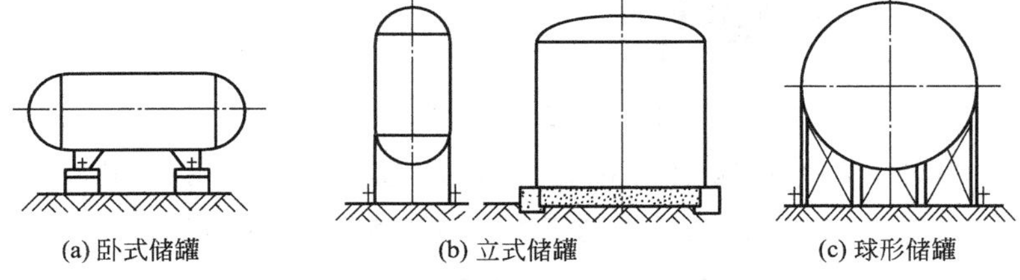

图 26　储罐示意图

3. 常用分离器分哪几类？

（1）按外形分为：立式分离器、卧式分离器。

（2）按功能分为：油气两相分离器、油气水三相分离器。

（3）按工作压力分为：真空、低压、中压和高压分离器。

（4）按实现气液分离所利用的能量分为：重力式、离心式和混合式分离器。

4. 旋风分离器工作原理是什么？

气体由切向进气口进入旋风分离器（图 27）时，气流将由直线运动变为圆周运动。旋转气流的绝大部分沿器壁自圆筒体呈螺旋向下朝锥体流动，通常称此为外旋气流。含杂质气体在旋转过程中产生离心力，将相对密度大于气体的杂质颗粒甩向器壁。杂质颗粒一旦与器壁接触，便失去径向惯性力而依靠向下的动量和向下的重力沿壁面下落，进入排灰管。旋转下降的外旋气体到达锥体时，因圆锥形的收缩而向分离器中心靠拢。根据“旋转矩”不变原理，其切向速度不断提高，杂质颗粒所受离心力也不断加强。当气流到达锥体下端某一位置时，即以同样的旋转方向从旋风分离器的中部，由下反转向上，继续做螺旋性流动，即内旋气流。最后净化气经排气管排出，一部分未被捕集的杂质颗粒也由此排出。

自进气管流入的另一小部分气体则向旋风分离器的顶部流动，然后沿排气管外侧向下流动，当到达排气管下端时即反转向上，随上升的中心气流一同从排气管排出。分散在这部分气流中的杂质也随同被带走。

5. 立式重力分离器工作原理是什么？

如图 28 所示，主体为立式圆筒体，气流一般从筒体中段进入，顶部为气流出口，底部为液 / 固体出口。

初级分离段：气流入口处。为了提高初级分离效果，常在气流入口处设入口挡板或采用切线入口方式。

二级分离段：沉降段，气流携带的液、固杂质向气流出口以较低的速度向上流动。此时由于重力作用，杂质则向下沉降与气流分离。

积液段：主要收集液 / 固体。本段还具有减少流动气流对液 / 固体扰动的功能，积液段还应有足够的容积，以保证溶解在液体中的气体析出进入气相。另外液体排放系统也是积液段的主要组成部分，为了防止排液时气体旋涡，除了保留一段液封外，也常在排液口上方设置挡板类的破旋装置。

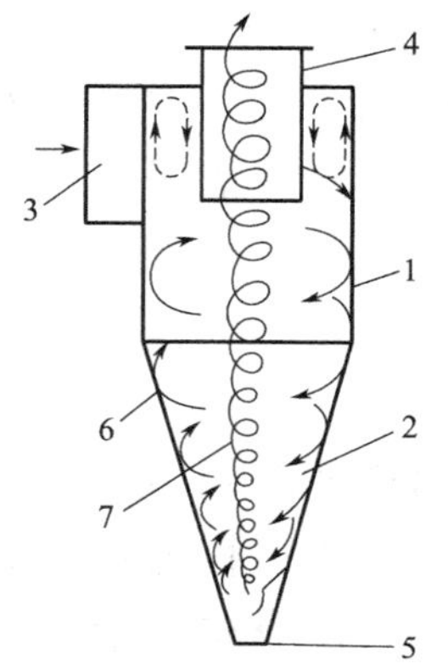

图 27　普通旋风分离器结构示意图

1—筒体；2—锥体；3—进气管；4—排气管；5—排灰管；6—外旋气流；7—内旋气流

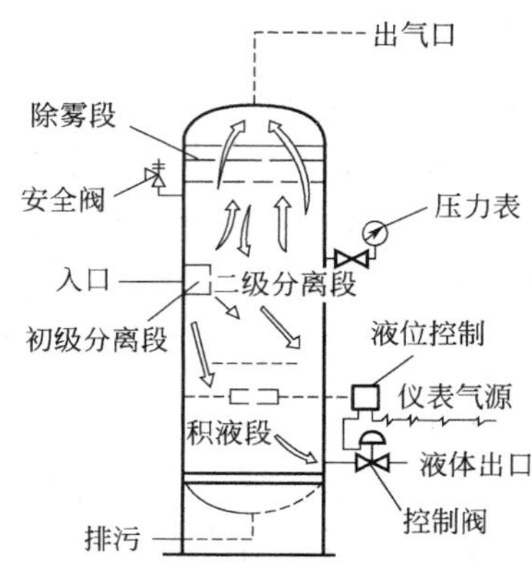

图 28　立式分离器结构示意图

除雾段：通常设在气体的出口附近，由金属丝网等元件组成，用于捕集沉降段未能分离出来的较小液滴。较小的液滴在金属丝网上发生碰撞、凝聚，最后结合成较大液滴下沉至积液段。

6. 卧式重力分离器工作原理是什么？

如图 29 所示，主体为卧式圆筒体，气流一般从筒体一端进入，另一端流出，底部为液 / 固体出口。

初级分离段：气流入口处。气流入口的形式有多种，其目的在于对气体进行初级分离，除了入口处设有挡板外，有的在入口处增设一个小内旋器，即在入口处对气、液 / 固进行一次旋风分离；还有的在入口处设置弯头，使气流进入分离器后先向相反的方向流动，撞击挡板后再折返向出口方向流动。

二级分离段：沉降段，此段是气体与液 / 固杂质实现重力分离的主体，气流水平流动与杂质的运动方向成 90° 夹角，因此气流几乎无压力损失。

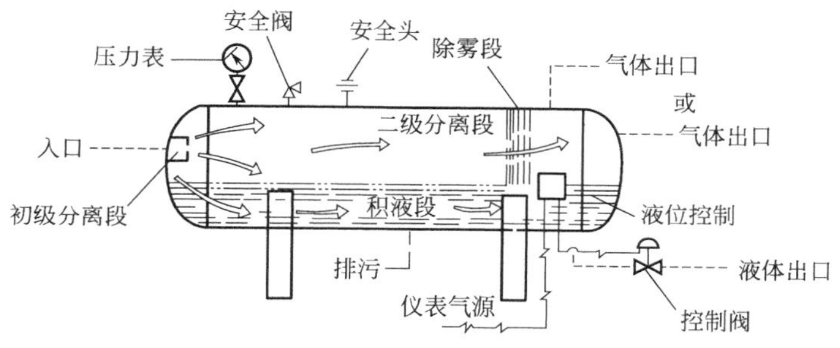

图 29　卧式分离器结构示意图

除雾段：可设在筒体内，也可设置在筒体上部紧接气体出口处。除雾段除设置纤维或金属丝网外，也可采用专用的除雾芯子。

液体存储段：积液段，用于储存积液。

泥沙存储段：在积液段下部，用于储存泥沙。

7. 过滤器分哪几类？

过滤器分为机械过滤器、分子吸附过滤器、聚结过滤器。

8. 机械过滤器工作原理是什么？

当天然气流经机械过滤器过滤元件时，气体可以通过而固体颗粒则被留下，从而达到气体与固体杂质分离的作用。常用的机械过滤器有金属丝网型过滤器、中空纤维型过滤器和金属烧结滤管型过滤器。

9. 分子吸附过滤器工作原理是什么？

利用分子的吸附作用，把以分子和离子状态存在的有害杂质从天然气中除去。这些杂质靠过滤元件是无法滤掉的。常用的分子吸附过滤器有活性炭过滤器。

10. 聚结过滤器工作原理是什么？

采用特制的滤芯，通过筛、挡、阻三种方式对不同大小的微粒进行捕捉，从而将其过滤掉。此外，滤芯能把小液滴聚结成大液滴，靠重力作用滴落到过滤器底部储液段。这种过滤器常用于介质中很难去除的液体的情况，也用于除去非常细微的液滴或用于保护不能有液体存在的非常精密的仪表和设备。

11. 加热炉分哪几类？

（1）按结构分为：管式加热炉、火筒式加热炉。

（2）按被加热介质种类分为：原油加热炉、气液混合物加热炉、生产用水加热炉、天然气加热炉。

（3）按燃料的种类分为：燃油加热炉、燃气加热炉、燃油燃气加热炉、燃煤加热炉。

12. 管式加热炉结构是怎样的？

管式加热炉（图 30）主要由辐射室、对流室、余热回收系统、燃烧器以及通风系统组成。

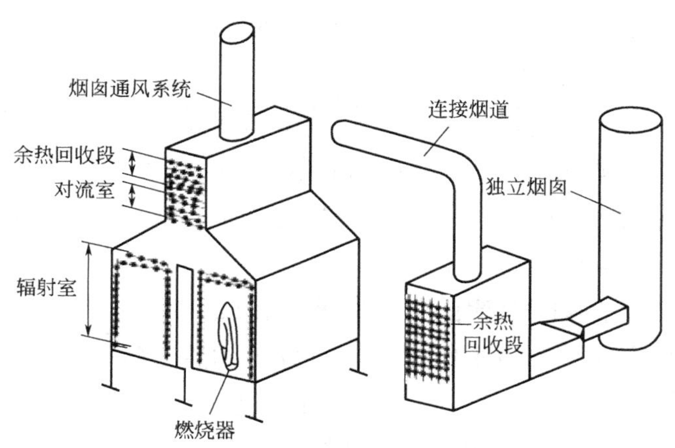

图 30　管式加热炉结构示意图

（1）辐射室：通过火焰或高温烟气进行辐射传热的场所，直接受到火焰冲刷，温度最高，负担全炉热负荷的70%～80%。

（2）对流室：靠由辐射室出来的烟气进行对流换热的场所。对流室内密布多排炉管，烟气以较大的速度冲刷炉管，进行有效的对流换热。

（3）余热回收系统：从离开对流室的烟气中进一步回收余热的单元。回收方法有两大类：一类是靠预热燃烧用空气来回收热量，这些热量再次返回炉中；另一类是采用同加热炉完全无关的其他流体回收热量。

（4）燃烧器：产生热量的主要部件，管式加热炉只燃烧燃料气和燃料油，火嘴结构简单。

（5）通风系统：将燃烧用空气导入燃烧器，并将废烟气引出加热炉。

13. 管式加热炉工作原理是什么？

燃料在加热炉辐射室中燃烧，产生高温烟气并作为热载体流向对流室，从烟囱排出。待加热介质首先进入对流室炉管，以对流方式从烟气中获得热量。这些热量又以传热方式由炉管外表面传导到炉管内表面，再以对流方式传递给管内流动的介质。

介质由对流室炉管进入辐射室炉管。在辐射室内，燃烧器喷出的火焰主要以辐射方式将热量的一部分辐射到炉管外表面，另一部分辐射到敷设炉管的炉墙上，炉墙再次以辐射方式将热辐射到背火面一侧的炉管外表面上。这两部分辐射热共同作用，使炉管外表面升温并与管壁内表面形成了温差，热以传导方式流向管内壁，管内流动的介质又以对流方式不断从管内壁获得能量，实现加热介质的工艺要求。

14. 塔分哪几类？

塔按内件结构可分为板式塔和填料塔。

15. 板式塔分哪几类？

板式塔按塔板类型分为泡罩塔、浮阀塔、筛板塔和舌形塔。

16. 板式塔的结构是怎样的？

板式塔（图31）主要由圆柱形壳体、塔板、溢流堰、降液管和受液盘等部件组成。

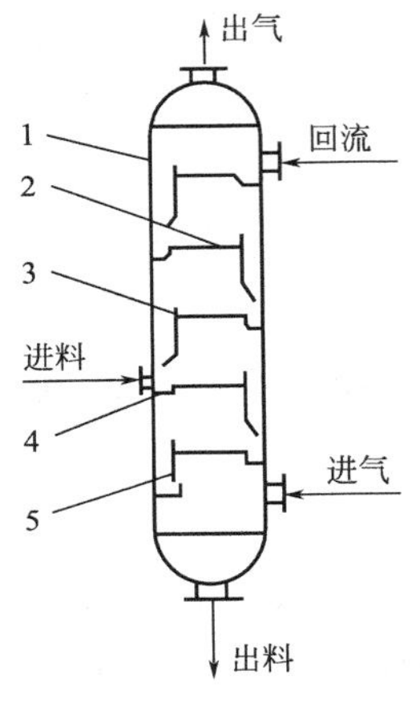

图31　板式塔结构示意图

1—塔壳体；2—塔板；3—溢流堰；4—受液盘；5—降液管

17. 板式塔工作原理是什么？

操作时，塔内液体依靠重力作用，由上层塔板的降液管流到下层塔板的受液盘，然后横向流向塔板，从另一侧的降液管流向下层塔板。气体则在压力差的推动下，自下而上穿过各层塔板的气体通道，分散成小股气流，鼓泡通过各层塔板的液体层。在塔板上，气液两相密切接触，进行热量和质量的交换。在板塔中，气、液两相逐级接触，两相的组成沿塔高呈阶梯式变化，正常情况下，液相为连续相，气相为分散相。

18. 填料塔的结构是怎样的？

填料塔（图32）主要由塔壳体、液体分布器、填料压板、填料、液体再分布装置、填料支撑板等部件组成。

19. 填料塔的工作原理是什么？

液体从塔顶经液体分布器喷淋到填料上，并沿填料表面流下。气体从塔底送入，经气体分布装置（小直径塔一般不设气体分布装置）分布后，与液体呈逆流连续通过填料层的空隙，在填料表面上气液两相密切接触进行传质、传热。填料塔属于连续接触式气液传质设备，两相组成沿塔高连续变化，在正常操作状态下，气相为连续相，液相为分散相。当填料层较高时，需要进行分段，中间设置再分布装置。液体再分布装置包括液体收集器和液体再分布器两部分，上层填料流下的液体经液体收集器收集后，送到液体再分布器，经重新分布后喷淋到下层填料上。

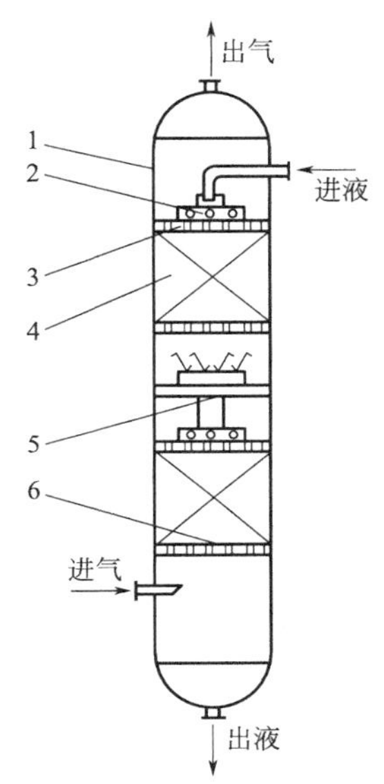

图 32　填料塔结构示意图

1—塔壳体；2—液体分布器；3—填料压板；4—填料；5—液体再分布装置；6—填料支撑板

20. 填料有哪几类？

（1）散装填料（图 33）：具有一定几何形状和尺寸的颗粒体，以随机的方式堆积在塔内的支撑板上，构成一定高度的填料层。根据结构特点不同，可分为环形填料、鞍形填料、环鞍形填料及球形填料等。

（2）规整填料（图 34）：在塔内按均匀几何图形排布，整齐堆砌的填料。根据其几何结构不同，可分为格栅填料、波纹填料、脉冲填料等。

21. 气体净化器的工作原理是什么？

如图 35 所示，气体由进气口进入净化器，首先进入重力沉降室，此时气体流速较低（约 0.9 ～ 1.2m/s），因此大颗粒（粒径在 150 ～ 200μm 以上）杂质由于沉降效应被分离出来，落入筒体下部，可随时排出；气体经重力沉降室预处理后，进入内置式旋风分离器，在离心力的作用下，将气体中 20μm 以上的粉尘颗粒及油（水）滴分离出来，沿器壁流入下面的灰斗及时排放；气体再通过连通管由上至下进入第三级的高效气体过滤器，使气体中的微细粉尘隔离吸附在过滤器内的填料上，经三级处理的气体，其中的液体和固体杂质基本被除去。

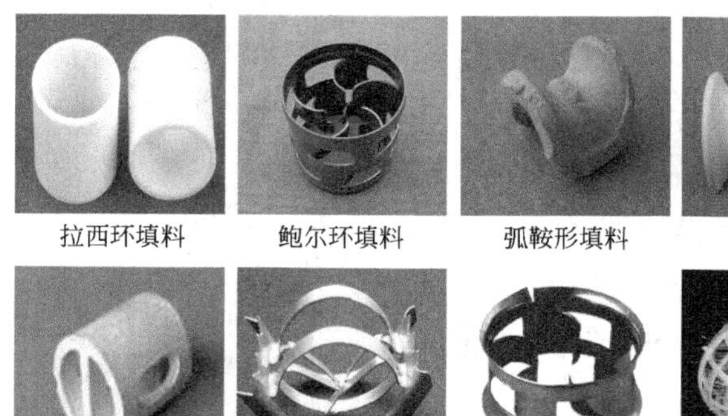

图 33　各种散装填料

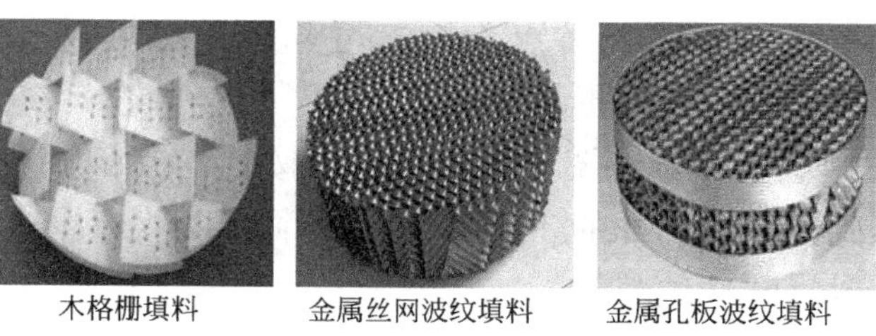

图 34　各种规整填料

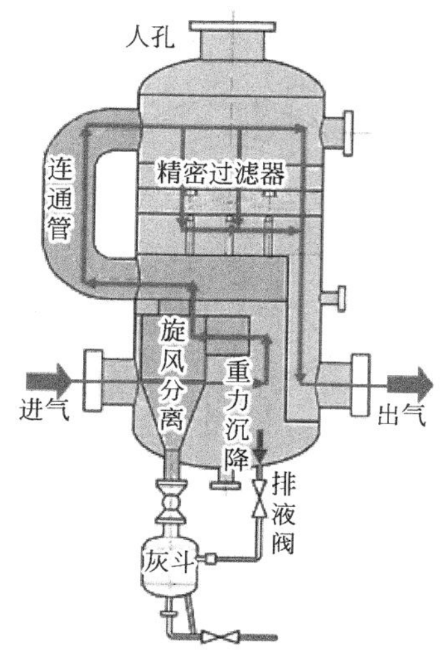

图 35　气体净化器结构示意图

22. 自动化仪表分哪几类？

自动化仪表按其功能不同可分为四大类：检测仪表，显示仪表，控制仪表和执行器。

（1）检测仪表：压力测量仪表、温度测量仪表、液位测量仪表、流量测量仪表和成分分析器。

（2）显示仪表：指示仪、记录仪、累计器、信号转换器、信号报警器。

（3）控制仪表：基地式调节器、气动单元组合仪表、电动单元组合仪表、可编程调节器、集散控制系统、可编程控制系统、工业控制机、计算机控制系统、安全控制系统。

（4）执行器：气动调节阀、电动调节阀、液动调节阀。

23. 压力表的工作原理是什么？

压力表（图 36）内的敏感元件（弹簧管、膜盒、波纹管）在压力的作用下发生弹性形变，再经转换机构将压力形变传导至指针，引起指针偏转，并在刻度盘上指示出被测压力值。

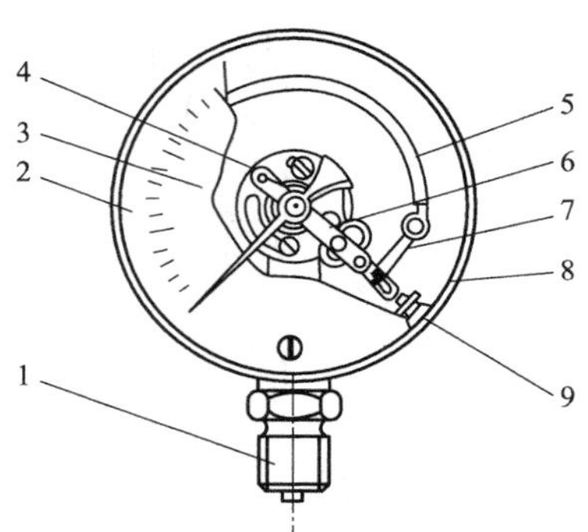

图 36　压力表结构示意图

1—接头；2—衬圈；3—度盘；4—指针；5—弹簧；6—传动机构；7—连杆；8—表壳；9—调零装置

24. 压力表的量程如何确定？

仪表量程是根据被测压力的大小来确定的。一般来讲，测量稳定压力时，工作压力应在量程的 1/3 ～ 2/3 之间；测量脉动压力时，工作压力应在量程的 1/3 ～ 1/2 之间。

25. 压力表的安装有哪些要求？

（1）安装位置应便于操作人员观察和清洗，且应避免受到热辐射、冻结和振动的影响。

（2）压力表应设有缓冲弯管，并应采取防冻措施，缓冲弯管采用钢管时，其内径不应小于 10mm。

（3）压力表与缓冲弯管之间应装设三通旋塞，三通旋塞上应有开启标记和锁紧装置。

（4）引压管不应过长，以减少压力表指针的迟缓。

（5）压力表测量腐蚀介质、黏度较大介质或温度介质超过 60℃时，应加装隔离装置。

（6）测量蒸汽或高温的压力表要加装冷凝管。

(7) 取压口与压力表之间应安装切断阀，便于检修和更换压力表。

26. 玻璃板液位计工作原理是什么？

玻璃板液位计（图 37）是基于连通器原理设计的，由玻璃板及液位计主体构成的液体通路是经接管用法兰或锥管螺纹与被测容器连接构成的连通器，透过玻璃板观察到液面与容器内的液面相同，即液位高度。

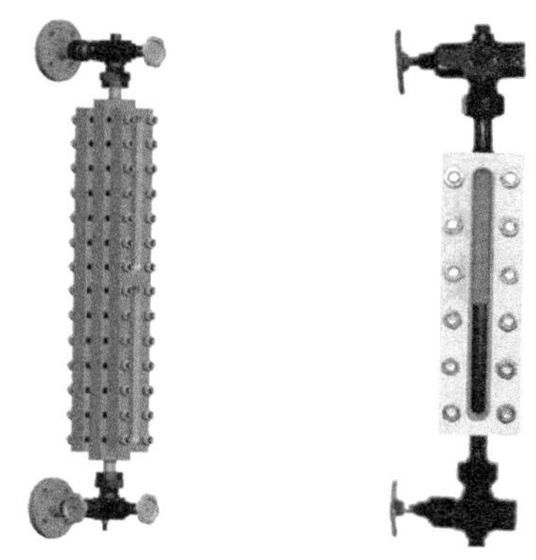

图 37 玻璃板液位计

27. 磁翻板液位计工作原理是什么？

根据浮力原理，浮子在测量管内随液位的升降而上下移动；浮子内的永久磁钢通过耦合作用，驱动红白翻柱翻转 180°，液位上升时翻柱由白色转为红色，下降时由红色转为白色，从而实现液位指示，见图 38。

28. 双金属温度计测温原理是什么？

双金属温度计（图 39）利用两种不同膨胀系数的双金属片叠焊在一起作测温传感器，当温度变化时，双金属片弯曲，其弯曲程度与温度成比例来进行测温。具体应用时，一端固定，另一端变形通过传动、放大等带动指针指示出温度值来。

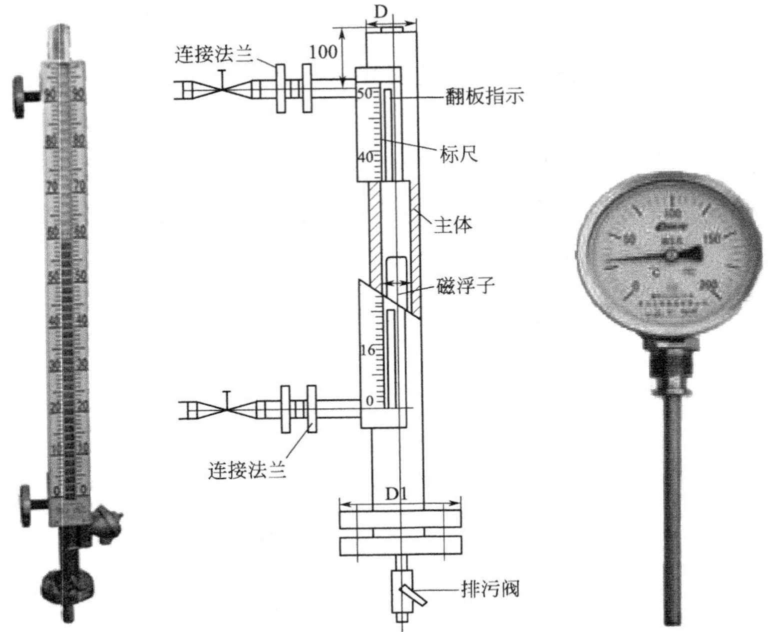

图 38　磁翻板液位计结构图　　　　图 39　双金属温度计

29. 变送器工作原理是什么？

由变送器发出一种信号给二次仪表，使二次仪表显示测量数据，它能将物理测量信号或普通电信号转换为标准电信号输出或能够以通信协议方式输出。压力变送器如图 40 所示。

图 40　压力变送器

30. 常见的冷换设备分哪几类？

（1）按结构分为：管式换热器、板式换热器、延伸表面换热器、再生器。

（2）按传递过程分为：间接接触式、直接接触式。

（3）按流动形式分为：并流式换热器、逆流式换热器、错流式换热器。

（4）按分程情况分为：单程式换热器、多程式换热器。

（5）按流体的相态分为：气—液换热器、液—液换热器、气—气换热器。

（6）按传热机理分为：冷凝器、蒸发器。

（7）按用途分为：换热器、冷凝器、再沸器、冷却器。

（8）按换热方式分为：混合式换热器、蓄热式换热器、间壁式换热器。

31. 换热器型号如何表示？

换机器型号表示如图 41 所示。

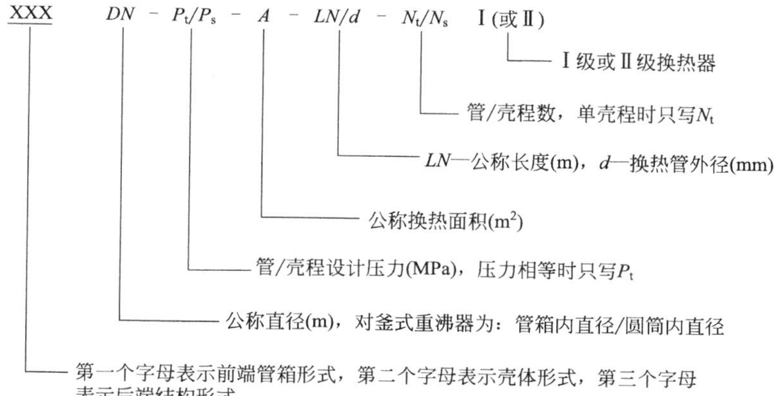

图 41　换热器型号表示方法

例如，AES500-1.6-54-6/25-4I 表示：平盖管箱，公称直径 500mm，管程和壳程设计压力均为 1.6MPa，公称换热面积 $54m^2$，较高级冷拔换热管，外径 25mm、管长 6m，4 管程单壳程的浮头式换热器。

BEMB700-2.5/1.6-200-9/25-4I 表示：封头直径，公称直

径 700mm，管程设计压力 2.5MPa，壳程设计压力 1.6MPa，公称换热面积 200m^2，较高级冷拔换热管，外径 25mm、管长 9m，4 管程单壳程的固定管板式换热器。

32. 管壳式换热器有哪几类？

主要有固定管板式换热器、浮头式换热器、U 形管式换热器、滑动管板式换热器、填料函式换热器和套管式换热器。

33. 管壳式换热器结构是怎样的？

管壳式换热器（图 42）主要由管箱、管板、壳体、换热管、折流板及附件等组成。

（1）管箱用来收集或分配管程内的流体，通过法兰或焊接与管板连接在一起。

（2）换热管通常是通过胀接或焊接与管板连接在一起，是换热器中主要的换热元件。

（3）折流板可以使管程内的流体改变流向，发生湍流，增强传热效果，还对换热管具有支撑作用，防止换热管发生较大挠性变形。

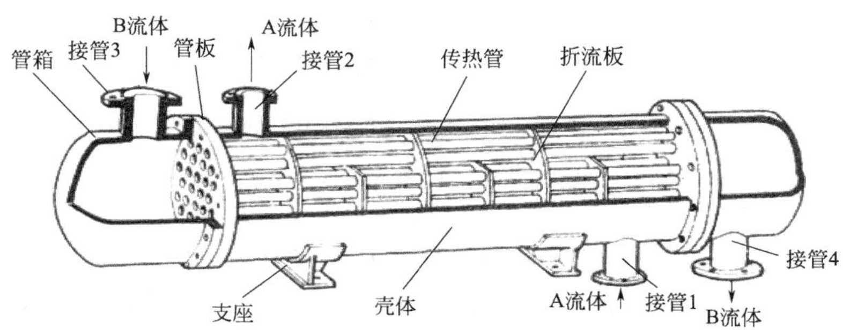

图 42　管壳式换热器结构示意图

34. 管壳式换热器工作原理是什么？

换热器内部有两路管道回路，一个是热源，另一个是被加热源。进行换热时，一种流体由管箱或封头的进口管进入，通过平行管束的管内，从另一端管箱或封头出口接管流出，称为管程。另一种流体则由壳体的接管进入，在壳体与管束的空隙处流过，而由另一接管流出，称为壳程。

35. 浮头式换热器优缺点是什么？

浮头式换热器结构如图 43 所示。

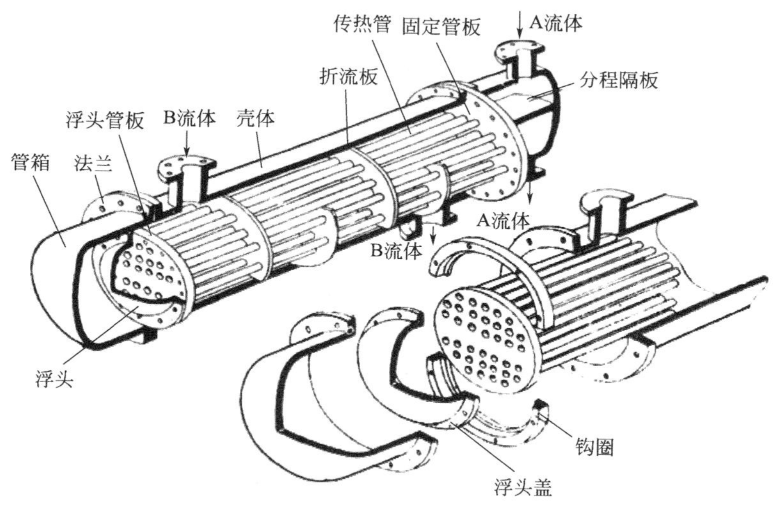

图 43　浮头式换热器结构示意图

优点：

（1）管束可以自由抽出，以方便清洗管程和壳程；

（2）两种换热介质温差不受限制，管束的膨胀不受壳体约束；

（3）可在高温、高压下工作；

（4）可用于结垢比较严重的场合；

（5）可用于管程易腐蚀的场合。

缺点：

（1）内浮头密封困难，易发生内漏；

（2）结构复杂，金属材料消耗较大，造价高。

36. 固定管板式换热器优缺点是什么？

固定管板式换热器如图 44 所示。

优点：

（1）传热面积比浮头式换热器大 20% ～ 30%；

（2）结构简单，制造方便；

（3）没有内漏。

缺点：

（1）壳体和管子壁温差一般应≤ 50℃，＞ 50℃时应在壳体上设置膨胀节；

（2）管板和管头之间易产生温差应力而损坏；

（3）壳体无法机械清洗；

（4）管子腐蚀后造成其连同壳体一起报废，管子寿命决定壳体部件寿命，故设备寿命相对较低；

（5）不适用于壳体易结垢场合。

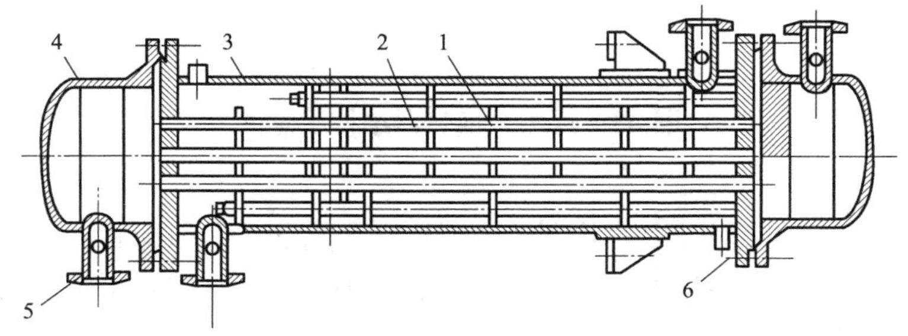

图 44　固定管板式换热器结构示意图

1—折流挡板；2—管束；3—壳体；4—封头；5—接管；6—管板

37. U 形管换热器优缺点是什么？

U 形管换热器如图 45 所示。

优点：

（1）换热管被弯成 U 形，管的两端固定在同一个管板上，省去了一个管板和一个管箱，结构简单，重量轻；

（2）因管束与壳体是分离的，在受热膨胀时，不受约束，因而消除温差应力，适用于高温和高压的场合。

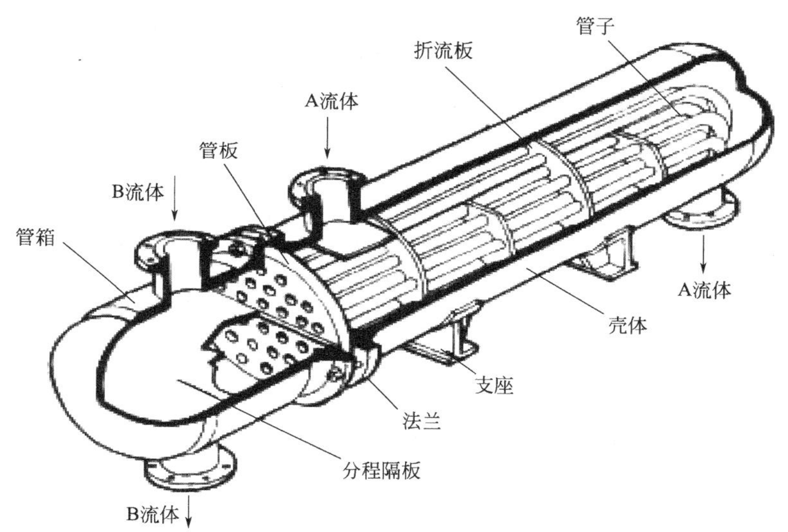

图 45　U 形管换热器结构示意图

缺点：

（1）管束可以自由抽出，管外清洗方便，但管内清洗困难；

（2）只有一块管板支撑全部管束，因此相同壳体内径的管板，其厚度要大于其他形式；

（3）管子需一定的弯曲半径，故管板的利用率较差。

38. 板式换热器有哪几类？

常见的有螺旋板式换热器、板片式换热器、板翅式换热器。

39. 板翅式换热器结构是怎样的？

板翅式换热器（图 46）主要由翅片、隔板、封条和导流片组成。

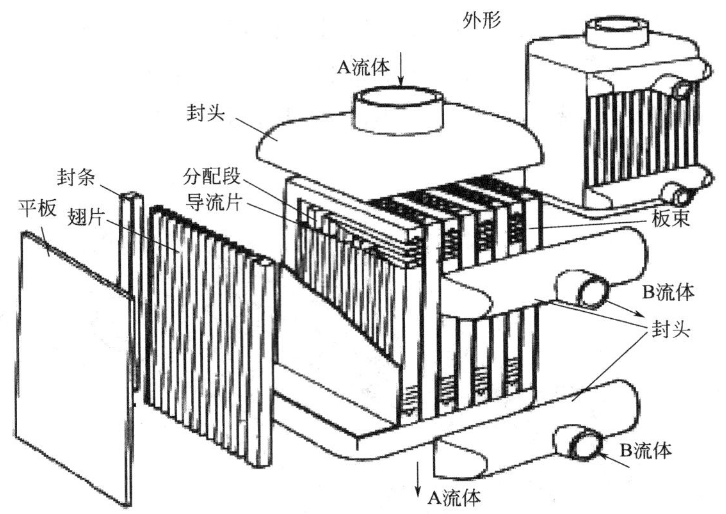

图 46　板翅式换热器结构示意图

40. 板翅式换热器优缺点是什么？

优点：

（1）总传热系数高，传热效果好；

（2）结构紧凑；

（3）轻巧牢固；

（4）适应性强，操作范围广。

缺点：

（1）由于设备流道很小，故易堵塞，而且增大了压降；换热器一旦结垢，清洗和检修很困难，所以处理的物料应较洁净或预先进行净化处理；

（2）由于隔板和翅片都由薄铝片制成，故要求介质对铝不发生腐蚀。

41. 空气冷却器有哪几类？

空气冷却器主要分为普通空冷器和表面蒸发空冷器两类。

42. 空气冷却器结构是怎样的？

空气冷却器（图 47）主要由管束、风机、构架及附件组成。

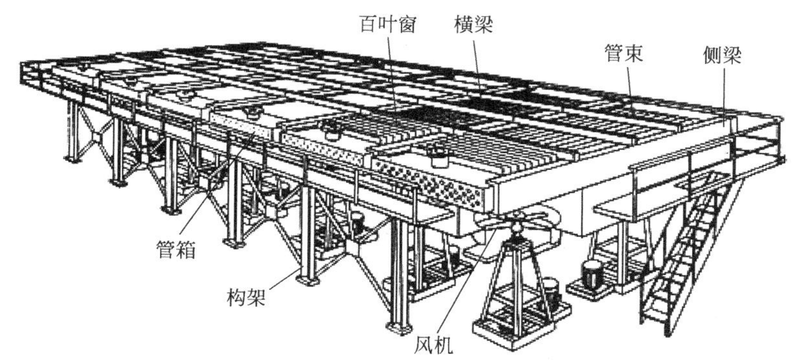

图 47　空气冷却器结构示意图

（1）管束：由管箱、翅片管和框架组合构成；

（2）风机：一个或几个一组的风机驱使空气的流动；

（3）构架：空气冷却器管束及风机的支撑部件；

（4）附件：如百叶窗、蒸气盘管、梯子、平台等。

43. 空气冷却器工作原理是什么？

空气冷却器依靠风机连续向管束通风，使管束内流体得以冷却，由于空气传热系数低，故采用翅片管增加管子外壁传热面积，提高传热效率。

44. 空冷器的巡检点项有哪些？

（1）在 ME（中控室集散控制系统）内监视空冷器出口汇管温度，在 20 ～ 50℃范围内运行；

（2）现场检查空冷器出口温度在 20 ～ 50℃；

（3）检查风机运行是否正常。

45. 换热器的检查内容有哪些？

（1）各处法兰连接有无渗漏；

（2）各放空阀有无渗漏；

（3）进出口阀和连通阀有无渗漏；

（4）各点温度表指示是否清晰、正确；

（5）各点压力表指示是否正确，有无渗漏；

（6）基础是否变形、下沉；

（7）换热器是否振动。

46. 为什么冷却水采用低进高出的形式？

因冷却水进入机组经过换热后，会有部分水被汽化，低进高出可以及时排出气体，让水畅通无阻，而且低进高出的冷却效果较好。

47. 表面蒸发式空冷器工作原理是什么？

表面蒸发空冷器的典型结构如图 48 所示，其工作原理

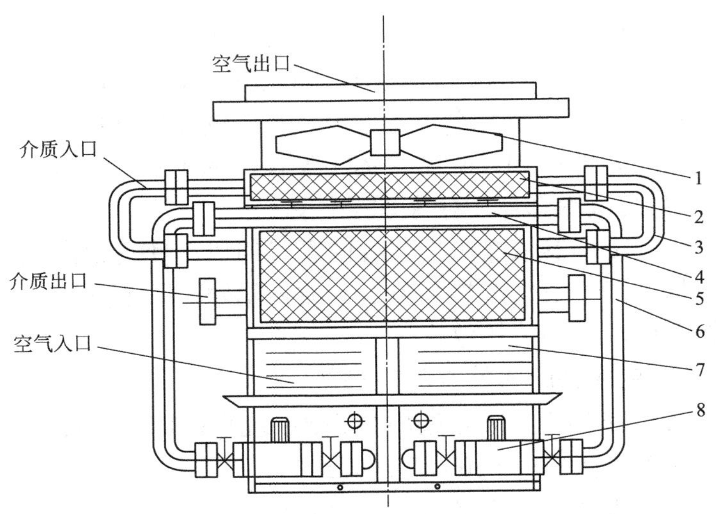

图 48 表面蒸发空冷器结构示意图

1—风机；2—预冷除雾器；3—U 形弯管；4—喷淋；5—光管管束；6—上水管；7—构架水箱；8—循环水泵

是利用管外水膜的蒸发强化管外传热。其工作过程是用泵将设备下部水池中的循环冷却水输送到位于水平放置的光管管束上方的喷淋水分配器，由分配器将冷却水向下喷淋到传热管表面，使管外表面形成连续均匀的薄水膜；同时用风机将空气从设备下部空气入口吸入，使空气自下向上流动，横掠水平放置的光管管束。此时传热管的管外换热除依靠水膜与空气流间的显热传递外，管外表面水膜的迅速蒸发吸收了大量的热量，强化了管外传热。

（六）泵、压缩机问答

1. 常用泵分哪几类？

（1）叶片式泵：分为离心泵、轴流泵、混流泵、旋涡泵、旋流泵。离心泵又分为单级和多级离心泵。轴流泵分为固定叶片和可动叶片轴流泵。

（2）容积式泵：分为往复式泵和回转式泵。往复式泵又分为活塞式、柱塞式和隔膜式泵。回转式泵分为齿轮泵、螺杆泵和滑片泵。

（3）其他类型泵：分为射流泵、水锤泵和气泡泵。

生产装置常用泵有离心泵、往复泵、齿轮泵、螺杆泵。

2. 离心泵工作原理是什么？

离心泵（图 49）启动前应先往泵里灌满水，启动后旋转的叶轮带动泵里的水高速旋转，水做离心运动，向外甩出并被压入出水管。水被甩出后，叶轮附近的压强减小，在转轴附近就形成一个低压区。这里的压强比大气压低得多，外面的水就在大气压的作用下，冲开底阀从进水管进入泵内。冲进来的水在随叶轮高速旋转中又被甩出，并压入出水管。叶轮在动力机带动下不断高速旋转，水就源源不断地从低处被抽到高处。

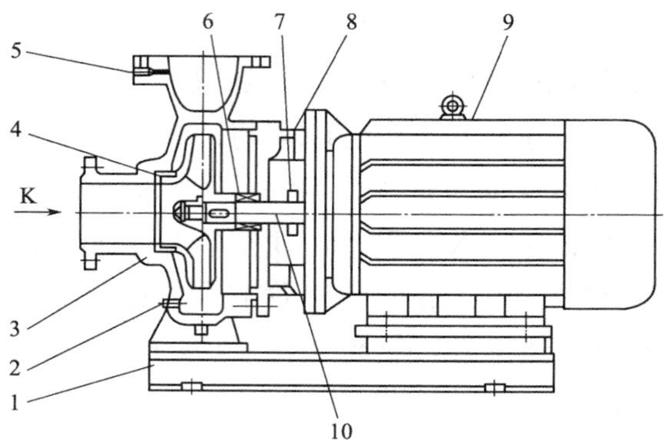

图 49　离心泵结构示意图

1—底座；2—放水孔；3—泵体；4—叶轮；5—取压孔；6—机械密封；7—挡水圈；8—直联架；9—电动机；10—轴

3. 离心泵巡检点项有哪些？

（1）泵及辅助系统：

① 检查地脚螺栓是否紧固；

② 检查接地状况是否完好；

③ 检查润滑油液位是否正常；

④ 检查渗漏是否符合要求；

⑤ 检查泵振动、声音是否正常；

⑥ 检查泵体温度是否正常；

⑦ 检查密封的冷却介质是否正常。

（2）动力设备：

① 检查电动机电流是否正常；

② 检查电动机温度是否正常；

③ 检查电动机振动是否正常。

（3）工艺系统：

① 检查泵入口压力是否正常稳定；

② 检查泵出口压力是否正常稳定。

（4）其他：

① 备用泵按规定盘车；

② 做好泵的运行记录。

4. 离心泵启泵前灌泵原因是什么？

离心泵在运转时，如果不灌泵，泵入口管线内有气体，由于气体密度比液体密度小得多，产生的离心力小，在吸入口处所形成的真空度低，不足以将液体吸入泵内。这时，虽然叶轮转动，却不能输送液体，这种现象称为“气缚”。为消除此现象，要进行灌泵，使泵内的吸入管道内充满液体，这样泵才能正常运行。

5. 为什么离心泵要在关闭出口阀状态下启动和停止？

由离心泵的功率曲线可知，当流量等于零时，其轴功率最小，所以关闭出口阀启动，可以降低启动负荷，缩短启动时间，有利于保护电动机和电气设备，同时有利于线路上其他设备的正常运行。关闭阀门停泵，不但可以使泵在负荷较小的情况下平稳地停下来，也可防止水击的发生。

6. 离心泵发生汽蚀时有哪些现象？

离心泵在产生汽蚀的过程中，由于液体中含有气泡破坏了液体的正常流动规律，改变了流道内液体的流动方向，因而叶轮与水流之间能量交换的稳定性遭到破坏，能量损失增加，从而引起泵体振动，发出噪声，离心泵的流量、扬程和效率迅速下降，甚至达到断流状态，现场压力表回零。

7. 往复泵工作原理是什么？

往复泵（图 50）主要由工作部件、柱塞和吸入、排出阀门组成，柱塞在外力作用下做往复运动，由此改变工作腔内的容积和压强，在工作腔内形成负压，入口阀（单向阀）打开，入口内液体经入口阀进入工作腔内，随着往复运动，工作腔内形成正压，入口阀关闭，排出阀（单向阀）打开，工作腔内液体受到挤压，压力增加，由排出阀排出，至此完成一个工作循环。在不断循环的情况下，达到输送液体、增压的目的。

图 50　往复泵外形

8. 往复泵巡检点项有哪些？

（1）泵及辅助系统：

① 检查地脚螺栓是否紧固；

② 检查接地状况是否完好；

③ 检查润滑油液位是否正常；

④ 检查填料压盖压紧力不得太紧，泄漏量为每分钟 2 滴以下；

⑤ 检查泵振动、声音是否正常；

⑥ 检查泵体温度是否正常。

（2）动力设备：

① 检查电动机电流是否正常；

② 检查电动机温度是否正常；

③ 检查电动机振动是否正常。

（3）工艺系统：

① 检查泵入口压力是否正常稳定；

② 检查泵出口压力是否正常稳定。

③ 检查泵出口流量是否正常。

（4）其他：

做好泵的运行记录。

9. 螺杆泵工作原理是什么？

螺杆泵工作时，液体被吸入后就进入螺纹与泵壳所围的密封空间，当主动螺杆旋转时，螺杆泵密封容积在螺牙的挤压下提高螺杆泵压力，并沿轴向移动。由于螺杆是等速旋转，所以出口液体流量也是均匀的。

（1）单螺杆泵：单螺杆泵（图 51）是一种按回转内啮合容积式原理工作的泵，主要由偏心转子和固定的衬套定子构成。转子和定子都具有特殊的几何形状，它们在泵的内部形成多个密封的工作腔，随着转子的旋转，这些密封工作腔在一端不断地形成，在另一端不断地消失。各密封腔可连续无脉动地从一端吸入液体，并从另一端排出。单螺杆泵中的液体是沿轴向均匀流动的，且内部流速较低，由于容积保持不变，因而不会形成涡流和搅动，从而对所输送的液体无压损。

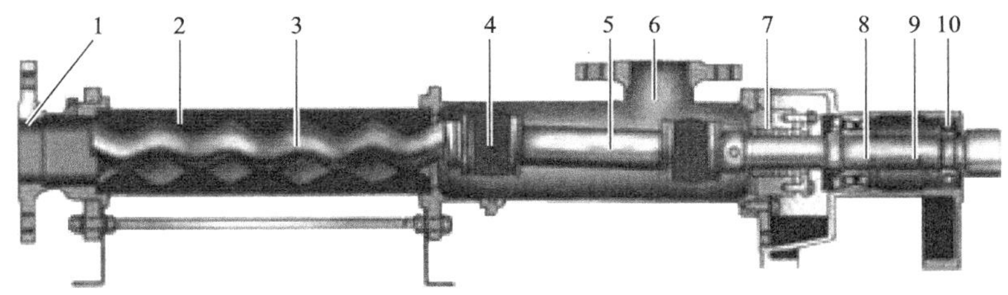

图 51 单螺杆泵结构示意图

1—排出体；2—定子；3—转子；4—万向节；5—中间轴；6—吸入室；7—轴封件；8—轴承；9—传动轴；10—轴承体

（2）多螺杆泵：多螺杆泵（图 52）有双螺杆泵、三螺杆泵和五螺杆泵，其中常见的是双螺杆泵和三螺杆泵。这种泵其中一根是主动螺杆，呈右旋凸螺杆，其余为从动螺杆，呈左旋凹螺杆。当螺杆转动时，吸入腔容积增大，压力降低，液体在泵内、外压差作用下沿吸入管进入吸入腔。随着螺杆转动，密封腔内的液体连续均匀地沿轴向移动到排出腔，由于排出腔一端容积逐渐缩小，将液体排出。

图 52　多螺杆泵结构示意图

10. 螺杆泵巡检点项有哪些？

（1）泵及辅助系统：

① 检查地脚螺栓是否紧固；

② 检查接地状况是否完好；

③ 检查渗漏是否符合要求；

④ 检查泵振动、声音是否正常；

⑤ 检查泵体温度是否正常。

（2）动力设备：

① 检查电动机电流是否正常；

② 检查电动机温度是否正常；

③ 检查电动机振动是否正常。

（3）工艺系统：

① 检查泵入口压力是否正常稳定；

② 检查泵出口压力是否正常稳定。

③ 检查泵出口流量是否正常。

（4）其他：

做好泵的运行记录。

11. 齿轮泵工作原理是什么？

齿轮泵（图 53）是依靠泵缸与啮合齿轮间所形成的工作容积变化和移动来输送液体或使之增压的回转泵。由两个齿轮、泵体与前后盖组成两个封闭空间，当齿轮转动时，齿轮脱开侧的空间的体积从小变大，形成真空，将液体吸入，齿轮啮合侧的空间的体积从大变小，而将液体挤入管路中去。吸入腔与排出腔是靠两个齿轮的啮合线来隔开的。齿轮泵的排出口的压力完全取决于泵出口处阻力的大小。

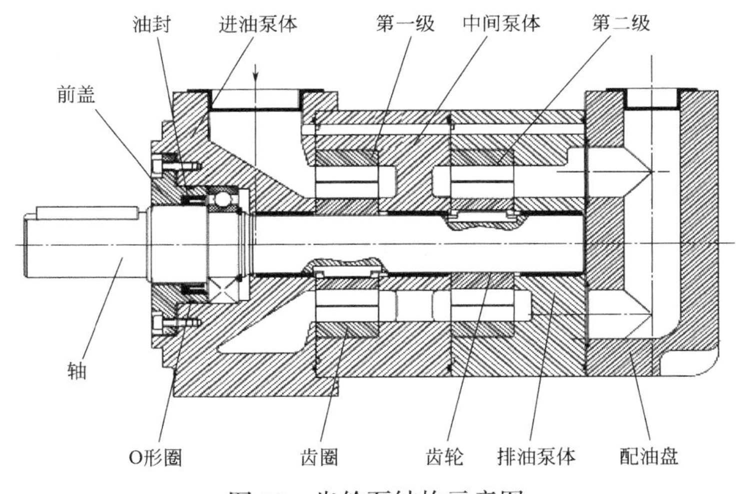

图 53　齿轮泵结构示意图

12. 齿轮泵巡检点项有哪些？

（1）泵及辅助系统：

① 检查地脚螺栓是否紧固；

② 检查接地状况是否完好；

③ 检查渗漏是否符合要求；

④ 检查泵振动、声音是否正常；

⑤ 检查泵体温度是否正常。

（2）动力设备：

① 检查电动机电流是否正常；

② 检查电动机温度是否正常；

③ 检查电动机振动是否正常。

（3）工艺系统：

检查泵出口压力是否正常稳定。

（4）其他：

做好泵的运行记录。

13. 屏蔽泵的工作原理是什么？

屏蔽泵是一种无泄漏泵，泵和驱动电动机都被密封在一个被输送介质填充的容器内，此容器只有静密封，并由绕组提供旋转磁场并驱动转子，这种结构取消了传统离心泵具有的旋转轴密封装置，故能做到完全无泄漏。

14. 屏蔽泵的巡检点项有哪些？

（1）泵及辅助系统：

① 检查地脚螺栓是否紧固；

② 检查接地状况是否完好；

③ 检查电气式轴承监测仪（TRG）指示范围是否在绿区；

④ 检查泵体是否渗漏；

⑤ 检查泵振动、声音是否正常；

⑥ 检查泵体温度是否正常；

⑦ 检查回流冷却线压力、温度是否正常。

（2）动力设备：

① 检查电动机电流是否正常；

② 检查电动机温度是否正常；

③ 检查电动机振动是否正常。

（3）工艺系统：

① 检查泵入口压力是否正常稳定；

② 检查泵出口压力是否正常稳定。

（4）其他：

做好泵的运行记录。

15. 常用压缩机分哪几类？

（1）容积式压缩机：分为往复式压缩机和回转式压缩机。回转式压缩机分为滑片式压缩机和螺杆式压缩机。

（2）速度式压缩机：分为喷射式压缩机和透平式压缩机。透平式压缩机分为离心式压缩机和轴流式压缩机。

生产装置常用压缩机为离心式压缩机、往复式压缩机、螺杆式压缩机。

16. 离心式压缩机工作原理是什么？

如图 54 所示，气体由吸入室吸入，通过叶轮对气体做功后，使气体的压力、速度、温度都得以提高，然后再进入扩压器，将气体的速度能转变为压力能。当通过一级叶轮对气体做功、扩压后不能满足输送要求时，就必须把气体再引入下一级继续进行压缩。为此，在扩压器后设置了弯道、回流器，使气体由离心方向变为向心方向，均匀地进入下一级叶轮进口。至此，气体流过了一个“级”，再继续进入第二、第三级压缩后，经排出室及排出管被引出。气体在离心压缩机中是沿着与压缩机轴线垂直的半径方向流动的。

17. 离心式压缩机高位油箱的作用是什么？

如图 55 所示，当因停电或油泵故障而引起的紧急停机情况发生时，高位油箱内部储存的润滑油，依靠自身重力，能够在短时间内给轴瓦提供足够的润滑油，防止轴瓦磨损。

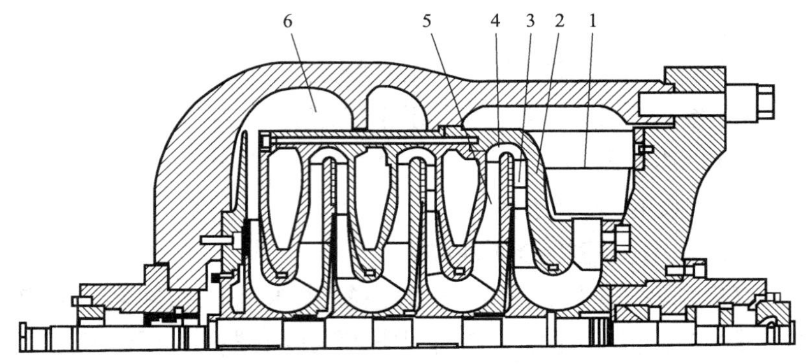

图 54　离心压缩机剖面图

1—吸入室；2—叶轮；3—扩压器；4—弯道；5—回流器；6—排出室

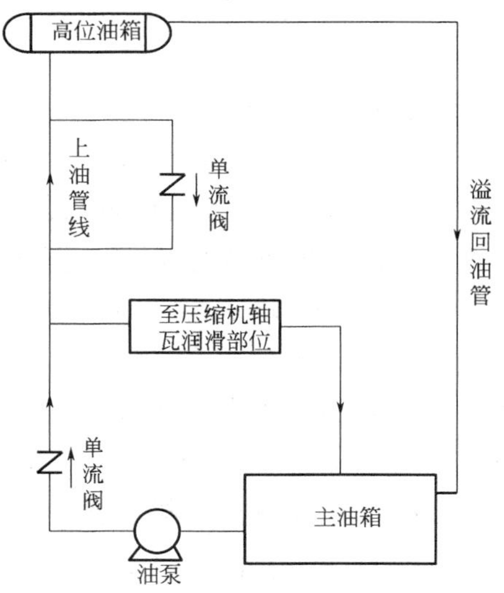

图 55　离心式压缩机润滑油流程图

18. 往复式压缩机工作原理是什么？

如图 56 所示，往复式压缩机工作机构主要有气缸、活塞、气阀等。气缸呈圆筒形，两端都装有若干吸气阀与排气阀，活塞在气缸中间做往复运动。当所要求的排气压力较高时，可采用多级压缩的方法，在多级气缸中将气体分两次或多次压缩升压。在每个气缸内都经历膨胀、吸气、压缩、排气四个过程。以左侧气缸为例来说明工作原理。

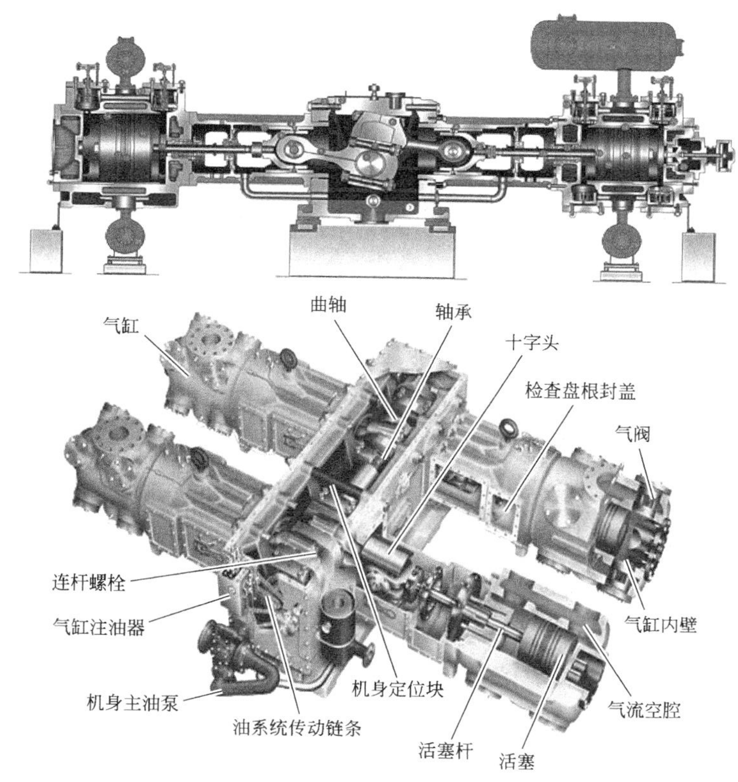

图 56 往复式压缩机结构图

（1）膨胀：活塞自离曲轴旋转中心最远处开始向右侧移动。位于活塞左侧的缸内容积就逐步增大，而右侧的缸内容积相应缩小。对于活塞左侧容积而言，由于缸内还有前一循环中被压缩而没有排尽的残余气体，这部分气体又开始逐步膨胀降压。此时缸内压力高于外部吸气管道内压力，吸气阀关闭，而缸内压力又低于排气管道内压力，排气管道内的高压力使排气阀关闭。也就是两阀均在关闭状态，缸内残余气体随活塞的右移而不断膨胀降压，称为膨胀过程。

（2）吸气：活塞继续右移，活塞左侧容积继续增大，缸内压力继续下降直到略低于吸气管压力时，吸气阀被顶开，气体不断被吸入气缸，直到活塞到达离曲轴旋转中心最近的位置时为止，称为吸气过程。

（3）压缩：活塞开始向左移动，活塞左侧容积逐步缩小而右侧容积却相应增大。对于活塞左侧容积而言，被吸入的气体就逐步被压缩升压，此时由于缸内压力已高于吸气压力而又低于排气压力吸气阀已关闭，排气阀尚未打开，故缸内气体随活塞左移而不断被压缩升压，称为压缩过程。

（4）排气：活塞继续左移，活塞左侧容积继续缩小，缸内压力继续上升直到略高于排气管压力时，排气阀被顶开，于是气体就不断被排出，直到达到活塞离曲轴旋转中心最远处为止，称为排气过程。

19. 往复式压缩机排气温度高的原因有哪些？

（1）吸气阀、排气阀装配不当，吸气阀、排气阀掉入金属碎片或其他杂物，关闭不严；

（2）气缸壁结垢影响气缸冷却，使气缸温度过热；

（3）活塞环漏气；

（4）进气温度高；

（5）气缸中缺乏润滑引起干摩擦，使气缸温度过热；

（6）气缸余隙过小，使死点压缩比过大；

（7）气缸余隙过大，残留在气缸内的高压气体过多；

（8）润滑油变质；

（9）入口压力降低，出口压力升高，压缩比增大。

20. 往复式压缩机排气量低的原因有哪些？

（1）活塞环使用时间过长，磨损较大；

（2）吸气阀、排气阀装配不当，安装位置错误；

（3）阀片与阀座之间掉入金属碎片或其他杂物，关闭不严，形成漏气；

（4）填料漏气；

（5）吸气阀弹簧不适当，弹力过强则吸气时开启迟缓，弹力太弱，则吸气终了时关闭不及时；

（6）吸气阀开启高度不够，气体流速加快，阻力增大；

（7）阀座与阀片接触不严，形成漏气；

（8）气缸余隙容积过大。

21. 往复式压缩机天然气工艺流程是怎样的？

往复式压缩机天然气工艺流程（图 57）可概括为“分离→吸气→压缩→排气→冷却→分离”几个步骤。天然气在二级往复式压缩机中的流程：机前气液分离器（气液分离）→一级进气缓冲罐（吸气）→一段气缸（压缩、升温）→一级排气缓冲罐（排气）→中间冷却器（水冷 / 空冷）→级间分离器（气液分离）→二级入口缓冲罐（吸气）→压缩机二段气缸（压缩、升温）→二级排气缓冲罐（排气）。

22. 往复式压缩机气缸内带液的原因有哪些后果是什么？

原因：

（1）原料气中含有大量水，超过机前气液分离器排污能力，液位超高联锁停机，使少量液体被气体带入气缸；

（2）污水收集罐压力过高，使机前气液分离器、级间气液分离器无法及时排污，液位超高，被气体带入气缸内；

（3）机前气液分离器、级间气液分离器液位联锁故障，使液位超高没有联锁停机，液体被气体带入气缸内；

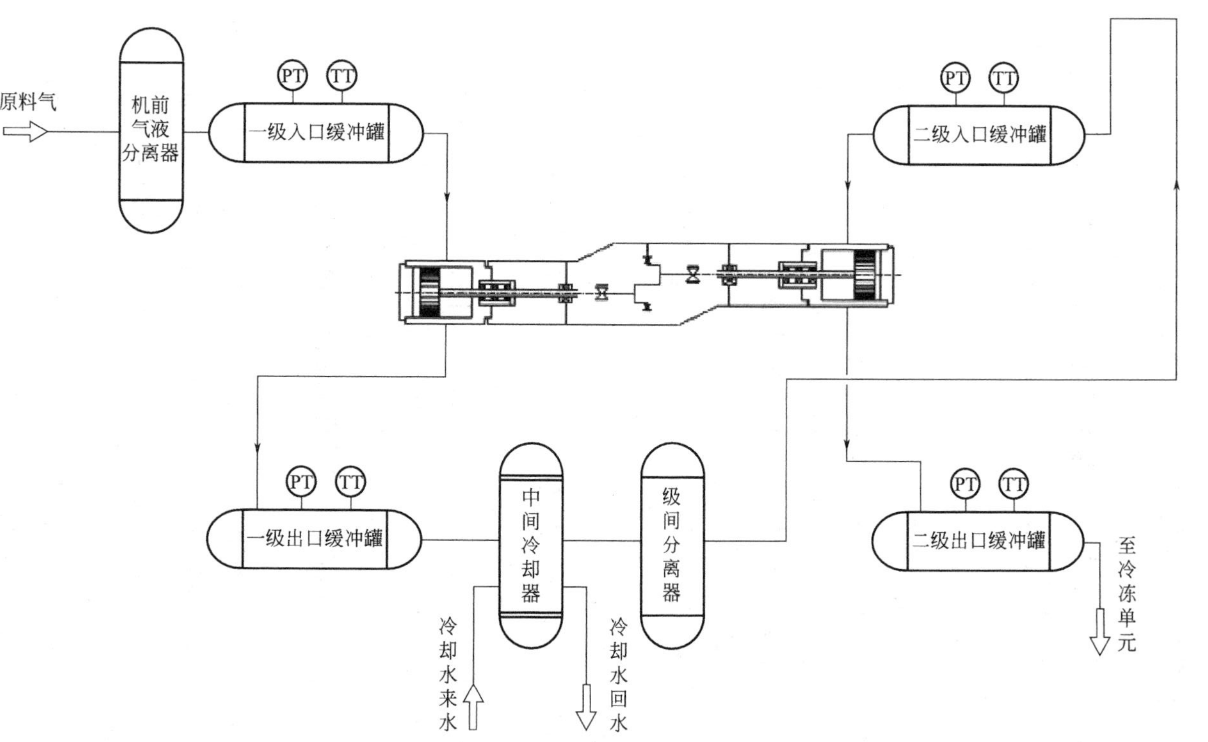

图57　往复式压缩机天然气工艺流程

（4）压缩机气缸缸套冷却水渗漏，进入气缸。

后果：若少量带液会使润滑油变质，活塞与气缸内壁润滑不良。严重时会引起液击，损坏设备。

23. 往复式压缩机吸气阀和排气阀损坏的现象及后果是什么？

现象：

（1）运行参数上显示压缩机吸气、排气温度升高，排气压力出现变化；

（2）现场检测损坏气阀（图 58）温度较高，声音异常，振动值较大。

图 58　往复式压缩机气阀

后果：

（1）压缩机效率下降；

（2）若气阀严重损坏，阀片、配件掉入气缸会发生机械事故。

24. 往复式压缩机注油润滑和循环润滑系统工作流程是怎样的？

如图 59 所示，注油润滑流程：从储罐来的润滑油通过润滑管路加入注油器当中，通过每个单柱塞注油器及其连接油管注入压缩机两侧气缸及填料，通过调节注油器单体调节注油滴数。

循环润滑流程：从曲轴箱底部粗油过滤器流出的润滑油经齿轮油泵增压后，依次进入油冷器、精油过滤器、主轴瓦，经主轴进入连杆瓦，经连杆进入十字头，最后返回曲轴箱底部。

25. 压缩机油压低的原因有哪些？

（1）润滑油泵故障；（2）油品不合格，油形成泡沫；（3）油温过高；（4）油过滤器堵塞；（5）润滑油丢失；（6）油压调节阀故障；（7）油泵安全阀设置压力低；（8）油压显示故障；（9）泵入口滤网堵塞。

26. 螺杆压缩机工作原理是什么？

螺杆压缩机属于容积式压缩机械，其运转过程从吸气过程开始，然后气体在密封的齿间容积中进行压缩，最后进入排气过程。其结构示意图如图 60 所示。

（1）吸气过程：开始时气体经吸气孔口分别进入阴螺杆、阳螺杆的齿间容积，随着螺杆的回转，这两个齿间容积各自不断扩大。当这两个容积达到最大值时，齿间容积与吸气孔口断开，吸气过程结束。需要指出的是，此时阴螺杆和阳螺杆的齿间容积彼此并没有连通。

（2）压缩过程：螺杆继续回转，在阴螺杆与阳螺杆齿间容积彼此连通之前，阳螺杆齿间容积中的气体受阴螺杆齿的进入先行压缩，经某一转角后，阴螺杆、阳螺杆齿间容积连通，通常将此连通的阴螺杆、阳螺杆呈 V 字形的齿间容积称作齿间容积对，齿间容积对因齿的互相挤入，其容积值逐渐减小，实现气体的压缩过程，直到该齿间容积对与排气孔口相连通时为止。

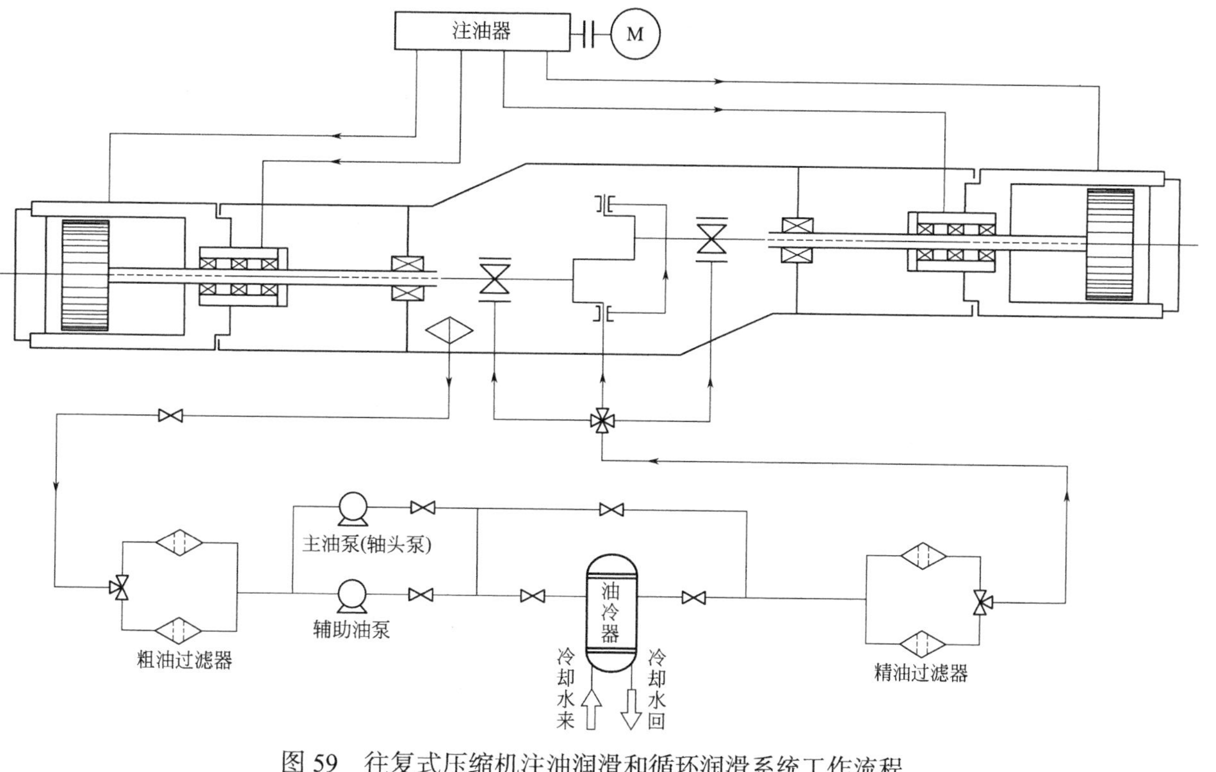

图59　往复式压缩机注油润滑和循环润滑系统工作流程

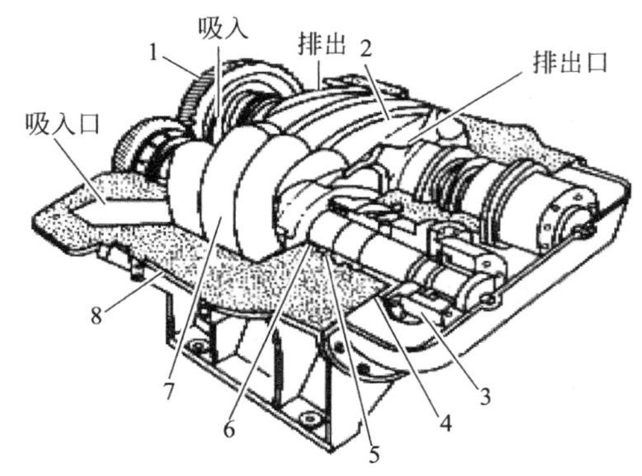

图 60　螺杆压缩机结构示意图

1—同步齿轮；2—阴转子；3—推力轴承；4—轴承；5—挡油环；6—轴封；7—阳转子；8—气缸

（3）排气过程：在齿间容积对与排气孔口连通后，排气过程开始，由于螺杆回转时容积的不断缩小，将压缩后具有一定压力的气体送至排气管。此过程一直延续到该容积对达最小值为止。

27. 空气压缩机的工作原理是什么？

如图 61 所示，空气压缩机启动 10s 后，空气进入进气阀经空气过滤器和进气阀吸入压缩机主机内，在主机内空气被压缩与润滑油混合经单向阀进入油气分离器。压缩空气经油气分离器与润滑油初步分离，经最小压力阀进入后冷却器被降温后由供气阀排出。

油气分离器中的润滑油在气体压力作用下进入油过滤器过滤，然后经断油阀进入主机腔内。当油温达到 40℃时恒温旁通阀打开，润滑油经恒温旁通阀进入油冷却器，在油冷却器内冷却后进入油过滤器再经断油阀进入主机腔内。

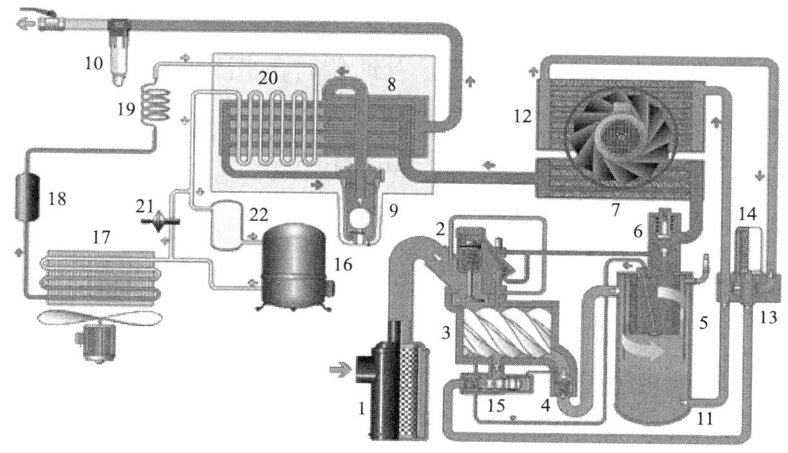

图 61　空气压缩机结构

1—空气过滤器；2—空气进气阀；3—压缩机主机；4—单向阀；5—油气分离器；6—最小压力阀；7—后冷却器（压缩空气的后冷却器）；8—气 / 气热交换器；9—水分离器；10—过滤器；11—油箱；12—油冷却器；13—恒温旁通阀；14—油过滤器；15—断油阀；16，22—储存罐；17—冷凝器；18—干燥器；19—毛细管；20—蒸发器；21—热气旁通阀

28. 空压机巡检点项有哪些？

（1）电脑控制器显示屏：

① 检查出口压力是否正常；

② 检查运行状态是否正常；

③ 检查出口温度是否正常；

④ 检查自动加减载是否正常；

⑤ 检查指示灯是否正常。

（2）空压机机体：

① 检查机体地脚螺栓是否松动；

② 检查运行声音是否正常；

③ 检查空气过滤器是否正常；

④ 检查机体空气有无泄漏；

⑤ 在加载运行状态下，看油位计的指针应位于绿色区域内；

⑥ 检查油系统是否存在润滑油泄漏；

⑦ 检查冷却器风扇是否清洁；

⑧ 检查电子液位冷凝液排放器是否正常；

⑨ 检查排液管应是否堵塞。

（3）电动机：

① 检查地脚螺栓是否松动；

② 检查电动机运行声音是否正常。

（4）其他：

做好压缩机的运行记录。

29. 膨胀机工作原理是什么？

如图 62 所示，气体进入蜗壳被均匀地分配到导流器中，导流器装有喷嘴，气体在喷嘴中将气体的内能转换为流动的动能，气体的压力和焓值降低，高速的气流推动叶轮旋转并对外做功，将气体的动能转变为机械能，通过转子带动增压机对外输出功。

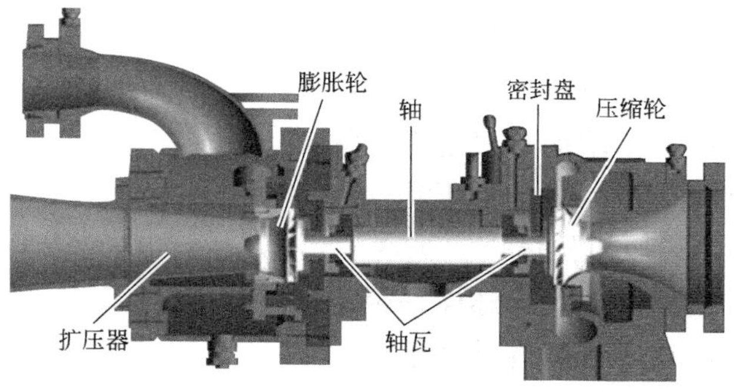

图 62　膨胀机结构

30. 膨胀机入口喷嘴工作原理是什么？

膨胀机可调喷嘴（图 63）由底盘、喷嘴、滑动盘、盖板组成，喷嘴被等距离装在叶轮外圆上，并且可以绕着一个曲轴旋转，可以由装在外部单元的连杆机械进行控制，这样入口的体积流量就可以通过改变叶片（喷嘴）间的面积的大小来进行控制。

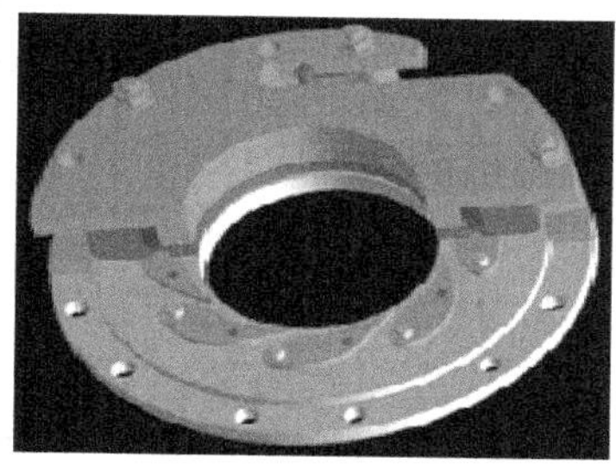

图 63　喷嘴结构

31. 丙烷压缩机润滑油系统的功能是什么？

（1）给轴承和密封提供润滑；

（2）提供转子间的油膜，降低噪声和振动；

（3）对螺杆压缩机进行冷却，防止过热；

（4）为液压系统提供动力，推动滑阀和滑块；

（5）提供转子间的油密封，防止气体分流。

32. 丙烷压缩机液压系统的工作原理是什么？

压缩机的液压系统推动可移动的滑阀，使压缩机加载和卸载。它还推动可移动的滑块来增加或减少压缩机的容积比。位于压缩机的入口端的液压气缸有双重作用，它由一个固定的隔板分离为两个部分，移动滑阀部分在隔板的左边，移动滑块的部分在隔板的右边。当油压在任意一个方向上推动活塞时，两个部分被看作是双效的液压气缸。两段都由双效四通电磁阀来控制。

33. 丙烷压缩式制冷的工作原理是什么？

丙烷压缩机吸入在蒸发器中吸收天然气的热量而变成气态的丙烷气体，绝热压缩后在冷凝器中用冷却循环水进行冷凝，由冷却水带走冷凝热，使制冷剂丙烷由气态变为液态，液态丙烷经过调节阀进入过冷器进行过冷，过冷后的液态丙烷经过调节阀进入蒸发器，在蒸发器中吸收天然气的热量使天然气的温度降低，而液态丙烷变成气态的丙烷气体，制冷剂丙烷在系统中不断地如此循环，使天然气温度降低，达到制冷目的。

34. 丙烷压缩机吸气温度高的原因有哪些？

（1）蒸发器液位过高或过低；

（2）系统内丙烷物料过少，不够循环；

（3）冷凝器内漏造成丙烷过少；

（4）丙烷机组工作不正常；

（5）原料气跨线开度过大；

（6）进丙烷机蒸发器的原料气温度升高；

（7）丙烷冷凝温度高。

35. 丙烷压缩机的日常巡检内容有哪些？

（1）检查油气分离器润滑油液位不低于下看窗的 50%；

（2）检查润滑油温度、压力、油过滤器压差是否正常；

（3）检查压缩机吸气压力、排气压力、吸气温度、排气温度是否正常；

（4）检查丙烷机电动机电流、电动机轴承温度、电动机绕组温度是否正常；

（5）检查压缩机的滑块及滑阀载荷是否在正常范围；

（6）检查油冷却器及冷凝器的冷却水压力、温度是否正常；

（7）检查压缩机各机件运行声音是否正常，检查机组振动情况；

（8）检查压缩机、附属设备及管线等各密封点是否渗漏；

（9）检查丙烷机蒸发器、冷凝器和经济器液位是否正常；

（10）检查丙烷机控制柜正压通风系统工作是否正常。

36. 囊式蓄能器有哪些作用？

囊式蓄能器（图 64）是利用氮气的可压缩性蓄积液压

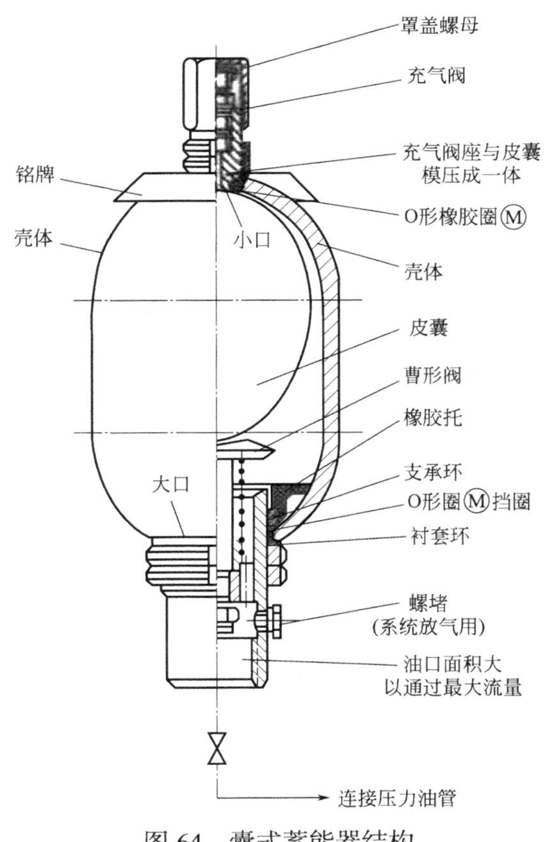

图 64　囊式蓄能器结构

油的装置，位于氮气囊周围的油液与油液回路接通。当压力升高时油液进入蓄能器，气囊内气体被压缩，系统管路压力不再上升；当管路压力下降时压缩气囊膨胀，将油液压入回路，从而减缓管路压力的下降。囊式蓄能器还可以吸收管路中的液压冲击，起到消除脉动回收能量的作用。

37. 炉分哪几类？

主要针对工业炉进行分类，常见分类方式有热源来源、工艺制度、热交换方式三种方法。

（1）按照热源来源分类。

在工业炉中，常用的热源主要来自气体燃料、液体燃料、固体燃料、电力等，这些热源在形成过程中一般有两类。一类是以火焰形式存在；另一类是以非火焰形式存在。

火焰炉是以燃料燃烧释放出的热量作为热源的工业炉。这种工业炉结构简单、燃料多样，结构形式多样，生产成本相对低廉，可以满足多种工业目的，在工业界使用最为普遍，如各类加热炉等。

电炉是以电能转换成热能作为热源的工业炉。这种工业炉温度可控精度高，生产出的产品质量高，无燃烧污染，但生产成本相对较高，使之应用受到一定的限制，多用于一些优质、特殊材料的生产和处理，如炼钢电炉、电解槽、红外烘烤炉等。

除了火焰炉和电炉，还有一些工业炉是以提供其他形式的能源来达到工业目的的，如炼钢的氧气顶吹转炉等。

（2）按照工艺制度分类。

在工业炉的生产过程中，主要有连续式和周期（或间歇）式生产制度两种不同的工艺制度。通常把生产过程中工业炉内主要工艺参数不随时间的变化而变化的称为连续式工业炉，如高炉、焦炉、回转窑、连续式加热炉等；把工艺参数随时间的变化而发生周期性变化的称为周期（或间歇）式工业炉，如转炉、均热炉、倒焰窑、玻璃熔窑等。

（3）按照热交换方式分类。

根据生产过程中热交换方式不同，将工业炉分为辐射式加热炉、对流式加热炉和层状加热炉等，辐射式加热炉中又可分为均匀制度式、直接定向式和间接定向式等。

38. 设备巡检中位号所代表的意义是什么？

如图 65 所示，A—检查部位顺序号；B—该部位所含检查项目数；C—该部位中的检查点数。

例如，1 表示第 1 个检查该部位；5 表示该部位应检查 5 项；2 表示该部位应检查 2 点。

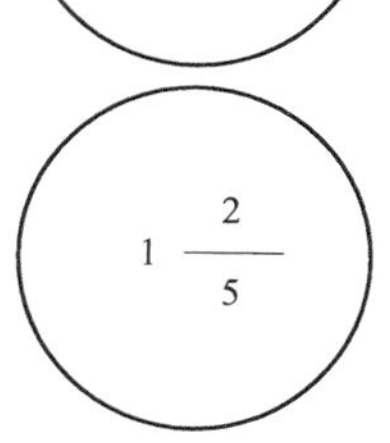

图 65　设备巡检位号图

39. 润滑油的作用是什么？分哪几类？主要特性是什么？

（1）润滑油的作用。

润滑油主要用于减少运动部件表面间的摩擦，同时对机器设备具有冷却、密封、防腐、防锈、绝缘、功率传送、清洗杂质等作用。

① 润滑：减摩抗磨，降低摩擦阻力以节约能源，减少磨损以延长机械寿命，提高经济效益；

② 冷却：随时将摩擦热排出机外；

③ 密封：防泄漏、防尘、防窜气；

④ 防锈：保护摩擦表面不受润滑油变质或外来侵蚀；

⑤ 清净：把摩擦面积垢清洗排除；

⑥ 动能：作为静力的传递介质，用于液压系统和遥控马达及摩擦无级变速等。

（2）润滑油的分类。

根据国标 GB/T 7631.1—2008《润滑剂、工业用油和有关产品（L 类）的分类　第 1 部分：总分组》，将润滑剂分为 19 个组，其组别名称和代号见表 2。

表 2　润滑剂组别名称和代号

组别	应用场合	组别	应用场合
A	全损耗系统	P	风动工具
B	脱模	Q	热传导
C	工业齿轮	R	暂时保护防腐蚀
D	压缩机（含冷冻机和真空泵）	T	汽轮机
E	内燃机	U	热处理
F	主轴、轴承和离合器	X	用润滑脂的场合
G	导轨	Y	其他应用场合
H	液压系统	Z	蒸汽汽缸
M	金属加工	S	特殊润滑剂应用场合
N	电器绝缘		

每组润滑剂根据其产品的主要特性、应用场合和使用对象再详细分类。

（3）主要特性。

主要特性是指润滑油的黏度、防锈、防腐、抗燃、抗磨等理化性能；润滑脂的滴点、锥入度、防水、防腐等理化性能。工业润滑油常用的特性指标是黏度等级，见表 3。

表 3　工业润滑油黏度等级

ISO 黏度等级	中间点运动黏度（40℃），mm^2/s	运动黏度范围（40℃），mm^2/s	
		最小	最大
2	2.2	1.98	2.42
3	3.2	2.88	3.52
5	4.6	4.14	5.06
7	6.8	6.12	7.48
…	…	…	…
2200	2200	1980	2420
3200	3200	2880	3520

40. 润滑油（脂）怎么储存？如何使用？

（1）存储。

润滑油（脂）库存量应不超过 1 年用量，开启后存放不要超过 3 个月。储存期超过 1 年的未开桶润滑油（脂），使用前应对关键指标进行检测。润滑油（脂）开桶时间超过半年的，使用前应对水分、运动黏度等指标进行检测。

润滑油（脂）应室内储存，油品储存温度宜控制在 -15 ～ 35℃。油品储存间应安装通风设施，保证通风良好，做到防水、防尘、防冻、防晒。新油与废旧油应分开储存，储油容器应保持清洁完好，卧放，立放时用木头垫起，桶盖在上端，防止水分进入。换装不同品牌、不同种类、不同级别的油品时，储油容器必须彻底清洗干净。

（2）使用。

润滑油（脂）采购选型应根据设备运转环境和工况条件，结合设备使用说明书和润滑手册要求，合理确定品种、质量等级和黏度等级。

工业润滑油的基本性能和主要选用原则是黏度。在中转速、中载荷和温度不太高的工况下，选用中黏度润滑油；在高载荷、低转速和温度较高的工况下，选用高黏度润滑油或添加极压抗磨剂的润滑油；在低载荷、高转速和低温的工况下，选用低黏度润滑油；在宽高低温范围、轻载荷和高转速，以及有其他特殊要求的工况下，选用合成润滑油。

工业润滑脂基本性能和主要选用原则是锥入度，在负荷大、转速低时，应该选用锥入度小的润滑脂，反之所承受的负荷小、转速高时，就要选用锥入度大的润滑脂；在宽高低温范围、轻负荷、高转速和低温很低时，以及有其他特殊要求时，应选用合成润滑脂。

在潮湿的工作环境里，或者与水接触较多的工作条件下，应选用抗乳化能力较强的、油性和防锈性能较好的润滑油（脂），不能选用钠基脂；表面粗糙时，要求使用黏度较大或锥入度较小的润滑油（脂）；反之，应选用黏度较小或锥入度较大的润滑油（脂）。在垂直导轨、丝杠上，润滑油容易流失，应选用黏度较大的润滑油。立式轴承宜选用润滑脂，这样可以减少流失，保持润滑。在循环润滑系统中，要求换油周期长、散热快，应选用黏度较小，抗泡沫性和抗氧化安定性较好的润滑油。在飞溅及油雾润滑系统中，为减轻润滑油的氧化作用，应选用加有抗氧、抗泡添加剂的润滑油。在集中润滑系统中，为便于输送，应选用低稠度的 1 号或 2 号润滑脂。

（3）代用。

因为不同种类的润滑油各有其使用性能的特殊性或差别，所以要求正确合理选用润滑油，避免混用，更不允许乱代用。润滑油代用要尽量用同一类油品或性能相近的油品代用；黏度要相当，代用油品的黏度不能超过原用油品的 15%。应优先考虑黏度稍大的油品进行代用；质量以高代低；选用代用油时还应注意考虑设备的环境与工作温度。不同种类牌号、不同生产厂家、新旧油应尽量避免混用。

（七）工艺物料问答

1. 甲醇加注目的是什么？

甲醇是一种水合物抑制剂，能降低天然气水合物形成温度。水合物形成前加注甲醇，防止水合物形成后冻堵管线、阀门等设施。

甲醇对已形成的水合物有一定解冻作用。水合物造成冷箱、塔、管线等设备设施冻堵后加注甲醇，能快速有效地解冻，确保设备设施及时达到正常运行状态。

甲醇的蒸气压最高，注入管线和设备后容易汽化进入湿气内，之后均匀地进入水相防止水合物生成，因而可直接注入，常用于气量小、断续注入防止季节性生成水合物和临时性管线和设备的防冻。

2. 乙二醇加注目的是什么？

装置运行中喷注乙二醇，主要目的是防止装置冻堵，通过脱除天然气中的水、硫化氢等，防止低温过程中设备设施冻堵及腐蚀。

乙二醇作为伴热介质使用，防止冬季工艺系统冻堵停运。

乙二醇经喷雾头雾化成小液滴分散于气流内可有效地抑制水合物的生成，乙二醇常用于气量大、需连续注入抑制剂的场合。

3. 三甘醇有什么用途？

三甘醇用作溶剂、萃取剂、干燥剂。由于三甘醇脱水露点降大、成本低、运行可靠以及经济效益好，故广泛采用，作为油气加工装置脱水吸收剂使用。

4. 三甘醇使用注意事项有哪些?

（1）操作注意事项：密闭操作，注意通风；操作人员严格遵守操作规程，建议操作人员佩戴自吸过滤式防毒面具，戴化学安全防护眼镜，穿防毒物渗透工作服，戴橡胶手套；远离火种、热源，工作场所严禁吸烟；使用防爆型通风系统和设备；防止蒸气泄漏到工作场所中；避免与氧化剂接触；搬运时要轻装轻卸，防止包装及容器损坏。

（2）储存注意事项：储存于阴凉、通风的库房；远离火种、热源；应与氧化剂分开存放，切忌混储。

5. 丙烷的性质是怎样的?

丙烷为无色气体，相对分子质量44.1。液体密度0.531g/cm^3，沸点 -42.17℃，熔点 -189.9℃，闪点 -104.44℃。丙烷受压下以液体形式包装，而且只在受压下保持液体形式。意外的泄压或泄漏能导致物质快速蒸发，从而产生大量的高度易燃易爆炸性气体，爆炸极限2.2%～9.5%。

6. 丙烷选取原则是什么?

丙烷的纯度99%（质量分数）以上为合格丙烷。

7. 氨有什么用途?

氨是一种传统制冷剂，由于具有比较适中的工作压力和比较大的单位容积制冷量、且价格便宜，所以得到广泛的应用。但氨可以燃烧和爆炸，并且有毒和强烈的刺激性气味，因此应用受到一定的限制。

8. 氨的使用注意事项有哪些?

氨应储存于阴凉、干燥、通风良好的仓库内，仓库内的温度不宜超过30℃；远离火种、热源，防止阳光直射；包装要求密封，不可与空气接触，防潮、防晒；应与氧气、压缩空气、氧化剂等分开存放。

9. 氨制冷剂的优缺点是什么？

（1）优点：①易于获取，价格低廉；②压力适中；③单位容积制冷量大；④几乎不溶于油；⑤放热系数高；⑥管道中流动阻力小；⑦泄漏时容易发现。

（2）缺点：①有刺激性臭味，有毒；②可以燃烧和爆炸；③含水时，对铜和铜合金有腐蚀作用。

10. 导热油的特点是什么？

导热油是一种热量传递介质，由于其具有加热均匀，调温控温准确，能在正常压强下获得较高的操作温度，传热效果好、节能、输送和操作方便等特点，广泛应用于各种场合。

11. 导热油作为传热介质优点是什么？

（1）在常压下，可以获得很高的操作温度；

（2）可以在更宽的温度范围内满足不同温度加热、冷却的工艺需求；

（3）可以减少加热系统的初投资和操作费用；

（4）在不发生泄漏的低压条件下，操作安全性高于水和蒸汽系统。

12. 导热油使用注意事项有哪些？

（1）按导热油的牌号及工艺要求，正确选用导热油。

（2）在使用中应认真检查，严防水、酸、碱及低沸点物漏入使用系统，并加装过滤装置，防止机械杂物进入，确保油品纯度。

（3）供热设备更换新导热油时，必须消除内壁杂物，以免影响导热油的传热效率和使用寿命。

（4）导热油投入使用，在开始运行时应先启动循环油泵运行 30min 后，再点火升温。在初次使用时，严格控制导热油的升温速度在10℃/h范围内，油温控制在95℃以下，运转12～72h，监控循环泵汽蚀情况。逐步排除油液中的不凝气和水蒸气；适当开启辅助排气阀及高点放空阀进行排气。温度在95～110℃是清除系统内残存水分和热载体所含微量水阶段，升温速度控制在5℃/h范围；当导热油温度升高至120℃以上时，升温速度严格控制在1～3℃/h以内，油温控制在120～150℃，连续运转48h，重点除油中水分和低挥发成分；导热油温度升至额定工作温度，升温速率控制在5℃/h。

（5）高温导热油使用半年后，应进行一次油品质量分析。

（6）运行中严禁超温使用，确保导热油的正常使用寿命。

（7）运行中严禁泄漏，导热油与明火相遇时有可能发生燃烧。

13. 分子筛的吸附原理是什么？

分子筛是一种性能优良的吸附剂。分子筛具有大量微孔的活性表面，由于表面离子晶格的特点具有较高的极性，因而对不饱和分子、极性分子和易极化分子具有较强的吸附作用和较高的吸附容量。天然气中的水、硫化物、二氧化碳就属于极性分子，因此，分子筛对它们具有较强的吸附力。

14. 分子筛装填注意事项有哪些？

（1）整个装填过程应小心，避免分子筛破碎，装填要均匀；

（2）通过空气置换分子筛脱水塔，达到进塔操作的条件；

（3）进入容器内应垫木板，避免直接踩在分子筛；

（4）装填分子筛应选择晴朗、空气湿度低的天气；

（5）分子筛、瓷球、筛网、压圈、钢隔板等装填和安装，应严格执行相关操作规程。

15. 润滑油有什么作用？

润滑油的作用：润滑、冷却、洗涤、密封、防锈、消除冲击载荷。

16. 润滑油温度高有什么危害?

温度升高，润滑油的黏度变小，油膜变薄，承载能力降低，轴承温度升高，严重将导致曲轴与轴承严重烧蚀，产生瓦抱轴后果。长时间高温使用，易导致润滑油变质，降低使用寿命。

17. 润滑油温度低有什么危害?

润滑油温度低会导致黏度大，油膜厚，承载能力强，流动性能差，不容易布满摩擦部位，严重情况下会形成半干摩擦，轴承振动大；温度低还会使润滑油中所含的气相无法闪蒸出来，油质氧化。

18. 润滑油起沫的原因是什么?

（1）润滑油中含有酸性气体杂质；

（2）润滑油品质差，抗起泡性能差；

（3）密封气过量与润滑油混合；

（4）油品压力过大。

19. 润滑油的“五定”“三过滤”指什么?

润滑油“五定”“三过滤”是为了减少油液中的杂质含量，防止尘屑等杂质随油进入设备而采取的净化措施。

“五定”指定点、定质、定量、定期、定人。

“三过滤”指润滑油在进入油库时要经过过滤、放入润滑容器时要经过过滤、加入设备时也要经过过滤。

（八）原稳装置问答

1. 影响稳定塔塔顶压力的因素有哪些?

（1）加热炉的出口温度；

（2）原油处理量；

（3）稳前原油含水量；

（4）不凝气外输调节阀开度；

（5）不凝气管网压力；

（6）不凝气压缩机故障或突然停运；

（7）空冷器出口温度；

（8）空冷器管束堵塞。

2. 影响稳定塔塔顶温度的因素有哪些？

（1）加热炉出口温度；

（2）原油组分；

（3）稳前原油含水量；

（4）精馏塔顶轻烃回流量；

（5）精馏塔脱出气流程不畅通。

3. 稳定塔液位升高的原因有哪些？

（1）稳前原油量突然增大；

（2）稳后油泵不上量或停运；

（3）稳后油泵进出口阀门故障；

（4）稳后泵进口过滤器堵塞；

（5）稳定塔液位调节阀故障；

（6）油—油换热器稳后侧堵塞；

（7）装置回油阀门故障或开度小；

（8）回油流量计卡滞或过滤器堵塞。

4. 稳定塔塔顶温度高对装置有何影响？

（1）原油稳定塔（器）的操作温度与操作压力有关，温度越高，压力越高；

（2）当原油组分一定时，塔顶温度越高，原油分馏出的气量越多，产品的收率越高；

（3）温度升得过高，装置回油温度随之升高，重组分拔出的深度随之增加，从而影响了稳定原油和轻烃产品质量，稳定轻烃的终馏点温度不超过 190℃。

5. 圆筒式加热炉现场巡检点项有哪些？

（1）燃料气压力；

（2）原油各支路出口温度；

（3）原油及燃料气阀门、管线及法兰有无渗漏；

（4）烟道挡板及风门开度；

（5）风机、轴承箱及电动机运转情况；

（6）烟筒是否冒黑烟；

（7）炉膛内燃烧器、炉墙及炉管情况；

（8）火焰燃烧情况。

6. 原油加热炉烟囱冒黑烟的原因有哪些？

（1）炉管烧穿；

（2）燃料气与空气配比不合适，燃料气燃烧不完全；

（3）燃料气带烃、带油；

（4）燃料气组分变化。

7. 加热炉出口温度突然上升的原因有哪些？

（1）加热炉进口调节阀故障卡滞，开度小；

（2）人为误操作稳前泵出口调节阀给定值设定小；

（3）稳前泵不上量或停运；

（4）稳前泵进口过滤器堵塞流量低；

（5）稳前泵出口流量计故障卡滞；

（6）稳前泵进口或出口阀门闸板脱落；

（7）加热炉燃料气阀输出突然开大；

（8）仪表显示故障。

8. 加热炉炉管破裂着火的原因有哪些？

（1）加热炉各支管流体偏流或火嘴加热不均匀，造成炉管局部过热；

（2）炉管内油料中断，空烧造成温度超高炉管烧穿；

（3）炉管局部有腐蚀渗漏；

（4）炉管质量或焊接质量差；

（5）操作压力过大；

（6）炉管固定装置脱落振动过大；

（7）炉管内结焦、积炭，炉膛温度过高。

9. 加热炉进口管路发生偏流的原因有哪些？

（1）来油量低，加热炉进口管路油量分配不足；

（2）加热炉进口管路中的支路调节阀有故障；

（3）加热炉进口支路阀门开度小或调节阀副线处于打开状态；

（4）来油高含水时，加热炉对流室或辐射室支路炉管中有气阻存在；

（5）加热炉支路出口阀门故障；

（6）加热炉火嘴一侧熄灭或燃烧；

（7）加热炉火焰燃烧不均匀，火焰一侧偏大或偏小。

10. 脱出气空冷器出口温度对轻烃收率有何影响？

当原油的组分及稳定塔塔顶温度、压力一定时，脱出气被冷却的温度越低，冷凝出的液体越多，轻烃收率越高；反之，轻烃收率越低。

11. 空冷器运行现场巡检点项有哪些？

（1）出口温度及压力在工艺卡范围内，无偏流；

（2）管箱、管束、法兰、阀门、丝堵、管线等无渗漏；

（3）管束、叶片、百叶窗及传动机构无损坏；

（4）百叶窗开度、管束、翅片积灰结垢情况；

（5）风机防护罩、机体杂音及振动情况；

（6）皮带有无断裂、松动情况；
（7）防雷、防静电接地是否完好。

12. 影响三相分离器轻烃液位的因素有哪些？

（1）塔顶脱出气中轻组分含量；
（2）闪蒸温度；
（3）空冷器出口温度，水冷器出口温度；
（4）轻烃泵出口阀开度，三相分离器轻烃液位调节阀开度；
（5）塔顶轻烃回流量；
（6）轻烃泵回流阀；
（7）三相分离器烃水界面排污阀开度；
（8）轻烃泵出口下游压力。

13. 三相分离器烃水界面升高的原因有哪些？

（1）塔顶脱出气含水量升高；
（2）三相分离器烃水界面调节阀故障开度小；
（3）污水罐满液位或压力高；
（4）水冷器冷却水管束渗漏；
（5）仪表故障显示错误；
（6）三相分离器排液线堵塞。

14. 三相分离器烃水界面对装置运行有哪些影响？

三相分离器烃水界面过高，水进入轻烃管线，会使轻烃泵的运行负荷增大，严重时会因电流过载造成轻烃泵停运，影响装置正常运行或损坏设备，罐区轻烃含水量增加，沉降分离时间延长。烃水界面过低，轻烃进入污水罐，通过污水泵排入污水系统，不仅会造成轻烃产量损失，还会使污水系统内进入轻烃产生安全隐患。

15. 稳前泵抽空有何现象？

（1）原油缓冲罐液位上升；

（2）稳前泵电流低、泵出口压力低、泵体振动大、声音异常；

（3）稳前泵出口流量低；

（4）稳前油进换热器压力降低；

（5）加热炉出口温度快速升高；

（6）稳后油出换热器温度升高；

（7）稳定塔液位降低。

16. 稳后油泵抽空有何现象？

（1）稳定塔液位快速上升；

（2）稳后泵电流低、泵出口压力低、泵体振动大、声音异常；

（3）稳后油进换热器压力降低；

（4）稳定塔液位调节阀自动状态下输出增大；

（5）稳前油出换热器温度降低；

（6）稳后油出换热器温度降低。

17. 原稳轻烃泵抽空原因有哪些？

（1）三相分离器轻烃液位过低；

（2）三相分离器压力过低；

（3）轻烃泵入口滤网堵塞；

（4）轻烃泵出口调节阀故障开度小或关闭；

（5）泵进口轻烃温度高汽化；

（6）泵体冷却回流阀故障或冷却回流管路堵塞；

（7）轻烃泵进出口阀门闸板脱落，或下游压力高，管路堵塞。

18. 油吸收不凝气压缩机进口分离器液位高的原因有哪些？

（1）上游脱出气含水量高；

（2）分离器排污调节阀故障无法自动排污；

（3）压力排污罐液位高或压力高，排污动力不足；

（4）压缩机出口回流带液；

（5）仪表显示故障。

19. 油吸收压力排污罐液位排放困难的原因有哪些？

（1）排污罐充压阀故障或开度小，压力不足；

（2）排污罐放空阀未关闭或故障关闭不严；

（3）排污罐上游充装压力低于下游回注管线压力；

（4）排污阀门故障或排污管线冻堵无法排放。

20. 油吸收塔底泵不上量的原因有哪些？

（1）塔底泵内有气体未排净；

（2）吸收塔液位过低或压力过低；

（3）塔底泵入口过滤器堵塞进口流量不足；

（4）泵进口阀门开度小或故障；

（5）泵体冷却回流线开度小或回流线冻堵；

（6）泵出口阀门故障或调节阀故障关闭；

（7）下游轻烃储罐压力高。

21. 吸收塔液位受哪些因素的影响？

（1）上游轻烃泵流量；

（2）吸收塔进口阀开度；

（3）塔底泵出口阀开度或出口调节阀开度；

（4）塔底泵回流阀开度；

（5）下游轻烃储罐压力；

（6）塔底泵运行状态。

22. 原稳轻烃储罐进烃时，储罐液位上升慢或不升的原因有哪些？

（1）检查储罐压力，若储罐压力超过规定要求（原稳罐压力 0.2 ～ 1.1MPa），通过储罐泄压阀将压力泄到规定以内；

（2）储罐泄压阀故障，未打开或开度不足未将压力泄到规定要求；

（3）储罐轻烃进口阀有故障，未打开或开度不足；

（4）上游装置来烃量减少，压力低或上游轻烃泵停运；

（5）储罐脱水阀处于打开状态，轻烃排入二次闪蒸罐；

（6）备用储罐进口阀未关闭，或关闭不严。

23. 轻烃储罐投用前现场检查内容有哪些？

（1）现场检查安全阀铅封完好，在检定周期内使用，安全阀一次阀全部打开，副线阀关闭；

（2）现场检查压力表、压力开关、压力变送器、液位开关等仪表附件安装完好，在检定周期内使用，压力表根阀打开；

（3）现场检查液位计上下引点阀门打开，低点排放阀关闭；

（4）现场检查静电接地设施完好，储罐消防设施完好备用；

（5）现场检查储罐保温完好，防火堤无缺口、塌陷，防火堤排放阀关闭，堤内无积水，无杂物；

（6）现场检查罐区流程阀门、法兰、管线完好。

24. 轻烃储罐区发生轻烃泄漏的原因有哪些？

（1）操作人员违反安全操作规程、超温超压运行、误操作等原因，造成轻烃泄漏；

（2）轻烃储罐罐体、管线材质或焊接有缺陷，或发生腐蚀穿孔，造成轻烃泄漏；

（3）阀门密封损坏或法兰连接紧固质量差，垫片选择不合适；

（4）缺乏对设备的维修保养和检修，致使设备带病运行，发生轻烃跑冒滴漏；

（5）设备和管线上的排放口、取样口关闭不严产生轻烃的泄漏；

（6）未按工艺特性和轻烃的理化性质来选择动设备的

密封介质和密封件，造成轻烃的泄漏。

25. 原油处理量对轻烃产量有何影响？

当原油组分不变时，在一定的温度、压力下，原油处理量越高，脱出气量越多，轻烃产量越高；反之，轻烃产量越低。

26. 原油换热器结垢对装置运行有何影响？

原油换热效率降低，稳前油出换热器温度降低，加热炉负荷增大，燃料气消耗增加，稳后油出装置温度升高，影响装置闪蒸温度的提高。若回油温度太高超出工艺要求范围，需打开装置外循环阀减少装置进油量，回掺部分来油进行降温，不但降低了轻烃产量也降低了稳定后的原油质量。

27. 来油量低或断油对装置有何影响？

来油量低，装置低负荷运行，轻烃和脱出气产量降低，影响油吸收系统正常运行。为维持装置运行，需打开内循环阀补充部分稳后油掺入稳前油在装置内进行重复处理。断油的情况下，装置为保证原油的流动性，防止原油凝结在管线或容器内，需进行内外循环，增加了动力和能源消耗，装置经济效益降低。长时间的站内循环流程会导致装置内原油温度不断升高，缓冲罐内原油温度过高，稳后泵机封冷却油温度升高，易造成机封磨损。

28. 原油含水量对轻烃收率有何影响？

当体系的压力一定时，由于水蒸气的存在，会降低原油中的气相分压，即降低了原油在该压力下的沸点，原油脱出气量增多。实际上，并不是纯轻烃量变化，而是轻烃中含水量变化，适量含水，有助于轻烃收率提高，若原油含水量过高，会使塔压快速升高，空冷器温度快速升高，加热炉出口温度降低，直接影响原油闪蒸温度，运行参数波动较大，操作条件恶化，降低装置轻烃的收率。

29. 来油含水突然增多有何现象？

(1) 加热炉出口温度降低；

(2) 三相分离器烃水界面快速上升；

(3) 塔顶压力快速升高；

(4) 空冷器出口温度快速升高；

(5) 污水罐液位升高；

(6) 稳前泵电流增大，换热器稳前入口压力升高。

30. 来油含水高对装置运行有何影响？

(1) 来油含水高会使加热炉出口温度降低，增大燃料消耗；

(2) 原油的闪蒸温度降低，影响轻烃产量；

(3) 会使稳定塔压力升高液位波动，破坏塔的操作平衡，严重时影响容器的安全运行；

(4) 空冷器出口温度升高，冷凝效果降低，轻烃产量降低；

(5) 污水罐液位升高，污水排量增大；

(6) 原油和轻烃含水量增加，油泵和轻烃泵运行电流增大，能耗增加；

(7) 轻烃储罐含水量增加，沉降分离时间延长；

(8) 容易造成加热炉偏流；

(9) 装置运行参数波动大，控制调整难度增加。

31. 进油快速切断阀和外循环快速切断阀联锁动作条件有哪些？

正常状态下外循环快速切断阀关闭，进油快速切断阀打开，联锁动作条件如下：

(1) 当缓冲罐液位超高报警时，外循环快速切断阀自动打开，进油快速切断阀自动关闭；

(2) 当停仪表风或停电时，外循环快速切断阀打开，进油快速切断阀关闭。

当缓冲罐液位正常后，进油快速切断阀和外循环快速切断阀需要手动操作复位，根据生产实际需要，可手动单独开、关进油快速切断阀或外循环快速切断阀。

32. 装置出现黑烃后应如何清洗？

（1）导通轻烃回注流程，将发现黑烃的储罐内的轻烃回注入原油系统内；

（2）控制加热炉出口温度在正常范围；

（3）稳定塔液位和压力控制在正常范围内；

（4）三相分离器保持一定的烃水界面高度；

（5）适当提高空冷器出口温度，热洗空冷器管束；

（6）三相分离器轻烃液位至正常范围内时，启动轻烃泵，将轻烃打回流或打入稳定塔内，反复冲洗容器和管线；

（7）待装置轻烃取样合格后，恢复正常生产流程；

（8）同时将部分轻烃倒至黑烃储罐，达到事前液位后将黑烃储罐轻烃回注入原油系统内。

33. 原油稳定装置参数调节时注意事项有哪些？

（1）升高加热炉出口温度时，要缓慢进行，每小时升温小于等于 20℃；

（2）控制稳定塔顶压力时不能过高，过高影响不凝气压缩机入口压力，影响轻烃产量；塔压过低则容易使稳后泵抽空；

（3）控制稳定塔温度时，要注意稳定塔顶压力和回流量的变化；

（4）当需要调节某一个运行参数时，要综合考虑该参数变化可能对其他参数产生的影响并进行相应的调整；

（5）控制系统流程时要注意阀门操作顺序，先开后关，防止系统憋压，影响安全生产；

（6）冬季运行时，注意空冷器出口温度不能低于 20℃，空冷器各支路气流分布均匀，不能偏流；

（7）冬季轻烃外输时，注意轻烃外输量和甲醇加注比例，按规定比例严格控制甲醇加注量；

（8）正常生产运行时，轻烃储罐必须留有充分的空间，保证储罐轻烃沉降时间；

（9）控制加热炉出口温度时，要注意各支路出口温度均衡，根据温差及时调整各支路入口阀开度（禁止完全关闭），防止炉管偏流、干烧等情况发生；

（10）来油阀和站外循环阀不可同时关闭，回油阀和站内循环阀不可同时关闭，来回油阀组操作要严格遵守先关后开的原则。

（九）浅冷装置问答

1. 浅冷装置喷注贫乙二醇溶液的浓度要求及依据是什么？

浅冷装置喷注的贫乙二醇溶液浓度要求为 80%。依据乙二醇溶液浓度与冰点的特性曲线（图 66），当乙二醇溶液的浓度高于 85% 或低于 50% 时，乙二醇冰点均高于 −30℃，制冷温度低于此温度下，都会使乙二醇溶液结冰产生冻堵，因此应选取低冰点的浓度范围 60% ～ 80%；又由于天然气系统中冷凝水的析出，使乙二醇浓度降低，因此喷注浓度应在选择范围内尽可能高些，最终确定贫乙二醇浓度应为 80%。

2. 贫乙二醇溶液的作用及原理是什么？

贫乙二醇溶液的作用为防冻。天然气制冷后冷凝出的水溶解于贫乙二醇溶液，利用浓度为 60% ～ 80% 的乙二醇溶液低冰点的特性，使天然气在制冷过程中不会产生冻堵，达到防冻的目的。同时，冷凝水进入乙二醇溶液中，使贫乙二醇浓度降低，变为富乙二醇溶液，富乙二醇溶液进入乙二醇再生单元进行脱水。

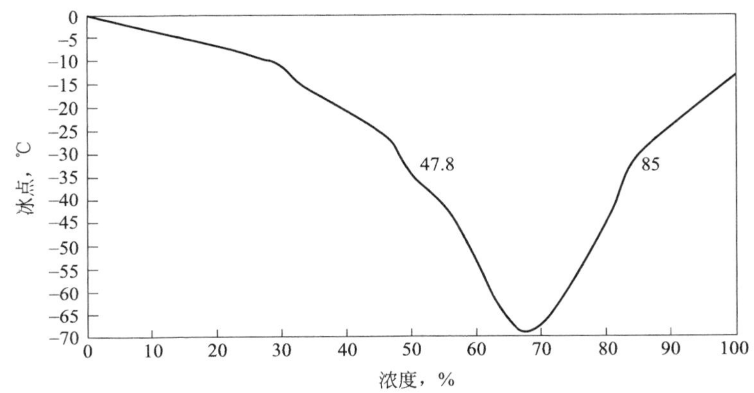

图 66　乙二醇水溶液在不同浓度下的冰点

3. 贫乙二醇浓度下降的原因有哪些？

（1）天然气空冷器、水冷器冷却效果降低，使天然气饱和含水量升高；

（2）低温分离器分离效果不佳，乙二醇含烃多；

（3）水分馏塔塔顶温度控制过低，造成塔顶蒸汽冷凝为水，回流至水分馏塔内，使乙二醇浓度降低；

（4）水分馏塔塔底温度控制过低或塔再生负荷大（乙二醇循环量大），富乙二醇溶液脱水再生效果差，乙二醇浓度降低；

（5）贫富乙二醇换热器管束内漏，富乙二醇混入贫乙二醇，造成贫乙二醇浓度下降。

4. 乙二醇系统中水分馏塔底温度低的原因有哪些？

（1）控制加热器加热温度较低；

（2）乙二醇循环量控制过大，喷注量超出当前湿气处理量下的合理控制范围；

（3）乙二醇含较多轻烃；

（4）乙二醇电加热器故障。

5. 乙二醇系统中水分馏塔塔顶温度过低的后果有哪些？

（1）塔顶温度过低，会使离开塔顶的水蒸气再次冷凝为水，回流至塔内，乙二醇浓度降低，易造成制冷单元冻堵；

（2）若不及时调整塔顶温度，严重时水分馏塔内将充满过量的液体，从而把乙二醇排出塔顶，造成乙二醇大量损失。

6. 乙二醇损失的主要途径有哪些？

（1）烃、乙二醇、硫化物形成乳状物，影响分离效果，外输气携带轻烃和乙二醇；

（2）乙二醇携带轻烃，导致乙二醇分馏塔冲塔；

（3）轻烃携带乙二醇进入储运单元；

（4）分解和污染；

（5）系统漏失；

（6）不适当排放。

7. 乙二醇泵出口压力高的原因有哪些？

（1）乙二醇喷嘴堵塞，造成泵出口压力过高；

（2）出口阀或工艺管路堵塞不畅通，造成乙二醇泵出口压力高；

（3）天然气系统压力高，乙二醇正常喷注时背压高，使泵出口压力升高。

8. 乙二醇泵出口压力低的原因有哪些？

（1）乙二醇储罐液位过低；

（1）入口阀堵塞不畅通，造成乙二醇泵出口压力低；

（3）安全阀启跳后不复位；

（4）乙二醇泵故障；

（5）乙二醇泵出口管线存在渗漏；

（6）乙二醇泵出口阀开度过大；

（7）引进浅冷三相分离器内乙二醇盘管渗漏。

9. 乙二醇溶液 pH 值降低的原因有哪些？对乙二醇系统的影响有哪些？

由于原料气中含有少量二氧化硫、二氧化碳等酸性气体，在原料气喷注乙二醇溶液后，酸性气体溶解于乙二醇水溶液中，使乙二醇溶液显酸性，pH 值降低。若乙二醇溶液 pH 值较低，会对设备与管线有腐蚀作用，严重时会导致设备或管线阀门腐蚀穿孔，因此，在运行过程中发现 pH 值降低，应及时加注缓蚀剂三乙醇胺，中和乙二醇的酸性，控制乙二醇的 pH 值在 7.3 ～ 8.0。

10. 乙二醇溶液的循环量对乙二醇系统的影响有哪些？

（1）若乙二醇循环量过低，系统内的冷凝水会使喷注后的乙二醇溶液浓度降低，导致装置发生冻堵；

（2）若乙二醇循环量过高，会使塔底加热器负荷增大，浪费电能，严重时塔底温度过低，乙二醇再生效果差，长时间运行后，会使喷注前的乙二醇浓度降低，导致装置发生冻堵。

11. 往复式压缩机气液分离器内的油水从何而来，为什么要及时排放？

一部分为来气中分离出的游离水与液态烃，另一部分是注油器注到气缸内的油，随天然气带到分离器内，若排放不及时会造成液位超高联锁停机，严重情况下液体会被气体带到气缸内造成液击。

12. 空气进入制冷系统的危害有哪些？

（1）导致冷凝压力升高；

（2）降低冷凝器的传热效率；

（3）使系统含氧量升高，腐蚀管道和设备；

（4）导致制冷机制冷量下降，运行效率降低，耗电量增加；

（5）若与制冷剂混合后达到爆炸极限，有产生爆炸的危险。

13. 浅冷装置轻烃收率与哪些因素有关？

（1）原料气组分；

（2）原料气处理量；

（3）天然气制冷温度；

（4）天然气系统压力；

（5）二级三相分离器的分离效果；

（6）轻烃稳定温度；

（7）轻烃储罐压力。

14. 浅冷装置制冷温度对 C_3 以上组分收率的影响有哪些？

当压力一定时，天然气各组分的凝点温度是不变的，此时制冷温度的高低决定了 C_3 以上组分的回收量。随着制冷温度的降低，C_3 以上的重组分逐渐被冷凝，收率也升高；反之，压力一定，制冷温度越高，收率随之降低。

15. 浅冷装置预冷温度升高的原因有哪些？

（1）来气温度升高或湿气处理量增加，预冷温度升高；

（2）压缩机由于中间冷却器冷却效果下降或气阀损坏等机械故障引起排气温度升高，使后段天然气系统温度升高，预冷温度升高；

（3）天然气空冷器或水冷器冷却效果下降，使后段天然气温度升高，预冷温度升高；

（4）贫富气换热器、烃气换热器控制参数不合理，使换热后富气温度升高，导致预冷温度升高；

（5）制冷系统天然气制冷温度升高，换热器内冷流体温度升高，使经换热器换热后的富气温度升高，导致预冷温度升高。

16. 浅冷装置制冷系统中，影响制冷温度的因素有哪些？

（1）制冷压缩机吸入压力：若吸入压力较高，对应的冷剂蒸发温度升高，相应天然气制冷温度升高，若吸入压力较低，天然气制冷温度降低。

（2）冷凝器冷却水温度：若冷却水温度升高，会使冷凝压力升高，导致制冷温度升高；若冷凝器冷却水温度降低，天然气制冷温度降低。

（3）蒸发器液位：蒸发器液位控制过高或过低，都会使制冷温度升高。

（4）制冷系统内制冷剂量：若制冷系统内缺少制冷剂，会使蒸发器液位过低，潜热量减少，吸气温度升高，制冷温度升高；若制冷剂过多，会导致制冷系统各容器液位升高，排气压力相应升高，制冷温度升高。

（5）制冷系统不凝气含量：若含有不凝气会导致排气压力升高，丙烷冷凝温度升高，制冷温度升高。

17. 空冷器管束操作时应注意哪些事项？

（1）管内介质、温度、压力均应符合设计条件，严禁超压、超温操作；

（2）管内升压、升温时，应缓慢逐级递升，以免因冲击骤热而损坏设备；

（3）空气冷却器正常操作时，应先开启风机，再向管束内通入介质；停止操作时，应先停止向管束内通入介质，后停风机；

（4）易凝介质在冬季操作时，其程序与（3）条相反；

（5）停车时，应对管束进行吹扫、排净凝液，以免冻结和腐蚀；

（6）首次开车前，应将浮动管箱两端的紧固螺钉卸掉，保证浮动管箱在运行过程中可自由移动，以补偿翅片管热胀冷缩的变形量。

18. 空冷器工艺物流出口温度高的原因有哪些？

（1）空冷器管束换热面积不足；

（2）风量低；

（3）管侧结垢严重；

（4）空气侧结垢严重；

（5）管侧流体分布不均匀；

（6）空气分布不均匀；

（7）受附近装置的影响，导致热空气循环回流；

（8）百叶窗开度不够；

（9）空冷器入口温度过高。

19. 浮头式换热器试压过程是怎样的？

（1）准备工具→拆除浮头端外封头→管箱及法兰→拆除浮头端内封头→抽管束→检查、清扫；

（2）准备垫片、盲板及试压工具→安装管束→安装管箱→安装假浮头（作临时封头用）→壳体法兰加盲板→向壳程注水→装配试压管线→试压 1（检查胀管口及换热管）→拆假浮头、安装浮头端内封头及盲板盖；

（3）管箱法兰加盲板→向管程注水、装配试压管线→试压 2（检查浮头端垫片及管束）→安装浮头端外封头→向壳程注水→试压 3（检查壳体密封）→拆除盲板、填写检修卡。

注意水压试验基本要求如下：

（1）试件充水前其内部应清理干净，充水时应将试件内的空气排净。

（2）试验时应装设两只量程相同并经校验合格的压力表，压力表量程应是试验压力的 1.5 ～ 3 倍，选用 2 倍为宜。其中一块压力表应装在试压压源上，另一块压力表装在换热器上便于观察的部位。压力表的精度要求不应低于 1.5 级，对压力表读数时，应以换热器上的压力表为准。

（3）周围空气的温度应高于 5℃；水压试验水温不应低于 5℃。

（4）试验时压力应缓慢上升至设计压力，确认无泄漏后继续升压到规定的试验压力；保压时间不应少于 30min，然后降至规定试验压力的 80%，保压足够时间之后进行检查；如有渗漏，修补后重新试验。

（5）水压试验后，应将试件内部的水排净并用压缩空气吹干。

（十）深冷装置问答

1. 分子筛再生时自下而上通过床层，开始缓慢加热然后逐步升温原因是什么？

再生初始阶段，由于吸附后分子筛中的水分受热后会变成水蒸气蒸发，缓慢加热一是可以防止再生床层自下而上温差过大，造成分子筛粉化；二是可以防止再生床层上下温差较大使水蒸气从床层底部蒸发，而到上部又冷凝下来，导致再生不彻底。

2. 天然气自上而下通过分子筛床层有什么优点？

（1）自上而下通过床层，可使流动气体对吸附床层的扰动降至最低，提高吸附过程的稳定性，同时可以减小塔径和造价；

（2）由于底部分子筛不仅起吸附作用还起承重作用，天然气自上而下通过床层，使底部分子筛避免长期处于饱和或过饱和状态，减少底部分子筛的粉化，增加分子筛的使用寿命。

3. 分子筛吸附脱水时，原料气出吸附器温度比进入床层时高 5 ～ 7℃的原因是什么？

主要原因是进入分子筛吸附器的原料气中含有饱和水（以气态水的形式存在于原料气中），当气体进入吸附器时，其中的气态水被分子筛所吸附而变为液态水存于分子筛孔隙中，此吸附过程会释放出大量的热，称为吸附热，使原料气出吸附器温度升高。

4. 分子筛粉化的危害有哪些？

（1）分子筛粉化，会造成分子筛晶格结构破坏，大大降低了分子筛的吸附效率；

（2）分子筛的磨损、破碎后形成的粉末会造成粉尘过滤器滤芯堵塞，粉尘过滤器前后压差增加，差压过大时会使滤芯破损，使粉末进入下游堵塞设备、阀门、仪表等；

（3）在吸附器中如果分子筛床层粉尘过多，又有液相进入分子筛床层，这样床层差压就会过大；

（4）若分子筛粉尘进入冷箱由于板翅式换热器通道狭窄，容易造成冷箱堵塞；

（5）若分子筛粉尘进入膨胀机增压端会使增压端滤网堵塞，压差增加，严重时滤网变形破损，造成增压轮损坏。

5. 丙烷压缩制冷系统通常由哪几部分组成？

丙烷压缩制冷装置主要由压缩机、冷凝器、节流阀、蒸发器等几部分组成。

（1）压缩机：把丙烷蒸气绝热压缩成过热蒸气；

（2）冷凝器：丙烷制冷剂蒸气在等压冷凝下形成饱和液体；

（3）节流阀：饱和制冷剂在膨胀阀进行绝热等焓节流，液体压力、温度降低；

（4）蒸发器：蒸发器即为换热器，制冷剂走壳程，天然气走管程，制冷剂在壳程内蒸发，所需汽化潜热由天然气提供，制冷剂蒸发时天然气温度降低，从而实现对天然气制冷的目的。

6. 丙烷制冷系统油分离器作用是什么？

（1）起到丙烷机润滑油油箱的存储作用；

（2）将丙烷压缩机排出的大部分油在油分离器内与气体进行分离。

7. 丙烷压缩机油分离器凝聚段作用是什么？

丙烷压缩机排出的大部分润滑油在油分离器中与丙烷进行分离，未分离出的以油雾状形式存在的润滑油经过凝聚段时，聚集凝结成油滴，滴落到油分离器凝聚段的底部，使丙烷与润滑油分离效果更好。同时，凝聚回收更多的润滑油能够减少润滑油的损失。

8. 丙烷系统油分离器液位低的原因有哪些？

（1）系统渗漏造成缺油；

（2）润滑油进入蒸发器，集油器工作不正常，蒸发器内携带的润滑油未及时回收；

（3）凝聚段返回管线上的阀门未打开，凝聚油返回管线上的过滤器筛网堵塞润滑油无法回收；

（4）丙烷压缩机停机时，入口止回阀关不上。

9. 丙烷压缩机油分离器分离效果差对制冷有哪些影响？

油分离器分离效果差，会使部分润滑油被制冷剂携带进入循环系统。当制冷剂在膨胀阀节流时，润滑油会降低其单位制冷量，使制冷效果变差。润滑油进入蒸发器后，在制冷剂冲击下形成油膜附着在管束外表面，增加热阻，降低蒸发器换热效率，最终使蒸发器工艺物流出口温度上升。

10. 蒸发器液位低的原因有哪些？

（1）丙烷压缩机空冷器温度低，使部分丙烷液化后存于管束中；

（2）经济器控制液位过高，大量丙烷存于经济器内；

（3）丙烷内含水、油造成蒸发器液位计假液位；

（4）丙烷系统各密封点有渗漏现象；

（5）冷凝器及安全阀内漏；

（6）丙烷蒸发器液位控制故障或设定值不合理。

11. 丙烷制冷系统制冷温度不合格的原因有哪些？

（1）蒸发器内含有润滑油；

（2）蒸发器液位过高或过低；

（3）丙烷系统缺丙烷；

（4）滑阀故障；

（5）冷凝器换热效果差；

（6）油冷器换热效果差；

（7）工艺气体负荷大；

（8）丙烷系统含有不凝气；

（9）丙烷压缩机入口过滤器堵塞。

12. 如何判断丙烷蒸发器冻堵？

（1）观察丙烷蒸发器蒸发压力与增压机进口压力压差大小，如果差压过大判断蒸发器供液管线冻堵；

（2）蒸发器上游天然气系统憋压；

（3）吸气温度升高；

（4）系统参数波动大。

13. 丙烷压缩机中膨胀阀发生冻堵时的处理办法是什么？

（1）加热膨胀阀，使冰融化。

（2）对丙烷压缩机进行减载，提高制冷剂在蒸发器中的温度，使其在水的冰点以上，因气态制冷剂对水的吸引力大于液态制冷剂，水分会转移至制冷剂气相中。水分含量最集中的地方是缓冲罐的气相，当水在冰点以上操作时，对其进行放空，能够将系统的水分清除。

14. 膨胀机蓄能器的作用是什么？

膨胀机蓄能器的作用是在润滑油供油压力降低时，蓄能器内氮气气囊体积膨大使蓄能器内压力油释放到供油点，保证膨胀机惯性旋转时轴承的润滑。

15. 膨胀机密封气压差低对润滑油系统有哪些影响？

（1）膨胀机密封气压差过低，会使润滑油通过密封气通道流入增压端和膨胀端腔体，使润滑油被工艺气体带走，造成润滑油损失；

（2）造成膨胀端轮背低温工艺气渗漏至润滑油系统，造成润滑油黏度升高，不能有效形成油膜，导致机组振动增大。

16. 膨胀机密封气压差低有哪些原因？

（1）密封气调压阀故障；

（2）密封气气源压力低；

（3）密封气差压调节器故障；

（4）密封气过滤器压差大；

（5）油箱压力高；

（6）膨胀机入口压力低；

（7）脱甲烷塔压力高。

17. 膨胀机 / 压缩机日常巡检内容有哪些？

（1）检查膨胀机油箱液位是否正常；

（2）检查润滑油泵出口压力是否正常；

（3）检查油冷却器的冷却水压力、温度是否正常；

（4）检查膨胀机 / 压缩机运行声音是否正常，检查机组振动情况；

（5）检查膨胀机 / 压缩机、附属设备及管线等各密封点是否渗漏；

（6）检查膨胀机转速是否在正常范围；

（7）检查润滑油温度、供油压差、油过滤器压差是否正常；

（8）检查密封气温度、密封气压差、流量、密封气过滤器压差是否正常；

（9）检查膨胀机 / 压缩机入口滤网压差是否正常；

（10）检查止推油膜压力、推力平衡系统是否正常；

（11）检查膨胀机 / 压缩机轮背压是否正常；

（12）检查膨胀机 / 压缩机振动、轴承温度是否正常；

（13）检查膨胀机控制柜正压通风系统工作是否正常。

18. 膨胀机 / 压缩机启停机操作时注意事项有哪些？

（1）启机时应先投密封气，再投油泵并进行主副油泵测试；

（2）启机时应先打开与增压端进口截止阀并联的截止阀，给壳体充压并进行壳体排液；

（3）启机时应按顺序依次打开以下阀门：压缩机入口阀→膨胀机出口阀→压缩机出口阀→膨胀机入口阀，以防止膨胀机反转现象发生；

（4）停机后应保持密封气和润滑油系统运行 30min 左右停润滑油系统，再保持密封气系统继续运行 5min 后停密封气，避免润滑油损失；

（5）停机时应保证 J-T 阀开度大于 50%，转速降至 10000r/min 以下再停；

（6）如果为短期停机，密封气和润滑油继续运行，工艺系统处于充压状态；如果为长期停机，关闭增压机和膨胀机进出口阀，并进行泄压放空。

19. 离心式压缩机在运行中不能进行排污操作的原因是什么？

（1）离心压缩机在运行中转速很高，此时转子处于平衡状态，假如此时排污，相当于给转子一个外力，会使转子的动平衡受到破坏，进而损坏设备；

（2）如果对运行中的压缩机进行排污，会使高温、高压气体从排污口排出，造成人身伤害。

20. 导热油氮气覆盖系统作用是什么？

防止导热油与空气中的氧气接触发生氧化反应使导热油变质，延长导热油使用寿命。导热油的氧化与加热系统的运行温度有直接关系，导热油在 60℃以下时，氧化反应非常慢，60℃以上氧化反应速度逐渐加快，每升高 10℃氧化速率增加一倍，油温越高，与空气或具有氧化作用的物质接触机会越多，时间越长，氧化速度越快。由于导热油膨胀罐参与少量热油循环，温度较高，为防止导热油氧化，采用惰性气体与空气隔离。

21. 导热油炉入口、出口差压过低保护作用是什么？

压差代表导热油在锅炉内部管道流动的速度，压差大，流动速度快，但是如果太大，管道就会被堵；压差太小，则流动速度会降低，也就是供热管道（负载管道）存在堵塞情况、循环泵泵油量小或存在导热油泄漏情况出现，控制系统会自动保护停炉。

22. 脱甲烷塔压力对产品收率影响有哪些？

（1）适当地提高脱甲烷塔的操作压力，有利于提高乙烷收率。但随着压力的提高，膨胀机膨胀比降低，制冷能力下降，收率降低。而且随着压力的升高甲烷与乙烷的相对挥发度降低，产品质量下降。

（2）降低脱甲烷塔的操作压力，会使膨胀机膨胀比增大，制冷能力提高，但随着压力的降低，甲烷与乙烷的相对挥发度升高，此时需要塔顶温度更低来达到设计的产量，系统的冷损耗量增加。

（3）塔压的高低还影响 CO_2 冻堵的温度，相同组分时，塔压越高形成干冰的温度就越高，塔压越低形成干冰的温度就越低，也就是说塔压越高，理论上会提高乙烷收率，但是会导致系统制冷温度升高，这又会导致乙烷收率降低，所以，塔压与制冷温度两者之间是存在矛盾的调节作用，生产中应根据产品要求和工厂其他设备的工况而设定最优的塔操作压力。

23. 脱甲烷塔的作用是什么？

提供气液两相以充分接触机会，使物质和热量的传递能有效进行。利用液体混合物中各组分挥发度的不同，在气液两相相互接触时，易挥发组分向气相传递，难挥发组分向液相传递，使混合物达到一定程度的分离。

24. 脱甲烷塔塔底重沸器的作用是什么？

由于塔底温度低于常温，利用重沸器可回收冷量，脱甲烷塔塔底液相轻烃进入重沸器，与工艺气体换热后部分汽化，气相在底部塔盘之下返回塔内，向上流动，与向下的轻组分液相在塔盘或填料层上进行多次部分汽化和部分冷凝，为传质传热过程提供所需要的能量，从而使混合物达到高纯度的分离，达到提纯产品的目的。

25. 深冷装置塔底重沸器在启机过程中如何建立循环？

装置启机时脱甲烷塔塔底重沸器轻烃不易建立起循环，

可以通过吹扫重沸器出口线的方法，使重沸器内介质产生温度差、密度差，建立起热虹吸的循环动力，从而建立起正常的工作循环。

26. 塔底温度调节方法是什么？

通过改变塔底温度调节阀开度可以改变原料气进入重沸器的流量，从而改变塔底温度。开大塔底温度调节阀，塔底温度升高；反之，塔底温度降低。

调整脱甲烷塔温度梯度。塔顶温度和塔中部温度升高；塔底温度升高，反之，塔底温度降低。

调整塔底回流量。增加回流量，塔底温度升高；反之，塔底温度降低。

27. 深冷装置系统冷量如何控制？

通过降低前端天然气预冷温度（可以降低压缩机级间冷却温度和压缩机后冷却温度）、丙烷机制冷量的调节、膨胀机转速的调节、J-T 阀开度的调节、侧沸器重沸器冷量循环的调节、冷箱冷量调节等，控制系统总的冷量和保证塔的温度梯度合理，以保证装置平稳运行。

28. 二氧化碳对深冷装置的影响有哪些？

（1）对制冷深度的影响：在深冷回收装置中，如果 CO_2 浓度高，在温度较低的膨胀机出口和脱甲烷塔顶部的填料上可能形成固体物质（干冰）。一旦造成堵塞，将影响装置正常运行。

（2）对深冷轻烃饱和蒸气压的影响：伴生气中 CO_2 含量升高，产品轻烃的 CO_2 含量也相应升高，由于 CO_2 的沸点与乙烷接近，为得到高的乙烷收率，大量 CO_2 也相应冷凝在轻烃产品中，在脱甲烷塔中难以有效脱除，导致深冷轻烃的蒸气压升高。

（3）对管线的腐蚀影响：根据《石油工业中的腐蚀与防护》，当 CO_2 分压低于 0.021MPa 时，腐蚀可以忽略；当 CO_2 分压为 0.021 ～ 0.21MPa 时，腐蚀可能发生；当 CO_2 分压高于 0.21MPa 时，腐蚀必然发生。

29. 深冷制冷温度过低对装置运行的影响有哪些？

（1）制冷温度过低会在膨胀机出口出现冰堵或二氧化碳冻堵，造成膨胀机转速下降，密封气压差不稳定，推力高报警甚至造成停机；

（2）制冷温度过低时会使脱甲烷塔塔顶出现二氧化碳冻堵，塔各段填料压差急剧升高，造成脱甲烷塔压力超高，紧急放空阀和安全阀开启，产品率下降。

30. 冷箱日常巡检内容有哪些？

（1）检查冷箱入、出口压差是否正常；

（2）检查冷箱各法兰连接处有无渗漏；

（3）检查冷箱各仪表接点处有无渗漏；

（4）检查冷箱入、出口温度是否正常；

（5）检查冷箱保冷层的氮气压力或壳层压力是否正常；

（6）定期检查冷箱螺栓冷紧情况。

31. 冷箱运行期间的注意事项有哪些？

（1）要注意缓慢调节系统降温过程，降温不能过快，注意观察冷箱同一个截面高度上，温差控制在厂家规定的 30℃ 温差范围内，应尽量减小因温度差异而引起的热应力，避免系统温差变化过快的情况下内应力增大，冷箱产生裂纹；

（2）制冷温度在 −40℃以上时，每小时降低 20℃；

（3）制冷温度在 −70 ～ −40℃时，每小时降低 10℃；

（4）制冷温度在 −70℃以下时，每小时降低 5℃，防止冷箱发生堵塞是保证装置正常运行的关键；

（5）分子筛长时间运行会使吸水性能下降，如果天然气中含水量过多，会在膨胀机入口、冷箱内、脱甲烷塔顶部发生冻结，导致低温系统冻堵，使系统压差增大，因此在运行时要注意观察冷箱压差的变化情况。

32. 造成膨胀机润滑油损失严重的原因有哪些？

（1）停机时处理不当，油压和油箱压力没降到零之前，全关密封气；

（2）停机油箱泄压太快，油被气带走；

（3）密封盘损坏或密封盘轴向窜量大，密封效果不好，润滑油进入工艺气体内；

（4）密封气流量低或密封气压差调节器调节不正确；

（5）油系统有漏油现象，如油冷却器管板与管束焊接处腐蚀或管束穿孔，高压润滑油漏入管程。

33. 膨胀机润滑油闪点下降的原因是什么？

（1）膨胀机密封气流量增加，密封气与润滑油的接触量增加；

（2）润滑油箱密封气脱除效果不好；

（3）密封气组分变重；

（4）膨胀端出口阀门不严，待膨胀机停机和密封气停运后，膨胀机出口部分轻烃倒流至膨胀机油箱内，影响润滑油品质。

（十一）通用电气问答

1. 在什么情况下方可安排在电气设备上进行全部停电或部分停电的检修工作？

在电气设备上进行全部停电或部分停电时，应向设备运行维护单位提出停电申请，由调度机构管辖的需事先向调度机构提出停电申请，同意后方可安排检修工作。

2. 怎样确定停电设备已断开？

停电设备的各端应有明显的断开点，或应有能反应设备运行状态的电气和机械等指示，不应在只经断路器断开电源的设备上工作。

3. 对已停电设备为什么还要验电？

验电是工作或安全操作时所做的技术措施中十分重要和必须进行的步骤。按规定实施正确验电，可以有效地防止在带电设备上挂地线或合接地隔离开关而产生的恶性事故和其他触电事故。

4. 消除静电危害的措施有哪些？

消除静电危害的措施大致可分为三类：

第一类是泄漏法。静电接地、增湿、加入抗静电剂等都属于这种方法。

第二类是中和法。主要采用各种静电中和器中和已经产生的静电，以免静电积累。

第三类是工艺控制法。在材料选择、工艺设计、设备结构等方面采取消除静电的措施。

5. 防爆电气设备的标志是如何构成的？

防爆电气设备的标志应包含：制造商的名称或注册商标、制造商规定的型号标识、产品编号或批号、颁发防爆合格证的检验机构名称或代码、防爆合格证号、Ex 标志、防爆结构类型符号、类别符号、表示温度组别的符号（对于Ⅱ类电气设备）或最高表面温度及单位（℃），前面加符号 T（对于Ⅲ类电气设备）、设备的保护等级（EPL）、防护等级（仅对于Ⅲ类，如 IP54）。

表示Ex标志、防爆结构类型符号、类别符号、温度组别或最高表面温度、保护等级、防护等级的示例：Exd Ⅱ BT3Gb，表示该设备为隔爆型"d"，保护等级为Gb，用于Ⅱ B类T3组爆炸性气体环境的防爆电气设备。

6. 触电事故有哪些种类？

（1）按照触电事故的构成方式，触电事故可分为电击和电伤。电击是电流对人体内部组织的伤害，是最危险的一种伤害，绝大多数的死亡事故都是由电击造成的。电伤是由电流的热效应、化学效应、机械效应等对人体造成的伤害。

（2）按照人体触及带电体的方式和电流流过人体的途径，电击可分为单相触电、两相触电和跨步电压触电。

7. 发生触电事故后，怎样对症急救？

当触电者脱离电源后，应根据触电者具体情况，迅速对症救护。现场应用的主要救护方法是人工呼吸和胸外心脏按压法。

对于需要救治的触电者，大体按以下三种情况分别处理：

（1）如果触电者伤势不重，神志清醒，但有些心慌、四肢发麻、全身无力，或者触电者在触电过程中曾一度昏迷，但已经清醒过来，应使触电者安静休息，不要走动。严密观察并请医生前来诊治或送往医院。

（2）如果触电者伤势重，已失去知觉，但还有心脏跳动和呼吸，应使触电者舒适、安静地平卧，周围不围人，使空气流通，解开他的衣服以利呼吸。如天气寒冷，要注意保温，并速请医生诊治或送往医院。如果发现触电者呼吸困难、微弱，或发生痉挛，应随时准备好当心脏跳动或呼吸停止时立即做进一步的抢救。

（3）如果触电者伤势严重，呼吸停止或心脏跳动停止或二者都已停止，应立即施行人工呼吸和胸外心脏按压，并速请医生诊治或送往医院。应当注意，急救要尽快地进行，不能等候医生的到来。在送往医院的途中，也不能中止急救。如果现场仅一个人抢救，则口对口人工呼吸和胸外心脏按压应交替进行，每吹气 2 ～ 3 次，再按压 10 ～ 15 次，而且吹气和按压的速度都应比双人操作的速度提高一些，不降低抢救效果。

第三部分
基本技能

一、操作技能

（一）通用操作技能

1. 法兰阀门更换操作。

准备工作：

（1）正确穿戴劳动保护用品；

（2）工具及材料准备：防爆 F 形扳手 1 把，防爆梅花扳手 1 套，防爆活动扳手 1 把，平口刮刀 1 把，一字形螺丝刀 1 把，撬杠 1 把，垫片若干，肥皂水若干，毛刷 1 把，便携式可燃气体检测仪 1 台，黄油若干，擦布若干。

操作程序：

（1）打开可燃气体检测仪，确认周边环境中可燃气体浓度为 0；

（2）确认需更换的阀门规格及型号，选择同规格型号的新阀门；

（3）导通副线流程，关闭需更换阀门的上、下游阀门，打开放空阀进行泄压，直至压力表显示为零；

（4）使用梅花扳手和活动扳手松开需更换阀门的法兰螺栓，拆卸旧阀门；

（5）用平口刮刀清洁法兰密封槽，直至露出水纹线；

（6）安装新阀门，安装同规格的垫片，垫片涂抹黄油，位置对中，使用扳手先对角紧固法兰螺栓，然后依次进行二次紧固；

（7）关闭放空阀，全开新更换的阀门，将新阀的上游阀开 1/2 圈，检查新阀门安装有无渗漏；

（8）紧固并确认无渗漏后，全开新阀门的上、下游阀门，关闭副线流程；

（9）清理场地，回收工具，关闭可燃气体检测仪。

操作安全提示：

（1）存在物体打击风险，开关阀门时要侧身；

（2）存在流体喷溅伤人风险，未确认泄压后的压力归零，不得拆卸旧阀门的法兰螺栓；

（3）存在物体砸伤风险，注意阀门是否有可靠的支撑或吊装措施；

（4）严格执行《管线打开安全管理规范》（Q/SY 1243—2009）；

（5）试验新阀门密封性，开启新阀的上游阀不能过快过大；

（6）安装新阀门及垫片时，要确保密封面接触良好，防止出现偏口现象，避免渗漏。

2. 阀门填料更换操作。

准备工作：

（1）正确穿戴劳动保护用品；

（2）工具及材料准备：防爆 F 形扳手 1 把、防爆梅花扳手 1 套、固定扳手 1 套、壁纸刀 1 把、密封填料钩 1 只、密封填料若干、肥皂水若干、毛刷 1 把、便携式可燃气体检测仪 1 台、擦布若干。

操作程序：

（1）打开可燃气体检测仪，确认周边环境中可燃气体浓度为 0%；

（2）导通副线流程，关闭需更换密封填料的阀门上、下游阀门，打开放空阀进行泄压，直至压力表显示为零；

（3）关闭待检修阀门，使用梅花扳手或固定扳手拆卸密封填料压盖螺栓；

（4）将压盖拆离密封填料室，清空旧密封填料；

（5）用壁纸刀切割新密封填料，密封填料两端切口的倾斜角应在 30° ～ 50° 之间，密封填料两端切口应平行且紧密结合，密封填料长度应满足填装要求；

（6）装入密封填料时，每层密封填料切口应错开 120° ～ 180° ，密封填料切口接缝应平行于盘根盒端面；

（7）装入适量密封填料，并拧紧填料压盖；

（8）关闭放空阀，将更换密封填料阀门的上游阀开 1/2 圈，检查更换密封填料阀门的阀杆灵活无渗漏；

（9）全开新更换密封填料阀门以及上、下游阀门，关闭副线流程；

（10）清理场地，回收工具，关闭可燃气体检测仪。

操作安全提示：

（1）存在物体打击风险，开关阀门时要侧身；

（2）存在流体喷溅伤人风险，未确认泄压后的压力归零，不得拆卸旧阀门的法兰螺栓；

（3）在切割密封填料时，存在割伤风险；

（4）严格执行《管线打开安全管理规范》（Q/SY 1243—2009）；

（5）试验新阀门密封填料密封性，开启新更换密封填料阀门的上游阀不能过快过大。

3. 螺纹连接截止阀更换操作。

准备工作：

（1）正确穿戴劳动保护用品；

（2）工具及材料准备：防爆活动扳手 1 把，管钳 2 把，密封带 1 卷，肥皂水若干，毛刷 1 把，防爆 F 形扳手 1 把，便携式可燃气体检测仪 1 台，擦布若干。

操作程序：

（1）打开便携式可燃气体检测仪，确认周边环境中可燃气体浓度为 0；

（2）确认需更换的阀门规格及型号，选择同规格型号的新阀门；

（3）关闭需更换阀门的上、下游阀门，打开放空阀进行泄压，直至压力表显示为零；

（4）用管钳拆卸旧阀门，并清理螺纹密封面；

（5）根据螺纹旋向逆行缠绕密封材料 3 ～ 5 圈；

（6）均匀紧固阀门；

（7）关闭放空阀，全开新更换阀门，缓慢打开新阀的上游阀，压力达到规定值后，检查新阀门安装有无渗漏；

（8）紧固并确认无渗漏后，全开新阀门的上、下游阀门；

（9）清理场地，回收工具，关闭便携式可燃气体检测仪。

操作安全提示：

（1）存在物体打击风险，开关阀门时要侧身；

（2）存在流体喷溅伤人风险，未确认泄压后的压力归零，不得拆卸旧阀门；

（3）严格执行《管线打开安全管理规范》（Q/SY 1243—2009）；

（4）缠绕密封带时，逆螺纹方向缠绕，保证密封性。

4. 法兰垫片更换操作。

准备工作：

（1）正确穿戴劳动保护用品；

（2）工具及材料准备：防爆梅花扳手 1 套、防爆活动扳手 1 把、撬杠 1 根、防爆 F 形扳手 1 把、擦布若干、垫片若干、黄油若干、防爆桶 1 个、肥皂水若干、毛刷 1 把、便携式可燃气体检测仪 1 台。

操作程序：

（1）打开便携式可燃气体检测仪；

（2）导通副线流程，关闭泄漏法兰的上、下游阀门；

（3）打开放空阀进行泄压，当压力表指示为零时，使用扳手从下至上拆卸螺栓；

（4）螺栓全部松开后，使用撬杠撬开法兰口，用防爆桶回收流出的残液；

（5）将螺栓全部拆掉或保留法兰底部拆卸的螺栓，取出旧垫片，清理法兰密封面两侧；

（6）确认法兰垫片的规格及型号，选择合格垫片，将新垫片两面均匀涂抹黄油，用撬杠轻轻撬开法兰间隙放入并摆正垫片；

（7）将螺栓、螺母全部装好后，使用扳手先对角均匀紧固，然后依次进行二次紧固；

（8）关闭放空阀，缓慢打开新阀的上游阀，压力达到规定值后，检查是否有渗漏；

(9) 紧固并确认无渗漏后，打开上、下游阀门，关闭副线流程；

(10) 回收工具，清理现场，关闭便携式可燃气体检测仪。

操作安全提示：

(1) 存在物体打击风险，开关阀门时要侧身；

(2) 严格执行《管线打开安全管理规范》(Q/SY 1243—2009)；

(3) 存在流体喷溅伤人风险，未确认泄压后的压力归零，不得拆卸旧阀门的法兰螺栓；

(4) 清理法兰密封面时存在夹伤手指风险，手不能伸进法兰口内；

(5) 存在残液污染环境风险，操作时应将防爆桶放置于拆卸法兰口底部。

5. 盲板安装操作。

准备工作：

(1) 正确穿戴劳动保护用品；

(2) 工具及材料准备：石棉垫若干、盲板、盲板牌、防爆F形扳手、防爆梅花扳手1套、300mm防爆活动扳手2把、一字形螺丝刀1把、撬棍1根、防爆桶1个、密封脂适量、擦布适量、碳素笔。

操作程序：

(1) 根据盲板图加装部位及要求正确选择盲板与垫片规格型号；

(2) 关闭加装盲板部位前后截止阀，打开放空阀泄压；

(3) 当压力表指示为零时，使用扳手从下至上拆卸螺栓；

(4) 螺栓全部松开后使用撬棍撬开法兰口完全泄压；

（5）将螺栓全部拆掉取出旧垫片，清理干净法兰密封面两侧；

（6）将两个新垫片两面均匀涂抹密封脂，将法兰底部螺栓带上螺母，用撬棍对称撬开法兰间隙放入盲板，在盲板两侧分别加入垫片；

（7）将螺栓全部装好后，使用扳手先对角均匀紧固，然后依次进行二次紧固；

（8）经检验合格后在盲板牌上填写盲板加装时间、部位名称、规格、加装人，挂盲板牌并做好记录；

（9）回收工具，清理现场。

操作安全提示：

（1）存在物体打击风险，开关阀门时要侧身；

（2）存在流体喷溅伤人风险，未确认泄压后的压力归零，不得拆卸旧阀门的法兰螺栓；

（3）清理法兰密封面时存在夹伤手指风险，手不能伸进法兰口内；

（4）严格执行《管线打开安全管理规范》（Q/SY 1243—2009）；

（5）加装盲板前必须先核对盲板图加装位置，确定上、下游阀门已关闭；

（6）加装盲板时，螺栓必须全部安装并紧固；

（7）操作时需将防爆桶放置于拆卸法兰口底部，防止残液污染环境。

6. 机油过滤器滤芯更换操作。

准备工作：

（1）正确穿戴劳动保护用品；

（2）工具及材料准备：防爆活动扳手 1 把、防爆 F 形扳手1把、毛刷1把、擦布若干、油过滤器滤芯1台、接油盒1个、密封胶圈若干。

操作程序：

（1）打开备用过滤器上部放空阀；

（2）打开充油阀向备用过滤器充油；

（3）放空阀见油后关闭放空阀和充油阀；

（4）将过滤器切换至备用过滤器；

（5）打开已停用过滤器的排污阀，用接油盒回收润滑油；

（6）再打开已停用过滤器的放空阀；

（7）当压力表指示为零时，使用防爆活动扳手拆卸螺栓，拆卸端盖；

（8）取出过滤器滤芯；

（9）检查选用合格新滤芯，用毛刷清洁新滤芯；

（10）安装新滤芯，检查更换过滤器上部密封圈，安装过滤器端盖，用扳手先对角均匀旋紧螺母，然后依次进行二次紧固；

（11）关闭已停用过滤器的排污阀；

（12）再打开过滤器充油阀；

（13）排净空气后关闭更换新滤芯后的过滤器放空阀；

（14）检查确认更换新滤芯后的过滤器无渗漏；

（15）清理场地，回收工具。

操作安全提示：

（1）存在物体打击风险，开关阀门时要侧身；

（2）存在润滑油地面污染风险，要用接油盒回收润滑油；

（3）存在流体喷溅伤人风险，未确认泄压后的压力归零，不得拆卸端盖的法兰螺栓；

（4）拆卸的过滤器端盖放置时，要对密封面采取保护措施。

7. 水冷凝器投运操作。

准备工作：

(1) 正确穿戴劳动保护用品；

(2) 工具及材料准备：防爆F形扳手1把、防爆活动扳手1把、毛刷1把、肥皂水若干、擦布若干。

操作程序：

(1) 打开冷凝器的压力表根阀；

(2) 用活动扳手检查冷凝器的法兰螺栓、地脚螺栓；

(3) 关闭排污阀；

(4) 打开冷凝器管程入口阀，打开冷凝器管程出口阀；

(5) 打开冷凝器壳程出口阀，打开冷凝器壳程入口阀；

(6) 调整冷却水流量，调整过程中观察被冷却介质温度；

(7) 检查法兰、阀门压盖泄漏情况；

(8) 检查冷凝器管程和壳程的压力和温度；

(9) 清理场地，回收工具。

操作安全提示：

(1) 存在物体打击风险，开关阀门时要侧身；

(2) 要先投用冷却水，后投用被冷却介质。

8. 分离器投运操作。

准备工作：

(1) 正确穿戴劳动保护用品；

(2) 工具及材料准备：防爆F形扳手1把、防爆活动扳手1把、毛刷1把、肥皂水若干、擦布若干。

操作程序：

(1) 关闭分离器放空阀、排污阀；

(2) 打开分离器入口阀充压；

(3) 打开分离器出口阀；

（4）关闭分离器副线阀；

（5）用毛刷、肥皂水检查阀门填料泄漏情况；

（6）清理场地，回收工具。

操作安全提示：

（1）存在物体打击风险，开关阀门时要侧身；

（2）要先打开分离器出口阀，再关闭分离器副线阀。

9 分离器蒸汽置换操作。

准备工作：

（1）正确穿戴劳动保护用品；

（2）工具及材料准备：防爆 F 形扳手 1 把、防爆活动扳手 1 把、防爆梅花扳手 1 把、铁丝若干、克丝钳 1 把、盲板若干、盲板签若干、防爆桶 1 个、毛刷 1 把、肥皂水若干、擦布若干、隔热手套 1 副、便携式可燃气体浓度检测仪 1 台。

操作程序：

（1）关闭与分离器相连的工艺管线阀门；

（2）打开分离器底部排污阀，用防爆桶回收残留液体，排净液体后关闭排污阀；

（3）打开分离器顶部放空阀，泄净分离器内部压力；

（4）在分离器管程、壳程入出口加装盲板，挂盲板签；

（5）用高压带扣胶管将蒸汽阀与分离器置换阀门连接；

（6）将胶管与蒸汽阀连接，缓慢打开蒸汽供气阀门；

（7）待放空阀门见蒸汽后控制蒸汽量；

（8）定期打开容器检测口，检测可燃气体浓度；

（9）待可燃气体浓度为 0 后，确认置换合格；

（10）回收工具，清理现场，关闭便携式可燃气体检测仪。

操作安全提示：

（1）存在物体打击风险，开关阀门时要侧身；

（2）存在残液污染环境风险，操作时应将防爆桶放置在放空管线底部；

（3）存在流体喷溅伤人，未确认泄压后的压力归零，不得进行加装盲板操作；

（4）严格执行《管线打开安全管理规范》（Q/SY 1243—2009）。

10. 空冷器风机启动操作。

准备工作：

（1）正确穿戴劳动保护用品；

（2）工具及材料准备：防爆活动扳手1把、听诊器1支、测振仪1台、擦布若干。

操作程序：

（1）检查确认各连接处螺栓紧固；

（2）检查并清理电动机周围的杂物；

（3）检查轴承润滑脂；

（4）检查电动机接地线完好，现场操作柱已送电；

（5）检查传动带松紧合适；

（6）手动盘车，检查空冷风机转动良好，无卡滞；

（7）按启动按钮启动空冷器风机；

（8）检查运行情况、声音、振动是否正常；

（9）做好设备运行记录。

操作安全提示：

（1）存在皮带绞伤手指风险；

（2）按启动按钮时存在触电风险，检查按钮是否损坏；

（3）备用风机长时间不运转时，要定期进行手动盘车。

11. 冷却水塔风机启动操作。

准备工作：

（1）正确穿戴劳动防护用品；

（2）工具及材料准备：防爆F形扳手1把、防爆活动扳手 2 把、防爆对讲机 2 部。

操作程序：

（1）检查设备周围应无异物及影响操作的障碍；

（2）检查各连接部位无松动；

（3）手动盘风扇 3 ～ 5 圈，检查运动部件应无卡阻；

（4）检查冷却水塔上水阀门全开；

（5）联系电岗送电；

（6）按风机启动按钮，启动风机；

（7）检查风机及电动机，声音、振动、轴承无异常，温度应正常，各密封点无泄漏；

（8）做好设备运行记录。

操作安全提示：

（1）冷却水塔风机出现严重异常声响时，应按停止按钮，紧急停机；

（2）按启动按钮时存在触电风险，检查按钮是否损坏；

（3）操作时避免机械伤害。

12. 离心泵启动操作。

准备工作：

（1）正确穿戴劳动防护用品；

（2）工具及材料准备：防爆 F 形扳手 1 把、防爆活动扳手 1 把、水桶 1 个、红外线测温仪 1 台、听诊器 1 支、记录表 1 张、记录笔 1 支。

操作程序：

（1）检查确认进口阀打开，出口阀关闭；

（2）检查确认进口、出口压力表一次阀打开；

（3）检查确认进口、出口排气嘴关闭；

（4）检查确认泵供电正常；

（5）检查泵油位，确认油液位正常；

（6）检查地脚螺栓，确认紧固；

（7）拆卸护罩，进行盘车，确认无卡滞后，安装护罩；

（8）充分灌泵排气；

（9）按启动按钮启动离心泵；

（10）打开出口阀，调整控制泵出口压力；

（11）检查确认电动机和泵振动正常；

（12）确认电动机和泵声音正常；

（13）检查确认电动机和泵轴承温度正常；

（14）检查确认泵机械密封正常；

（15）检查确认润滑油位正常；

（16）检查确认泵进口、出口压力正常；

（17）设备运行指示牌调整为“运行”，填写泵运行记录。

操作安全提示：

（1）按启动按钮时存在触电风险，检查按钮是否损坏；

（2）在启泵前需确认泵进口阀已打开，泵出口阀关闭，防止泵驱动电动机启动电流过载；

（3）在启泵后需缓慢开泵出口阀，阀开度的大小应保证泵不振动，电动机电流正常；

（4）泵在运行中除监控流量、压力外，还要监控电动机不要超过额定电流，随时监视油封、轴承等是否发生异常现象。

13. 离心泵停运操作。

准备工作：

（1）正确穿戴劳动防护用品；

（2）工具及材料准备：防爆F形扳手1把、记录表1张、记录笔1支。

操作程序：

（1）缓慢关泵的出口阀；

（2）按停泵按钮；

（3）泵停后，观察并确认机泵停止转动；

（4）关闭泵入口阀，打开放空阀；

（5）若泵检修，需通知电岗对泵断电；

（6）设备运行指示牌调整为“备用”或“检修”，做好设备停运记录。

操作安全提示：

（1）检修时存在触电风险，检修前必须切断电源；

（2）停泵时注意轴的减速情况，如时间过短，要检查泵内是否有磨、卡等现象；

（3）长期停运应排净泵内液体；

（4）停泵应先关闭出口阀，以防止泵出口高压液体倒灌进泵内，引起叶轮反转，造成泵损坏。

14. 离心泵切换操作。

准备工作：

（1）正确穿戴劳动防护用品；

（2）工具及材料准备：防爆 F 形扳手 1 把、防爆活动扳手 1 把、水桶 1 个、红外线测温仪 1 台、听诊器 1 支、记录表、记录笔。

操作程序：

（1）启动备用泵前，按离心泵启动操作步骤（1）～（8）对泵进行检查；

（2）启动备用泵；

（3）检查泵体振动及噪声情况，运转正常后，逐渐开大备用泵的出口阀，应保持泵出口流量平稳，同时逐渐关小运行泵的出口阀，直至备用泵的出口阀完全打开，运行泵的出口阀全部关闭；

（4）停运行泵，通知电岗对运行泵断电；

（5）调整设备运行指示牌，并做好设备运行记录。

操作安全提示：

（1）备用泵在启运前应确认泵进口阀打开，泵出口阀关闭，防止泵驱动电动机启动电流过载；

（2）停运泵应确认出口阀完全关闭，以防止泵出口高压液体倒灌进泵内，引起叶轮反转，造成泵损坏；

（3）停泵时注意轴的减速情况，如时间过短，要检查泵内是否有磨、卡等现象；

（4）按启动按钮时存在触电风险，检查按钮是否损坏；

（5）长期停运应排净泵内液体。

15. 柱塞泵启动操作。

准备工作：

（1）正确穿戴劳动防护用品；

（2）工具及材料准备：防爆 F 形扳手 1 把、防爆活动扳手 1 把、红外线测温仪 1 台、听诊器 1 支、记录表 1 张、记录笔 1 支。

操作程序：

（1）检查设备周围有无异物及影响操作的障碍；

（2）检查管路各连接处是否存在渗漏；

（3）检查泵的各连接部位是否紧固；

（4）检查传动箱是否缺油；

（5）打开泵的进口阀、出口阀，导通系统流程；

（6）打开泵出口放空阀灌泵排气；

（7）按启泵按钮；

（8）缓慢调节流量表至规定流量；

（9）检查填料是否泄漏或过热；

（10）观察泵的运行状况并调整泵出口压力、出口流量在正常值范围内；

（11）调整设备运行指示牌为“运行”，做好设备运行记录。

操作安全提示：

（1）按启动按钮时存在触电风险，检查按钮是否损坏；

（2）启泵前确认泵进口阀、出口阀打开，流程已导通；

（3）启泵后，泵出口流程不通，存在超压风险；

（4）泵的行程调节应缓慢，不易过快过猛。

16. 柱塞泵停运操作。

准备工作：

（1）正确穿戴劳动防护用品；

（2）工具及材料准备：防爆 F 形扳手 1 把、防爆活动扳手 1 把。

操作程序：

（1）将泵的行程调整至 0 位；

（2）按停止按钮，切断电源；

（3）关闭泵进口阀、出口阀；

（4）将设备运行指示牌调整为“备用”或“检修”状态，做好设备运行记录。

操作安全提示：

（1）泵的行程调节应缓慢，不易过快过猛；

（2）长期停运应排净泵内液体；

（3）检修时存在触电风险，检修前必须切断电源。

17. 螺杆泵检修后首次启动操作。

准备工作：

（1）正确穿戴劳动防护用品；

（2）工具及材料准备：防爆 F 形扳手 1 把、防爆活动扳手 1 把、红外线测温仪 1 台、听诊器 1 支、记录表 1 张、记录笔 1 支。

操作程序：

（1）检查设备周围有无异物及影响操作的障碍；

（2）检查泵的各连接部位是否紧固；

（3）盘车 3 ～ 5 圈，应灵活无卡阻；

（4）确认泵进口阀全开，泵入口流程已导通；

（5）确认泵出口阀全开，确认下游流程应畅通；

（6）按启泵按钮启动螺杆泵；

（7）检查轴承温度，确认温度正常；

（8）检查机组声音，应无异常响声；

（9）检查润滑油压力、温度，确认在正常范围内；

（10）检查机封是否渗漏；

（11）将设备运行指示牌调整为“运行”，做好设备运行记录。

操作安全提示：

（1）按启动按钮时存在触电风险，检查按钮是否损坏；

（2）应在进口阀、出口阀全开的情况下启动，以防泵吸空；

（3）泵首次运行前，应向泵内注入输送液体，以防止启动时螺杆和泵套杆摩擦，造成机械损伤。

18. 螺杆泵停运操作。

准备工作：

（1）正确穿戴劳动防护用品；

（2）工具及材料准备：防爆 F 形扳手 1 把。

操作程序：

（1）按停泵按钮；

（2）关闭泵进口阀、出口阀；

（3）根据实际情况将设备运行指示牌调整为“备用”或“检修”，做好设备运行记录。

操作安全提示：

（1）长期停运应排净泵内液体；

（2）检修时存在触电风险，检修前必须切断电源。

19. 空气压缩机启动操作。

准备工作：

（1）正确穿戴劳动保护用品；

（2）工具及材料准备：防爆 F 形扳手 1 把、擦布若干、记录本、记录笔、便携式可燃气体检测仪 1 台、对讲机 2 部。

操作程序：

（1）检查确认压缩机、仪表和电器完好备用；

（2）联系电岗给压缩机送电，在现场合上控制箱电源；

（3）检查确认油箱液位，油箱指针应指示在“绿色”区域内；

（4）检查确认空气过滤器保养指示器指示正常，如彩色区域完全显示出来，则需要更换过滤器滤芯；

（5）导通空气系统、油系统及干燥系统工艺流程；

（6）检查确认压缩机控制屏电源指示灯为点亮状态；

（7）在控制屏上调出参数设定画面，根据装置工艺需求，设定压缩机自动加减载；

（8）按下启机按钮，压缩机自动加载运行，自动运行指示灯点亮；

（9）调整并检查压缩机各项参数在工艺要求范围内；

（10）做好设备投运记录。

20. 螺杆空压机启动操作。

准备工作：

（1）正确穿戴劳动防护用品；

（2）工具及材料准备：防爆F形扳手1把、防爆活动扳手1把、红外线测温仪1台、便携式测振仪1台、听诊器1支、记录表1张、记录笔1支。

操作程序：

（1）检查设备周围有无异物及影响操作的障碍；

（2）检查设备的各连接部位应牢靠紧固，确认各部位无泄漏；

（3）检查设备的各种仪表应齐全准确，灵活好用；

（4）检查入口空气过滤器安好，若空气过滤器保养指示器上的彩色区域完全显示出来，则需更换空气过滤器滤芯；

（5）打开空压机出口阀；

（6）检查确认空压机油位指针指示在绿色区域；

（7）通知电岗接通空压机控制板电源；

（8）在控制面板内设定自动加减载压力值；

（9）检查确认空压机控制面板无报警显示；

（10）按开机按钮，压缩机开始加载运行，且自动运行指示灯点亮；

（11）空压机运行时冷却风扇自动启动；

（12）检查空压机自动加减载是否按照电脑设定值自动加减载；

（13）检查确认空压机无故障保养报警；

（14）检查确认空压机出口压力为0.85MPa；

（15）检查确认空压机出口温度小于110℃；

（16）检查空压机显示屏上油气分离器压差是否小于

0.08MPa；

（17）检查显示屏上压缩机主机头出口温度小于110℃；

（18）空压机自动排水阀正常投用；

（19）检查确认空压机运行时油位正常；

（20）检查空压机无异常声音、管线无强烈振动、无渗漏及松动现象，按规定做好记录。

操作安全提示：

（1）当空压机在运行过程中出现不可调整的参数、异常响声或出现严重泄漏时，应采取紧急停机措施，按停止按钮，其余各步骤同正常停机；

（2）操作时避免机械伤害。

21. 螺杆空压机停运操作。

准备工作：

（1）正确穿戴劳动防护用品；

（2）工具及材料准备：防爆F形扳手1把、防爆活动扳手1把、防爆对讲机2部。

操作程序：

（1）按停机按钮，运行指示灯会熄灭，压缩机将卸载运行约30s，然后自动停机；

（2）关闭空压机出口阀门；

（3）检查空压机是否有渗漏及松动现象；

（4）做好停机记录。

操作安全提示：

（1）如果发现空压机有不正常的声音或严重渗漏，应采取紧急停机措施；

（2）按停机按钮，空压机将卸载运行约30s，然后再停机；按红色紧急停机按钮，空压机则立即停止运行；

（3）如按紧急停机按钮，空压机再次启动时必须先对电脑程序进行复位，其他步骤按正常停机处理；

（4）如果报警指示灯点亮或闪烁，按指示排除故障；

（5）操作时避免机械伤害。

22. 屏蔽泵启动操作。

准备工作：

（1）正确穿戴劳动防护用品；

（2）工具及材料准备：防爆 F 形扳手 1 把、防爆活动扳手 1 把，红外线测温仪 1 台、听诊器 1 支、记录表、记录笔若干。

操作程序：

（1）检查设备周围有无异物及影响操作的障碍；

（2）检查设备的各连接部位应牢靠紧固，确认各部位无泄漏；

（3）检查设备的各种仪表应齐全准确，灵活好用；

（4）全开泵进口阀灌泵；

（5）打开排气阀，充分排气；

（6）检查确认电动机冷却回流阀打开；

（7）联系电工检查电动机，检查正常后送电；

（8）按启动按钮，确认泵无过流现象、无杂音、无反转；

（9）待泵出口压力平稳后，缓慢打开泵出口阀门，逐步调节出口阀开度直至达到正常工作压力、正常工作流量，控制电动机电流不超过规定值；

（10）泵启动后，需注意观察 TRG 指示值应在绿色区域内；

（11）装配有轴位移监测器的屏蔽泵启动后，需注意观察泵轴向位移量应在规定范围以内；

（12）检查泵及电动机的声音、振动情况正常后，按规定做好记录。

操作安全提示：

（1）当泵在运行过程中出现不可调整的参数、异常响声或出现严重泄漏时，应采取紧急停泵措施，按停止按钮，其余各步骤同正常停泵；

（2）在运行过程中注意有无振动大的现象以及 TRG 指示值是否超出绿色区域；

（3）操作时避免机械伤害。

23. 屏蔽泵停运操作。

准备工作：

（1）正确穿戴劳动防护用品；

（2）工具及材料准备：防爆 F 形扳手 1 把、防爆活动扳手 1 把、防爆对讲机 2 部。

操作程序：

（1）关闭泵出口阀，按停泵按钮，停止电动机运行；

（2）关闭泵入口阀；

（3）关闭电动机冷却液回流阀；

（4）通知电岗对泵断电；

（5）设备运行指示牌调整为“备用”或“检修”，做好设备停运记录。

操作安全提示：

（1）停泵应先关闭出口阀，以防止泵出口高压液体倒灌进泵内，引起叶轮反转，造成泵损坏；

（2）操作时避免机械伤害；

（3）检修时存在触电风险，检修前必须切断电源。

24. 齿轮泵启动操作。

准备工作：

（1）正确穿戴劳动防护用品；

（2）工具及材料准备：防爆F形扳手1把、防爆活动扳手1把、红外线测温仪1台、听诊器1支、记录表、记录笔。

操作程序：

（1）检查设备周围有无异物及影响操作的障碍；

（2）检查泵的各连接部位是否紧固；

（3）盘车3～5圈，应灵活无卡阻；

（4）确认泵进口阀全开，泵入口流程已导通；

（5）确认泵出口阀全开，确认下游流程应畅通，确认跨线阀处于关闭状态；

（6）按启泵按钮启动齿轮泵，用跨线阀缓慢调节压力达到规定值；

（7）检查轴承温度，确认温度正常；

（8）检查泵运行声音，应无异常响声；

（9）检查润滑油压力、温度，确认在正常范围内；

（10）检查机封是否渗漏；

（11）将设备运行指示牌调整为“运行”，做好设备运行记录。

操作安全提示：

（1）按启动按钮时存在触电风险，检查按钮是否损坏；

（2）应在进、出口阀全开的情况下启动，以防泵吸空；

（3）泵首次运行前，应向泵内注入输送液体，以防止齿轮摩擦磨损，造成机械损伤。

25. 齿轮泵停运操作。

准备工作：

（1）正确穿戴劳动防护用品；

（2）工具及材料准备：防爆F形扳手1把。

操作程序：

（1）确认齿轮泵完全停运后按停泵按钮；

（2）关闭泵进口阀、出口阀；

（3）根据实际情况将设备运行指示牌调整为“备用”或“检修”，做好设备运行记录。

操作安全提示：

（1）长期停运应排净泵内液体；

（2）检修时存在触电风险，检修前必须切断电源。

26. 润滑油更换操作。

（1）正确穿戴劳动防护用品；

（2）工具及材料准备：防爆F形扳手1把、防爆活动扳手2把、防爆对讲机2部、胶皮手套2副、毛毡、抹布若干。

操作程序：

（1）根据设备性能、适应环境选用同型号、合格的润滑油；

（2）检查油位是否在要求范围内，设备密封有无泄漏；

（3）检查油过滤器压差是否正常；

（4）打开油室低点放空丝堵，将设备内旧机油回收放空，并清洗机油室；

（5）装上机油室低点放空丝堵，按要求填充新机油，达到规定油位，盖上油室盖；

（6）检查各密封点有无渗漏，检查放空丝堵处有无渗漏情况。

操作安全提示：

（1）更换润滑油要严格执行“五定”“三过滤”原则；

（2）不同型号的润滑油不能混用；

（3）更换机油时需做好防落地措施。

27. 蓄能器填充操作。

准备工作：

（1）正确穿戴劳动保护用品；

（2）工具及材料准备：防爆 F 形扳手 1 把、擦布若干、对讲机 2 部。

操作程序（氮气管网填充或氮气瓶填充）：

（1）关闭蓄能器底部润滑油入口阀，将蓄能器与润滑油系统断开；

（2）打开蓄能器排放阀；

（3）通过蓄能器顶部连接氮气管网（若为氮气瓶填充则连接减压阀和氮气瓶），缓慢打开氮气注入阀，使蓄能器填充压力为 0.7MPa；

（4）关闭排放阀；

（5）打开底部润滑油入口阀。

操作安全提示：

（1）填充前一定要关闭润滑油入口阀，将蓄能器与润滑油系统断开；

（2）使用氮气瓶填充时一定注意安装减压阀；

（3）填充压力严禁超压。

28. 压力排污罐排污操作。

准备工作：

（1）正确穿戴劳动防护用品。

（2）工具及材料准备：防爆 F 形扳手 1 把、防爆活动扳手 1 把、对讲机 2 部、便携式可燃气体检测仪 1 台。

操作程序：

（1）关闭压力排污罐入口阀；

（2）关闭压力排污罐放空阀；

(3) 检查、确认压力排污罐出口阀为关闭状态;

(4) 打开压力排污罐充压阀，将压力排污罐充压至0.4MPa;

(5) 缓慢打开压力排污罐出口阀进行排污，直至排净液体;

(6) 操作结束后，关闭压力排污罐充压阀，打开排污罐放空阀将压力泄到最低;

(7) 打开压力排污罐入口阀;

(8) 做好排污记录，如排污罐还有液位，应重复操作，直至排净液体。

操作安全提示:

(1) 存在污水渗漏风险，操作前应检查有无渗漏情况;

(2) 注意压力排污罐液位，防止液位过高;

(3) 充压时，注意压力排污罐压力，防止压力过高;

(4) 注意下游污水罐液位，防止液位过高。

29. 轻烃罐倒罐操作。

准备工作:

(1) 正确穿戴劳动防护用品;

(2) 工具及材料准备: 防爆F形扳手1把、防爆活动扳手1把、对讲机1部。

操作程序:

(1) 立即与上游联系，停止向轻烃事故罐输送轻烃;

(2) 关闭事故罐进料阀;

(3) 打开备用罐进料阀;

(4) 打开备用罐倒罐阀;

(5) 若备用罐压力低于事故罐，打开气相平衡阀;

(6) 打开事故罐出料阀;

(7) 检查、确认倒罐流程已经完成，启动轻烃外输泵，将事故罐中轻烃输至备用罐中，并输至最低点，同时关注备用罐轻烃液位及压力变化；

（8）当备用罐压力与事故罐压力相近时，关闭气相平衡阀；

（9）倒罐完成后，停运轻烃外输泵；

（10）关闭备用罐倒罐阀；

（11）关闭事故罐出料阀；

（12）打开事故罐火炬放空阀，对事故罐泄压；

（13）导通流程，通知上游，可以继续向其他储罐输送轻烃。

操作安全提示：

（1）存在物体打击风险，开关阀门时要侧身；

（2）存在轻烃渗漏风险，倒罐前应检查有无渗漏情况；

（3）注意轻烃事故罐液位，防止泵抽空；

（4）注意备用罐液位，防止液位过高；

（5）注意备用罐压力，防止压力过高。

30. 轻烃储罐充压操作。

准备工作：

（1）正确穿戴劳动防护用品；

（2）工具及材料准备：防爆 F 形扳手 1 把、防爆活动扳手 2 把、防爆对讲机 2 部。

操作程序：

（1）检查准备充压的轻烃储罐压力表、液位计、安全阀完好备用；

（2）检查确认法兰连接部位无泄漏；

（3）关闭准备充压的轻烃储罐进口阀门、出口阀门，放空阀门；

（4）将轻烃罐压力调节器设定值改为准备充压的压力值，使挥发气自动回收系统调节阀自动关闭；

（5）打开调节阀副线阀，关闭挥发气回收阀门；

（6）打开充压阀充压，注意观察轻烃罐压力变化；

（7）当准备充压的压力值达到正常后，将各处阀门恢复成正常运行时的状态。

操作安全提示：

（1）充压过程中出现严重泄漏时，应采取紧急切断充压阀，停止充压操作，并启动相应事故预案进行处理；

（2）若发生严重泄漏或火灾时，存在人员中毒、窒息、烧伤风险；

（3）操作时避免超压运行。

31. 轻烃储罐泄压操作。

准备工作：

（1）正确穿戴劳动防护用品；

（2）工具及材料准备：防爆 F 形扳手 1 把、防爆活动扳手 2 把、防爆对讲机 2 部。

操作程序：

（1）检查确认储罐现场压力、液位及远传压力液位，当液位高于 45% 时不允许放空，应先将该罐内轻烃外输，降低液位至 30% 以下；

（2）关闭泄压罐的气相平衡线阀，关闭进口阀、出口阀、游离水排放阀；

（3）缓慢打开罐顶的去装置入口放空截止阀，观察罐顶压力下降的速率，同时使用对讲机与主控室联系注意观察储罐压力变化；

（4）当储罐压力与装置入口压力持平时，关闭放空阀停止泄压操作；

（5）做好记录，并向调度汇报。

操作安全提示：

（1）泄压开始时必须通知浅冷主控室注意调整压缩机入口气量及电流变化，避免入口气量波动导致压缩机过流停机；

（2）如因处理突发问题，需要向火炬泄压，则必须确定当时无其他放空点正在向火炬放空，并向大队调度汇报；

（3）若发生严重泄漏或火灾时，存在人员中毒、窒息、烧伤风险。

32. 甲醇填充操作。

准备工作：

（1）正确穿戴劳动防护用品；

（2）工具及材料准备：防爆 F 形扳手 1 把、防爆活动扳手 2 把、防爆对讲机 2 部、胶皮手套 2 副、毛毡 1 捆、抹布 1 捆。

操作程序：

（1）对甲醇进行取样化验，确认甲醇浓度含水小于 0.2% 合格，并出具化验分析报告；

（2）将甲醇罐车带至甲醇罐区；

（3）检查确认接地装置合格后，将加注管与甲醇罐顶部的物料填充口连接；

（4）检查确认甲醇泵为停运状态；

（5）启动车载外输泵，向甲醇罐内注入甲醇，控制好流速；

（6）观察甲醇储罐玻璃板液位计，液位计满量程后停泵，停止加注；

（7）拆卸加注管，恢复原流程；

（8）充装完毕后，根据液位检尺计算甲醇充填量，汇报大队调度，甲醇罐车由站队负责人签字后方可离开；

(9) 做好甲醇填充记录。

操作安全提示：

(1) 加注管连接应紧固，做好防落地措施，确认连接部位无泄漏；

(2) 充装过程中实行全程监护，严禁无关人员随意启停泵或开关阀门；

(3) 卸车过程中出现严重泄漏时，应采取紧急停泵切断充装阀，停止甲醇充装，并启动相应事故预案进行处理；

(4) 若发生严重泄漏或火灾时，存在人员中毒、窒息、烧伤风险。

33. 丙烷系统抽真空操作。

准备工作：

(1) 正确穿戴劳动保护用品；

(2) 工具及材料准备：硬质胶管 1 根、真空泵 1 台、真空压力表 1 个、管钳 2 个、防爆活动扳手 1 把、手钳 1 个、卡箍 2 个、固定扳手 1 套、便携式可燃气体检测仪 1 台、对讲机 2 部。

(3) 丙烷系统气密性试验合格。

操作程序：

(1) 关闭系统内所有压力变送器一次阀；

(2) 取下经济器去压缩机入口管线上的压力表，安装真空压力表；

(3) 导通丙烷循环系统工艺阀门，打开所有调节阀副线阀；

(4) 将系统与外部大气连接的阀门关闭；

(5) 选择经济器或油分离器作为抽真空点与真空泵入口紧密连接;

(6) 点试调整真空泵正反转后启动真空泵;

(7) 观察负压上升趋势，采取间歇启停泵进行抽负压;当负压接近 0.1MPa 时，系统负压以 8h 不升高 0.05MPa 为合格;

(8) 关闭系统与真空泵连接的阀门后停真空泵;

(9) 收拾工具，清理现场。

操作安全提示:

(1) 抽真空点应尽量选择容器罐的高点;

(2) 抽真空前要关闭各压力变送器一次阀，避免损坏压力变送器;

(3) 观察泵的状态，开始时小流量，逐渐升高流量;当负压接近 0.1MPa 时，采取间歇启停泵进行抽负压;

(4) 真空泵出口接管外排，禁止在厂房内排放;

(5) 存在丙烷中毒风险，应在排放口设置警戒标识。

34. 天然气除尘器灰斗排液操作。

准备工作:

(1) 正确穿戴劳动保护用品;

(2) 工用具、材料准备: F 形扳手 1 把、擦布若干、卡箍 2 个。

操作程序:

(1) 打开除尘压力排污罐进口阀;

(2) 关闭除尘器旋流分离室进灰斗阀;

(3) 打开灰斗出口阀，将灰斗内积液全部排至压力排污罐，关闭灰斗出口阀;如若装置带充压工艺流程，导通充压工艺流程进行排污;

(4) 打开除尘器重力沉降室进灰斗阀，将重力沉降室内积液全部排至灰斗，关闭重力沉降室进灰斗阀；

（5）打开灰斗出口阀，将灰斗内积液全部排至压力排污罐，关闭灰斗出口阀；如若装置带充压工艺流程，导通充压工艺流程进行排污；

（6）打开旋流分离室进灰斗阀，关闭压力排污罐进口阀；

（7）打开压力排污罐充压阀，压力升至规定范围后，打开压力排污罐出口阀进行排污；

（8）压力排污罐液位降至规定范围后关闭出口阀，关闭充压阀，打开放空阀，泄压至 0MPa 后关闭放空阀。

操作安全提示：

（1）注意压力排污罐充压和排放时要缓慢进行；

（2）除尘器旋流分离室、重力沉降室、灰斗内积液排至压力排污罐后，必须打开除尘器旋流分离室进灰斗阀；

（3）排污时压力过高，存在飞溅物伤人风险；

（4）重力分离室和旋流分离室共用一个灰斗，排污时要注意分开进行，避免出现两个分离室连通的情况发生。

35. 离心压缩机干气密封泄漏气回收橇装投运操作。

准备工作：

（1）正确穿戴劳动保护用品。

（2）工具及材料准备：防爆 F 形扳手 1 把、擦布若干、便携式可燃气体检测仪 1 台、对讲机 2 部。

（3）工艺准备：

① 确认离心压缩机组投用完成，正常工作，干气密封及泄漏气各项参数正常；

② 增压机出口气压力 ≥ 2.5MPa。

操作程序：

（1）检查确认现场仪表完好备用；

（2）将增压机出口主密封气至泄漏气回收装置橇入口阀门打开；

（3）将泄漏气回收装置橇去压缩机入口分离器阀打开；

（4）将泄漏气回收装置橇去火炬放空阀后截止阀打开；

（5）将泄漏气回收装置橇仪表风阀打开；

（6）将干气密封泄漏气去回收装置橇阀打开；

（7）导通泄漏气回收装置橇的工艺流程；

（8）缓慢打开连接原泄漏气管线的阀门，同时观察一级泄漏压力，使其保持在高压缸 0.04MPa，低压缸 0.03MPa；

（9）当回收装置运行稳定后，缓慢关闭原泄漏气出口阀门，使泄漏气完全进入回收装置橇，关闭阀门时注意泄漏气压力，控制泄漏气压力高压缸 0.04MPa，低压缸 0.03MPa。

操作安全提示：

（1）投用回收装置橇前要确认现场阀位状态，避免造成憋压情况；

（2）关闭原泄漏气出口阀门时，应缓慢进行，以免造成泄漏气压力波动造成压缩机联锁停机。

36. 流量计投用操作。

准备工作：

（1）正确穿戴劳动保护用品；

（2）工具及材料准备：防爆活动扳手 1 把、防爆 F 形扳手 1 把、毛刷 1 把、肥皂水若干。

操作程序：

（1）检查确认压力表指示为零，铅封合格；

（2）检查流量计法兰螺栓是否紧固；

（3）检查流量计箭头指示方向与介质流向一致；

（4）检查确认排污阀关闭；

(5) 先开打开流量计入口阀，检查渗漏，然后打开流量计出口阀；

(6) 关闭流量计副线阀；

(7) 检查流量计法兰、阀门压盖、仪表接头渗漏情况；

(8) 观察流量计指示情况，确保流量计指示准确；

(9) 清理场地，回收工具。

操作安全提示：

(1) 存在物体打击风险，开关阀门时要侧身；

(2) 投流量计操作时要先开流量计出口阀，再缓慢开入口阀；

(3) 将流量计流程投用正常后，再关闭副线阀。

37. 压力表更换操作。

准备工作：

(1) 正确穿戴劳动保护用品；

(2) 工具及材料准备：防爆活动扳手 2 把、固定扳手 1 套、密封带、通针、铜钢刷、擦布、压力表若干、肥皂水若干、毛刷 1 把。

操作程序：

(1) 按要求检查并选择合适量程的压力表；

(2) 压力表应在校验期内、指针归零，并有量程线；

(3) 压力表表盘刻度清晰，无水雾痕迹；

(4) 正确关闭压力表控制阀门；

(5) 打好背钳卸松压力表头；

(6) 在卸压力表时注意泄压，指针归零时卸下旧表；

(7) 清理表接头内扣中的脏物，用通针通一通压力表接头内孔；

(8) 将选好的新表在螺纹头上顺时针缠绕密封带；

（9）用一只手扶正压力表，另一只手捏住螺纹头上的四棱面，按顺时针方向旋紧；

（10）打好背钳上好压力表，用扳手紧固压力表根部的四棱面，安装后的表盘应处于便于观察的位置；

（11）清理外漏密封带；

（12）缓慢微开压力表控制阀门，使用毛刷蘸取肥皂水，检查各连接处无渗漏后，全开阀门；

（13）检查确认压力表指示正确；

（14）做好更换记录。

操作安全提示：

（1）存在物体打击风险，开关阀门时要侧身；

（2）存在流体喷溅伤人风险，拆卸压力表前应将压力表内余压泄净；

（3）拆卸安装压力表时，需用两把防爆活动扳手配合安装，不能用手直接旋拧压力表盘，防止损害压力表。

（二）原稳装置操作技能

1. 不凝气天然气压缩机启机操作。

准备工作：

（1）正确穿戴劳动防护用品；

（2）工具及材料准备：防爆F形扳手1把、听诊器1只、红外测温仪1只、防爆活动扳手1把、对讲机2部、便携式可燃气体检测仪1台。

操作程序：

（1）检查机组周围有无杂物，各部位的连接螺栓应紧固无松动，机体应无渗漏；

（2）打开压缩机天然气入口阀；

(3) 检查并排放入口分离器的游离水；

(4) 检查曲轴箱内的润滑油液位应在 60% ～ 80% 处；

(5) 导通辅助冷却液系统流程，启动辅助泵，出口压力应为达到标准值；

(6) 空冷器送电，启动空冷器；

(7) 检查各压力表、温度表及自控仪表应齐全准确好用，与 ME 显示相同；

(8) 以上各项检查正常后，通知值班干部，向大队调度申请启机；

(9) 联系电岗给油泵送低压电，对油泵盘车 3 ～ 5 圈，转动时应无任何卡阻现象；

(10) 在控制室 ME 系统中启动油泵，到现场调整油泵压力在标准值，检查润滑油系统运行应正常；

(11) 对压缩机盘车 3 ～ 5 圈，转动时应无任何卡阻现象；

(12) 在现场打开机组天然气来气阀门，入口压力控制在标准值；打开火炬放空阀，关闭厂房外对天放空阀，检查各仪表根阀应在全开位置；

(13) 在现场按启机按钮启动压缩机，同时调节入口阀门使入口压力控制在标准值，主机启动后空运 3 ～ 5min，然后缓慢加压，缓开排气阀，同时关闭火炬放空阀；

(14) 调整机组各运行参数至正常值；

(15) 一切正常后，在机组现场将设备状态牌调整为运行，向调度汇报启机情况，并做好各项运行记录，每小时对机组运行情况进行检查维护。

操作安全提示：

(1) 存在压缩机液击风险，启机前应确保各分离器液位正常；

（2）存在噪声污染，在压缩机厂房操作时，注意做好防护措施；

（3）冬季启机前应注意检查润滑油温度，保证油箱电加热器工作正常。

2. 不凝气天然气压缩机停机操作。

准备工作：

（1）正确穿戴劳动防护用品；

（2）工具及材料准备：防爆 F 形扳手 1 把、便携式可燃气体检测仪 1 台、对讲机 2 部。

操作程序：

（1）向大队调度申请停机，说明需停机的原因；接到调度停机通知后通知相关操作岗位调节气源，并通知电岗，准备停机；

（2）对压缩机卸载，关小天然气入口阀，打开火炬放空阀，同时关闭天然气出口阀；

（3）在现场按主机停运按钮，停止机组运行；

（4）主机停运 5 ～ 10min 后，在操作室 ME 上，按停泵按钮，停止油泵运行；

（5）关闭机组各冷却液进出口阀，关闭天然气进口阀，关闭火炬放空阀；

（6）对机组的各个部位的紧固螺栓进行检查，确保其紧固，检查各压力表和控制仪器仪表，保证其正常完好，检查循环油泵的状况，确保其完好备用；

（7）将设备状态牌调整为“备用”，做好停运记录。

操作安全提示：

（1）停机时应缓慢打开副线阀，避免入口压力高联锁停机；

（2）在确认主机停稳后，再停辅助设备；

（3）存在烫伤风险，对高温部位保持安全距离。

紧急停机条件：

当有下列情况之一时，应紧急停机：

（1）机组声音异常；

（2）发生严重泄漏或火灾等情况；

（3）其他影响安全生产的情况。

紧急停机操作程序：

（1）根据实际情况按主机停机按钮（系统操作画面、电岗控制柜、现场操作柱），断开电源；

（2）其他按正常停机步骤进行处理。

紧急停机操作安全提示：

（1）停机后应及时切断压缩机进出口阀；

（2）注意装置其他参数的变化情况，及时做出调整；

（3）发生严重泄漏或火灾时，存在人员中毒、窒息、烧伤风险。

3. 立式圆筒加热炉启炉操作。

准备工作：

（1）正确穿戴劳动防护用品；

（2）工具及材料准备：防爆 F 形扳手 1 把、便携式可燃气体报警检测仪 1 台、抹布若干、对讲机 2 部。

操作程序：

（1）确认加热炉各部分的仪表联锁自控系统校验合格、报警系统合格、仪表投用正常，指示正确，接地符合要求；

（2）安全附件投用、防爆门、烟道挡板灵活好用；

（3）导通原油流程，保证炉管内介质正常流动；

（4）检查燃料气缓冲罐中是否带水、带烃，并排除干净；

（5）打开总燃料气进气管线上阀门，同时将燃烧器主管线上的截止阀打开，检查主燃料气供气压力，将其控制在0.15 ～ 0.25MPa 之间；

（6）执行检漏程序，放空电磁阀，火嘴电磁阀关闭，入口电磁阀打开，充压后关闭，程序判断检漏压力能否保持规定压力，如在要求范围内，即检漏合格；反之不合格；检查泄漏点，直至检漏合格，进行下一步操作；

（7）确认烟道挡板全部打开、调风挡板手动至全开状态；

（8）将室内控制柜面板上的空气开关合闸，主控器，单元控制器带电，通信正常；燃烧器主机打开，系统送电，进入开机画面，调风挡板自动状态为 0% 开度，燃气切断阀、燃气调节阀全关，放空电磁阀打开；

（9）启炉操作程序：在 ME 上点击“注意总启停窗口”按钮，风机开始进行启机吹扫，调风挡板 50% 开度；吹扫结束后，调风挡板全关，放空电磁阀关闭，点火变压器启动，快速切断阀（BV1）打开，点火枪点燃，此时火检装置进行火焰检测，当检测到火焰时，风阀打开至点火位，气阀打开至点火位，主燃料气进入主管线，燃烧器点火，点火成功时，触屏上火焰状态指示灯依次由红色变成绿色；

（10）在启炉过程中，若 1# 燃烧器启动失败，系统将执行停机吹扫；系统在顺序启动 1 ～ 8# 燃烧器的过程中，若 1# 燃烧器启动成功，无论哪台出现故障报警，操作人员消除报警铃声后，点动“继续下一个”按钮，消除故障此时程序才能继续执行，启动余下的燃烧器；点击“跳出自动启动确认”按钮，程序将不继续执行点燃余下的燃烧器；当余下的燃烧器全部点燃后，操作人员再返回出现故障燃烧器的画面，人为重新单独启动该台燃烧器。

操作安全提示：

（1）系统单独启动时，应按对角顺序启动燃烧器；

（2）启炉前应检查燃料气罐液位，防止燃料气带液；

（3）启炉后应现场确认燃烧器点燃；

（4）存在烫伤风险，对高温部位保持安全距离。

4. 立式圆筒加热炉停炉操作。

准备工作：

（1）正确穿戴劳动防护用品；

（2）工具及材料准备：防爆 F 形扳手 1 把、便携式可燃气体报警检测仪 1 台、抹布若干，对讲机 2 部。

操作程序：

（1）接到停炉指令，主操人员要在盘面上逐渐降低炉出口温度；

（2）炉出口温度降至 80℃时，点动“8 火嘴燃烧器启动画面”画面中的“总停”按钮，输入正确密码后，再点“总停”按钮，8 台燃烧器同时停止运行，熄灭炉火，此时快速切断阀、切断调节两用阀全部关闭，风机吹扫，系统停止运行；

（3）手动全开烟道挡板，炉体通风降温，关闭进燃料气火嘴干气、湿气阀门；

（4）炉膛温度降至 60℃时，手动关闭烟道挡板，炉体看窗，防止风沙和潮湿空气进入炉体造成保温损坏；

（5）加热炉长期停用时，将控制柜内的电源空气开关关闭；关闭主燃料气阀门及炉前所有手动阀门。

操作安全提示：

（1）手动停炉时应按对角顺序停燃烧器；

（2）停炉后应注意对炉膛的保温；

（3）存在烫伤风险，对高温部位保持安全距离。

紧急停炉条件：

当有下列情况之一时，应紧急停炉：

（1）发生严重泄漏或火灾等情况；

（2）加热炉本体发生不可预测后果的异常情况；

（3）其他影响安全生产的情况。

紧急停炉操作程序：

（1）根据实际情况按停炉按钮（系统操作画面、电岗控制柜、现场操作柱），断开电源；

（2）其他按正常停炉步骤进行处理。

紧急停炉操作安全提示：

（1）紧急停炉时注意装置其他参数的变化情况，及时做出调整；

（2）发生严重泄漏或火灾时，存在人员中毒、窒息、烧伤风险。

5. 加热炉氮气灭火系统氮气充装操作。

准备工作：

（1）正确穿戴劳动防护用品；

（2）工具及材料准备：防爆 F 形扳手 1 把、防爆活动扳手 1 把、对讲机 2 部、便携式可燃气体检测仪 1 台。

操作程序：

（1）检查氮气罐压力表一次阀打开；

（2）检查氮气罐进口阀、出口阀、放空阀、安全阀及根部阀无渗漏；

（3）检查确认氮气罐进口阀为关闭状态；

（4）关闭氮气罐出口阀、放空阀；

（5）拆卸充装口管帽；

（6）制氮车出口管路连接至充装接口；

（7）制氮车启动后，打开氮气罐进口阀；

（8）观察氮气罐压力表指示，充装至规定压力，停车；

（9）关闭氮气罐进口阀，恢复正常流程；

（10）拆除制氮车充装管路，恢复充装口管帽；

（11）观察压力是否下降，检查氮气罐进口阀、出口阀、放空阀、安全阀及根部阀无渗漏。

操作安全提示：

（1）充装前，应暂时停用氮气灭火系统，并关闭氮气罐出口阀；

（2）充装时，注意氮气罐压力，检查确认安全阀无起跳现象；

（3）检查确认氮气系统无渗漏现象，发生严重泄漏，存在人员窒息风险。

6. 加热炉氮气灭火系统投运操作。

准备工作：

（1）正确穿戴劳动防护用品。

（2）工具及材料准备：防爆 F 形扳手 1 把、防爆活动扳手 1 把、对讲机 2 部、便携式可燃气体检测仪 1 台。

操作程序：

（1）检查自力式调节阀前端、后端压力表为 0MPa；

（2）检查氮气罐充气阀为关闭状态，出口阀为开启状态；

（3）检查氮气罐出口快速切断阀、副线阀为关闭状态，孔板前端、后端球阀为开启状态；

（4）检查放空阀为关闭状态，去加热炉一路、去加热炉二路、去加热炉三路、去加热炉四路阀门均为开启状态；

（5）若确定加热炉内发生泄漏型火灾或无法控制的着

火情况时，在控制室操作界面上点击氮气罐出口快速切断阀开启按钮；

（6）现场检查确认是否灭火；

（7）确认灭火后在控制室操作界面上点击氮气罐出口快速切断阀关闭按钮。

操作安全提示：

发生严重泄漏或火灾时，存在人员中毒、窒息、烧伤风险。

7. PC 型稳前原油启泵操作。

准备工作：

（1）正确穿戴劳动防护用品。

（2）工具及材料准备：防爆 F 形扳手 1 把、听诊器 1 只、红外测温仪 1 只、防爆活动扳手 1 把、对讲机 2 部、便携式可燃气体检测仪 1 台。

操作程序：

（1）检查地脚螺栓，确认紧固；

（2）拆卸护罩，进行盘车，确认无卡滞后，安装护罩；

（3）检查进口压力表和出口压力表一次阀打开；

（4）检查泵油位，确认油液位 1/2 ～ 2/3 处；

（5）联系电岗检查确认泵供电情况正常；

（6）打开进口阀，关闭出口阀和排气阀，使泵内灌满液体；

（7）打开稳前油进密封系统进口阀；

（8）打开出口排气阀，放净泵内气体，关闭出口排气阀；

（9）按启动按钮启动电动机；

（10）打开出口旁通阀、出口阀，调整控制泵出口压力、电流，关闭泵的出口旁通阀；

（11）检查确认电动机和泵振动正常；

（12）确认电动机和泵声音正常；

（13）检查确认电动机和泵轴承温度正常；

（14）检查确认泵机械密封正常；

（15）检查确认润滑油位正常；

（16）检查确认泵进口压力、出口压力、电流正常；

（17）检查确认机械密封辅助系统压力正常；

（18）设备运行指示牌调整为“运行”，填写泵运行记录。

初次启泵时机械密封辅助系统投运：

（1）检查管线各连接点，确认紧固；

（2）检查系统中的阀门，打开补油进口阀、出口阀、放空阀；关闭蓄能器下部的排液阀；

（3）打开补液泵下端与管线的连接阀门，扳动补液泵手柄，向系统管线内注入新鲜工业白油，注入过程中，要不停地对原油泵手动盘车，待排气口有白油溢出时，观察溢出的白油中是否溶有气泡，含有气泡的白油不能立即使用，需要留置待用，待气泡溢出干净后，关闭放空阀，停止盘车；

（4）继续注液，待机械密封辅助系统压力表指针读数达到 0.6MPa 时停止注液，关闭补液泵与管线的连接阀门，观察压力表指针，读数稳定，注液完成。

操作安全提示：

（1）按启动按钮时存在触电风险，检查按钮是否损坏；

（2）启泵前需确认机械密封辅助系统投用，白油液位正常；

（3）启泵前需确认泵进口阀已打开，泵出口阀关闭，防止泵驱动电动机启动电流过载；

（4）启泵后需缓慢开泵出口阀，阀开度的大小应保证泵不振动，电动机电流正常；

（5）泵在运行中除监控流量、压力外，还要监控电动机不要超过电动机的额定电流，随时监视油封、轴承等是否发生异常现象；

（6）存在烫伤风险，对高温部位保持安全距离。

8. PC 型稳后原油启泵操作。

准备工作：

（1）正确穿戴劳动防护用品。

（2）工具及材料准备：防爆F形扳手1把、听诊器1只、红外测温仪1只、防爆活动扳手1把、对讲机2部、便携式可燃气体检测仪1台。

操作程序：

（1）检查地脚螺栓，确认紧固；

（2）拆卸护罩，进行盘车，确认无卡滞后，安装护罩；

（3）检查进口压力表和出口压力表一次阀打开；

（4）检查泵油位，确认油液位1/2～2/3处；

（5）联系电岗检查确认泵供电情况正常；

（6）打开进口阀，关闭出口阀和排气阀，使泵内灌满液体；

（7）打开稳后油进密封系统进口阀；

（8）打开出口排气阀，放净泵内气体，关闭出口排气阀；

（9）打开机械密封回流冲洗线上的阀门，确认管路畅通；

（10）按启动按钮启动电动机；

（11）打开出口旁通阀、出口阀，调整控制泵出口压力、电流，关闭泵的出口旁通阀；

（12）检查确认电动机和泵振动正常；

（13）确认电动机和泵声音正常；

（14）检查确认电动机和泵轴承温度正常；

（15）检查确认泵机械密封正常；

（16）检查确认润滑油位正常；

（17）检查确认泵进口压力、出口压力、电流正常；

（18）检查确认机械密封辅助系统压力正常；

（19）设备运行指示牌调整为“运行”，填写泵运行记录。

初次启泵时机械密封辅助系统投运：

同 PC 型稳前原油启泵操作。

操作安全提示：

同 PC 型稳前原油启泵操作。

9. PC 型稳前 / 稳后原油停泵操作。

准备工作：

（1）正确穿戴劳动防护用品。

（2）工具及材料准备：防爆 F 形扳手 1 把、对讲机 2 部、便携式可燃气体检测仪 1 台。

操作程序：

（1）缓慢关闭泵出口阀；

（2）按停泵按钮；

（3）泵停后，观察并确认机泵停止转动；

（4）关闭泵进口阀；

（5）若泵检修，需通知电岗对泵断电；

（6）设备运行指示牌调整为“备用”或“检修”，做好设备停运记录。

操作安全提示：

（1）检修时存在触电风险，检修前必须切断电源；

（2）停泵时注意轴的减速情况，如时间过短，要检查泵内是否有磨、卡等现象；

（3）长期停运应排净泵内液体；

（4）停泵应先关闭出口阀，以防止泵出口高压液体倒灌进泵内，引起叶轮反转，造成泵损坏；

（5）存在烫伤风险，对高温部位保持安全距离。

紧急停泵条件：

当有下列情况之一时，应紧急停泵：

（1）发生严重泄漏或火灾等情况；

（2）其他影响安全生产的情况。

紧急停泵操作程序：

（1）根据实际情况按停泵按钮（系统操作画面、电岗控制柜、现场操作柱），断开电源；

（2）其他按正常停泵步骤进行处理。

紧急停泵操作安全提示：

（1）停泵后应及时切断泵进口阀、出口阀；

（2）注意装置其他参数的变化情况，及时做出调整；

（3）发生严重泄漏或火灾时，存在人员中毒、窒息、烧伤风险；

（4）存在烫伤风险，对高温部位保持安全距离。

10. CAMV3/5+6 型屏蔽泵启泵操作。

准备工作：

（1）正确穿戴劳动防护用品；

（2）工具及材料准备：防爆F形扳手1把、听诊器1只、红外测温仪1只、防爆活动扳手1把、对讲机2部、便携式可燃气体检测仪 1 台。

操作程序：

（1）检查地脚螺栓，确认紧固；

（2）检查进口压力表和出口压力表一次阀打开；

（3）联系电岗检查确认泵供电情况正常；

（4）检查确认泵出口阀为关闭状态；

（5）全开进口阀，使泵内灌满液体；

（6）打开进口管线上的放空阀，充分排气后，关闭放空阀；

（7）打开泵体上方放空阀对泵体放空排气，直到控制室内 N30、T30 指示灯变绿，具备启泵条件，关闭放空阀；

（8）打开回流阀（开度为 1/2）；

（9）按启动按钮启动电机；

（10）待泵出口压力平稳后，缓慢打开泵出口阀，逐步调节控制出口阀开度直至工作压力、流量、电流正常；

（11）检查确认电动机和泵振动正常；

（12）确认电动机和泵声音正常；

（13）检查确认电动机和泵轴承温度正常；

（14）检查确认泵进口压力、出口压力、电流正常；

（15）设备运行指示牌调整为“运行”，填写泵运行记录。

操作安全提示：

（1）启泵前需确认泵进口阀已打开，泵出口阀关闭，防止泵驱动电动机启动电流过载；

（2）启泵后需缓慢开泵出口阀，阀开度的大小应保证泵不振动，电动机电流正常；

（3）泵在运行中监控流量、压力，监控电动机不超额定电流，检查 TRG 表指针是否超出绿色区域。

11. CAMV3/5+6 型屏蔽泵停泵操作。

准备工作：

（1）正确穿戴劳动防护用品；

（2）工具及材料准备：防爆 F 形扳手 1 把、对讲机 2 部、便携式可燃气体检测仪 1 台。

操作程序：

（1）缓慢关闭泵出口阀；

（2）按停泵按钮；

（3）泵停后，观察并确认机泵停止转动；

（4）关闭泵进口阀、回流阀；

（5）若泵检修，需通知电岗对泵断电；

（6）设备运行指示牌调整为“备用”或“检修”，做好设备停运记录。

操作安全提示：

（1）检修时存在触电风险，检修前必须切断电源；

（2）停泵时注意轴的减速情况，如时间过短，要检查泵内是否有磨、卡等现象；

（3）长期停运应排净泵内液体；

（4）停泵应先关闭出口阀，以防止泵出口高压液体倒灌进泵内，引起叶轮反转，造成泵损坏。

紧急停泵条件：

当有下列情况之一时，应紧急停泵：

（1）发生严重泄漏或火灾等情况；

（2）其他影响安全生产的情况。

紧急停泵操作程序：

（1）根据实际情况按停泵按钮（系统操作画面、电岗控制柜、现场操作柱），断开电源；

（2）其他按正常停泵步骤进行处理。

紧急停泵操作安全提示：

（1）停泵后应及时切断泵进、出口阀；

（2）注意装置其他参数的变化情况，及时做出调整；

（3）发生严重泄漏或火灾时，存在人员中毒、窒息、烧伤风险。

（三）浅冷装置操作技能

1. D10R9B 型离心压缩机启机操作。

准备工作：

（1）正确穿戴劳动防护用品；

（2）工具及材料准备：防爆 F 形扳手 1 把，防爆活动扳手 1 把，红外测温仪 1 台，听诊器 1 支，防爆手电筒 1 个，擦布若干，记录纸，记录笔，便携式可燃气体检测仪 1 台，对讲机 2 部。

操作程序：

（1）检查油箱液位应高于 515mm，若液位较低，用滤油机加油至要求液位。

（2）对主油箱润滑油进行取样化验，各项指标应合格。

（3）检查润滑油温度应不低于 30℃。

（4）检查控制仪表联锁保护系统，联动检查应合格。

（5）检查仪表风压力不低于 0.6MPa。

（6）隔离气系统流程导通，投运隔离气：电磁阀带电后（电磁阀阀体发热），电磁阀手柄向右挂挡（电磁阀正常带电后手柄不复位），此时证明 SDV-1651 动力风畅通，SDV-1651 已经全开，PDCV-1652 阀头上的手轮用于调节 PDCV-1652 的差压值，顺时针旋转差压增大，逆时针旋转差压减少，隔离气压力控制阀 PCV-1652 设定值为 0.021MPa。

（7）打开主油泵出口阀，控制计算机控制画面选择润滑油泵一台运行，另一台处在备用自动状态，在控制室、就地均能启动。启动油泵，选择并投用一组润滑油过滤器，利用润滑油回油调节阀 PCV-5115 和油汇管调节阀 PCV-5105 的跨线阀调节润滑油供油压力。

（8）检查润滑油泵压力，正常为 0.2 ～ 0.6MPa。

（9）检查润滑油汇管压力，正常为 0.138MPa。

（10）检查润滑油过滤器压差，正常值小于 0.10MPa。

（11）检查高位油罐已注满，并通过回油看窗确认已有回油。

（12）导通密封气系统流程，投运密封气。

① 打开 PCV-5008/1 外输调节阀后的备用气阀门，投用一组密封气粗过滤器，打开前后截止阀；

② 打开一组密封气精细过滤器前、后截止阀；

③ 打开 PCV-1611 调节阀自动调节密封气压力，保持密封气压力始终高于机腔内压力 0.069MPa。

（13）启动润滑油泵，调整出口压力在正常范围。

（14）正压通风系统增压完成。

（15）做好各处冷凝液排放工作，特别是压缩机机体排污，打开压缩机底部四个排污阀排污，排净为止。所有排凝后要确认将阀门关闭。

（16）当出现“允许启动”后，按控制盘上的“启动”按钮或在计算机控制画面上点击“开机”，机组即开始启动程序，程序自动检测。

（17）隔离气压力已建立。

（18）所有流程电磁阀 SV-900、SV-903、SV-5008、

SV-5008/1 等带电。

（19）确认密封气压力已建立。当最小密封气差压PDIT-1611 建立后，该阀开始投用。

（20）置换及充压：阀先后次序包括压缩机及工艺管线的置换，也包括压缩机壳体充压。置换完成后，开始充压。放空阀处于全关位置，机组开始升压。当压缩机入口压力最小值（PT-900）达到后，充压完成，入口阀全开。

（21）当“可以启动电机”条件达到后，自动启动主电动机，当主电动机运行时，控制盘上的运行灯亮。防喘控制器投用，同时出口阀全开，机组加载。

（22）检查控制室 ME 计算机内各参数，应在工艺卡范围内，各调节系统应调控正常。

（23）检查可燃气体浓度检测表显示应正常。

（24）检查润滑油温度、压力、油箱液位、油过滤器压差应在规定的范围内。

（25）检查压缩机进口、出口的温度和压力应在操作规程要求的范围内。

（26）检查隔离气的压力应在操作规程要求的范围内。

（27）检查油过滤器前后压差应在操作规程要求的范围内。

（28）检查密封气的压力、温度和流量应在操作规程要求的范围内。

（29）检查一级、二级密封放空及低点排凝应正常。

（30）检查密封气、隔离气各过滤器的压差及排凝应正常。

（31）检查压缩机的运行声音及机组振动情况应无异常。

（32）检查压缩机、附属设备及管线等各密封点应无渗漏。

操作安全提示：

（1）低点排液时应缓慢打开排液阀，液体排净后，将排液阀关闭，并确认排液阀无渗漏；

（2）置换时，当测定装置含氧量低于 1% 时为置换合格；

（3）若出现某项保护动作自动停机，一定要查明故障原因并排除后方可启机；

（4）存在噪声污染，在压缩机厂房操作时，注意做好防护措施。

2. D10R9B 型离心压缩机停机操作。

准备工作：

（1）正确穿戴劳动防护用品；

（2）工具及材料准备：防爆 F 形扳手 1 把，防爆活动扳手 1 把，擦布若干，记录纸，记录笔，便携式可燃气体检测仪 1 台，对讲机 2 部。

操作程序：

（1）按控制柜上“停机”按钮或在控制计算机控制画面上点击“停机”，压缩机在 1min 后停；

（2）关闭界区来气阀门；

（3）关闭密封气阀门；

（4）停润滑油泵；

（5）停润滑油泵 30min 后关闭隔离气阀门；

（6）打开各级排污阀，排净液体后关闭排污阀。

操作安全提示：

（1）低点排液时应缓慢打开排液阀，液体排净后，将排液阀关闭，并确认排液阀无渗漏；

（2）存在烫伤风险，对高温部位保持安全距离。

紧急停机条件：

当有下列情况之一时，应紧急停机：

（1）机组声音异常；

（2）发生严重泄漏或火灾等情况；

（3）其他影响安全生产的情况。

紧急停机操作程序：

（1）根据实际情况按主机停机按钮（系统操作画面、电岗控制柜、现场操作柱），断开电源；

（2）其他按正常停机步骤进行处理。

紧急停机操作安全提示：

发生严重泄漏或火灾时，存在人员中毒、窒息、烧伤风险。

3. BCL 型离心压缩机启机操作。

准备工作：

（1）正确穿戴劳动防护用品；

（2）工具及材料准备：防爆 F 形扳手 1 把，防爆活动扳手 1 把，红外测温仪 1 台，听诊器 1 支，防爆手电筒 1 个，擦布若干，记录纸，记录笔，便携式可燃气体检测仪 1 台，对讲机 2 部。

操作程序：

（1）检查仪表风压力应正常：控制室内指示压力正常，且无泄漏等异常现象。

（2）投运填充气，启机前打开外网填充气控制阀。

（3）导通润滑油系统流程。

（4）检查油箱温度正常。

（5）检查气动变送器值应正常。

（6）检查主油箱液位正常。

（7）导通乙二醇系统流程。

（8）检查乙二醇高架罐液位正常。

（9）检查酸性油收集器液位正常。

（10）检查脱气系统各密封点有无渗漏。

（11）试运 E-501、E-510 空冷器正常。

（12）检查装置及管线无泄漏，导通工艺流程。

（13）装置置换（首次启机，即设备检修后启机）：打开界区天然气进、出口阀，打开压缩机级间排污，并对工艺系统各排放阀进行排放，当测定装置含氧量低于 1% 时为置换合格。

（14）利用 HS-5017 选择控制室启动或就地启动。

（15）按下 HS-5105 进行总停车复位。

（16）利用 HS-5109 和 HS-5115 分别选择主、辅润滑油泵和乙二醇泵。

（17）利用 HS-XX503 启动主油箱加热器 XX-503，利用 HS-XX510 启动脱气箱加热器 XX-510，此时，程序指示灯 RIL11 亮。

（18）启动辅助设备可选择“手动”“自动”两种方式。

手动启动：在启机画面上，分别按下 HS-504A、MX-501、HS-506A、ME-510A/B，则 P-504A、MX-501、P-506A、E-510A/B 分别启动，相应指示灯亮。

半自动启动：按下自动启动按钮 HS-5118 后，P-504A、P-506A、E-510A/B 分别启动，相应指示灯亮。

（19）投运脱气箱搅拌器 MX-501，运行应正常。

（20）检查脱气箱温度正常。

（21）检查脱气箱压力正常。

（22）检查润滑油泵压力正常。

（23）检查润滑油汇管压力正常。

（24）检查润滑油过滤器压差正常。

（25）检查润滑油系统各密封点应无渗漏，回油看窗回油正常。

（26）检查乙二醇泵出口压力正常。

（27）检查乙二醇系统各密封点无渗漏。

（28）按复位按钮 HS-5102，利用 HIC-5008 打开入口阀 PICV-5008，按下 HS-5119，RIL33 灯亮，5min 后吹扫完毕，RIL39 灯亮，压缩机允许启动。

（29）在吹扫过程中同时对压缩机级间及工艺系统低点进行排放。

（30）启动 E-501，至少运行一台。

（31）按下 C-501 压缩机启动按钮 HS-501，指示灯 RIL42、RIL40 灯亮。

（32）在压缩机启动电流高峰过后，利用 HS-5008 缓慢打开入口阀，这时回流阀和出口阀应处于自动状态，随着负荷的增加，回流阀关闭，出口压力逐渐上升，当压缩机出口压力达到给定值时，出口阀 FICV-5008/1 自动打开，干气外输，压缩机加载完毕。

操作安全提示：

（1）低点排液时应缓慢打开排液阀，液体排净后，将排液阀关闭，并确认排液阀无渗漏；

（2）置换时，当测定装置含氧量低于 1% 时为置换合格；

（3）若出现某项保护动作自动停机，一定要查明故障原因并排除后方可启机；

（4）存在噪声污染，在压缩机厂房操作时，注意做好防护措施。

4. BCL 型离心压缩机停机操作。

准备工作：

（1）正确穿戴劳动防护用品；

（2）工具及材料准备：防爆 F 形扳手 1 把，防爆活动扳手 1 把，擦布若干，记录纸，记录笔，便携式可燃气体检测仪 1 台，对讲机 2 部。

操作程序：

（1）按停车按钮 HS-5101，压缩机部分停车；

（2）关闭界区进、出口阀，打开湿气连通阀；

（3）C-501 停运 30min 后，停辅助设备；

（4）打开 C-501 级间排污阀及各低点排放阀，排放后关闭；

（5）按 HS-5104 可使压缩机全部停车。

操作安全提示：

（1）低点排液时应缓慢打开排液阀，液体排净后，将排液阀关闭，并确认排液阀无渗漏；

（2）存在烫伤风险，对高温部位保持安全距离。

5. D 型往复式压缩机启机操作。

准备工作：

（1）正确穿戴劳动防护用品；

（2）工具及材料准备：防爆 F 形扳手 1 把，防爆活动扳手 1 把，红外测温仪 1 台，听诊器 1 支，防爆手电筒 1 个，擦布若干，记录纸，记录笔，便携式可燃气体检测仪 1 台，对讲机 2 部。

操作程序：

（1）检查并清除机组周围影响运行的杂物，检查机组各部位的连接螺栓应紧固无松动，机体应无渗漏；

（2）确认曲轴箱、注油器内的润滑油液位应在液位计的 1/2 ～ 2/3 范围内，曲轴箱油温度应在正常范围内；

（3）导通冷却水、冷却液流程，控制来水压力在正常范围内；

（4）检查各压力表、温度表及自控仪表，应齐全、准确、好用，显示参数与控制室计算机 ME 操作画面上的参数相一致；

（5）打开压缩机安全阀根阀、压缩机入口阀，控制入口压力在要求范围内，对压缩机系统进行气密试验检测，并排放气液分离器内的积液；

（6）对压缩机盘车 3 ～ 5 圈，转动时应无卡阻现象；

（7）在主控室计算机 ME 操作画面中按“复位”按钮，打开回流阀，将控制方式转至“现场控制”，气液分离器排污阀打到“自动”状态，联系电岗给辅助油泵送电；

（8）在现场操作柱上将“油泵手动 / 自动控制”旋至手动挡，按“指示灯测试”键测试指示灯，指示灯全亮后，按“指示灯复位”键，再按“辅助油泵启动”键启动辅助油泵，“辅助油泵运行”指示灯亮；辅助油泵启动后，油泵压力控制在操作规程要求范围内；

（9）打开火炬放空阀，调整压缩机入口压力在操作规程要求范围内；

（10）打开中体排污至集液罐进口阀、对天放空阀；

（11）在控制室计算机的 ME 系统中做模拟启机（装置停机检修后首次启机时做此项工作）；

（12）通知值班干部到现场，并向生产调度室申请启机，通知电岗启动高压电；

（13）在现场操作柱上按“请求启动”键，“准备启动”

指示灯亮，待“允许启动”指示灯亮后，按“主机启动”按钮启动压缩机，“主机运行”指示灯亮；主机启动后空运 3 ～ 5min，确认注油器注油滴数在 20 ～ 30 滴 /min 范围内；待回流阀关闭后，调整压缩机入口阀、出口阀，同时关闭火炬放空阀；运行 5min 应无异常情况，在操作柱上将油泵旋至“自动”挡；

（14）检查并调整机组各运行参数，满足操作规程的要求值；

（15）机组运行平稳后，将设备标识为“运行”状态，向生产部门汇报启机情况，做好各项运行记录，每小时对机组运行情况进行一次巡回检查。

操作安全提示：

（1）存在压缩机液击风险，启机前应确保各分离器液位正常；

（2）低点排液时应缓慢打开排液阀，液体排净后，将排液阀关闭，并确认排液阀无渗漏；

（3）对压缩机盘车时应用力均匀，不应过快过猛；

（4）导通冷却水系统流程后，应观察各支路水流指示器是否正常；

（5）存在噪声污染，在压缩机厂房操作时，注意做好防护措施。

6. D 型往复式压缩机停机操作。

准备工作：

（1）正确穿戴劳动防护用品；

（2）工具及材料准备：防爆 F 形扳手 1 把，防爆活动扳手 1 把，擦布若干，记录纸，记录笔，便携式可燃气体检测仪 1 台，对讲机 2 部。

操作程序：

（1）按程序申请停机，接到通知后调节气源，并通知电岗，准备停机；

（2）在主控室计算机 ME 操作画面上将一级、二级气液分离器排污阀打到“手动、打开”状态，对分离器排液，完毕后打到“手动、关闭”状态；

（3）关闭中体排污集液罐的对天放空阀、出口阀；

（4）关小天然气进口阀，打开火炬放空阀；

（5）按主机“停机”按钮，辅助油泵自动启动，保持运行 120s 后，自动停止运行；

（6）关闭天然气进出口阀，关闭火炬放空阀，30min 后关闭冷却水进出口阀；

（7）将设备标识调整为“备用”或“检修”状态，向生产部门汇报停机情况，做好机组停机记录。

操作安全提示：

（1）若冬季长时间停机，对气液分离器进行手动排液，防止发生冻堵；

（2）存在烫伤风险，对高温部位保持安全距离。

7. JGD 型往复式压缩机启机操作。

准备工作：

（1）正确穿戴劳动防护用品；

（2）工具及材料准备：防爆 F 形扳手 1 把，防爆活动扳手 1 把，红外测温仪 1 台，听诊器 1 支，防爆手电筒 1 个，擦布若干，记录纸，记录笔，便携式可燃气体检测仪 1 台，对讲机 2 部。

操作程序：

（1）检查压缩机组及附属设备、工艺流程、控制盘及各自控仪表和电气系统是否正常备用；

（2）确认检查高位油箱、曲轴箱、注油泵的油位，确认油位在 1/2 ～ 2/3 之间，曲轴箱油温度应在正常范围内；

（3）导通油系统流程；

（4）检查注油管路是否通畅，润滑油充满管路后，再分别按动注油器各柱塞数次，使气缸及活塞杆得到预润滑；

（5）手动盘车 3 ～ 5 转，应转动灵活，无卡阻现象，盘车后安装护罩；

（6）检查工艺系统，调整进、排气管路上的阀门，使之处于正确的开关及通断位置。检查自控仪表系统的各个自动控制及停机保护参数是否正确；

（7）当环境湿度较大或长时间未运行时，启动电机加热器，加热 120min 后停运电机加热器；

（8）在 PLC 控制盘将两台空冷风机运行状态调到“自动”状态；

（9）与相关岗位取得联系，准备启机；

（10）汇报调度，调度同意启机后旋转动力配电箱上的“申请合闸”旋钮，电岗送电后，允许启机指示灯点亮；

（11）将 PLC 控制盘电源旋转到“打开”，给 PLC 控制系统提供电源；

（12）点击控制面板上启机按钮，触摸屏弹出对话框，若点击“开始置换”按钮，则进行置换阶段，若点击“置换完成”按钮，则直接进入启机预润滑阶段，若点击“×”则退出启机程序；

（13）置换前进气阀关闭、排气阀关闭、回流阀打开、放空阀关闭；在置换阶段，进气阀打开、放空阀打开，氮气通过进气阀将压缩机组内的杂质气体置换出去，吹扫管道

120s后回流阀关闭，继续吹扫气缸120s后，回流阀打开、放空阀关闭、进气阀关闭，置换完成；置换完毕后点击“置换完毕”按钮，进入预润滑阶段；置换完毕后导通界区流程；

（14）润滑阶段，预润滑油泵运行，当油压达到0.35MPa后预润滑油泵继续延时运行60s，随后弹出对话框询问“主电机是否启动？”，点击“确认启动”，则高压配电室接收到启机信号，高压配电室为主电机提供6000V高压电，机组空载运行，控制面板上空载运行指示灯点亮；

（15）运行一段时间后，润滑油温度达到45℃后，允许加载指示灯亮，此时可以加载；若控制面板上允许加载指示灯未点亮，则此时不允许加载，点击主画面“加载”按钮，则弹出不允许加载对话框；

（16）点击触摸屏上“加载”按钮，排气阀打开、进气阀打开、回流阀关闭；当检测到三级排气压力达到设定值后，则控制面板上“带载运行指示灯”亮，此时为带载运行。

操作安全提示：

（1）存在压缩机液击风险，启机前应确保各分离器液位正常；

（2）低点排液时应缓慢打开排液阀，液体排净后，将排液阀关闭，并确认排液阀无渗漏；

（3）对压缩机盘车时应用力均匀，不应过快过猛；

（4）导通冷却水系统流程后，应观察各支路水流指示器是否正常；

（5）存在噪声污染，在压缩机厂房操作时，注意做好防护措施。

8. JGD型往复式压缩机停机操作。

准备工作：

（1）正确穿戴劳动防护用品；

（2）工具及材料准备：防爆F形扳手1把，防爆活动扳手1把，擦布若干，记录纸，记录笔，便携式可燃气体检测仪1台，对讲机2部。

操作程序：

（1）按程序申请停机，接到通知后调节气源，并通知电岗，准备停机；

（2）点击触摸屏上“卸载”按钮，首先放空阀打开，当检测到三级排气压力降到设定值后，回流阀打开，进排气阀关闭，放空阀关闭，此时卸载完成，进入空载运行阶段；

（3）点击控制面板上停机按钮，如果机组未先卸载，机组将执行卸载程序，当空载运行后，机组停机前冷却5min，而后高压启动柜得到断电信号，主电机停止运行，进入停机后润滑阶段；停机后润滑60s，时间到达后，则停机完成。

操作安全提示：

（1）若冬季长时间停机，对气液分离器进行手动排液，防止发生冻堵；

（2）存在烫伤风险，对高温部位保持安全距离。

9. OPC型螺杆式丙烷压缩机启机操作。

准备工作：

（1）正确穿戴劳动防护用品；

（2）工具及材料准备：防爆F形扳手1把，防爆活动扳手1把，红外测温仪1台，听诊器1支，防爆手电筒1个，擦布若干，记录纸，记录笔，便携式可燃气体检测仪1台，对讲机2部。

操作程序：

（1）C-501主压缩机启机平稳运行后，导通天然气进入制冷单元蒸发器流程，投运乙二醇系统后，进行丙烷制冷单元投运；

（2）确认已充注足量的冷冻机油；

（3）确认已充注足量的制冷剂；

（4）确认机组试运已正常，对压缩机盘车 3 ～ 5 转；

（5）确认机组各参数均已设定正常；

（6）确认电动机保护定值参数准确；

（7）确认关闭所有放空阀；确认 10 个安全阀底阀完全打开；确认所有测量仪表的一次阀完全打开；

（8）与电岗联系给压缩机主电动机送电；

（9）打开风冷式冷凝器；

（10）打开丙烷蒸发器天然气进口阀、出口阀，关闭旁通阀，向蒸发器供入天然气；

（11）开启压缩机上的排气截止阀；

（12）检查现场 PLC 控制柜正压通风系统处于正常状态，允许进行启机；现场 PLC 无故障报警，启机条件均已满足；

（13）导通润滑油流程，启动润滑油泵；

（14）现场 PLC 选择本地自动模式，继续选择本地开机，开机程序执行（如不具备开机条件，开机程序不执行），油泵首先启动，压缩机自动卸载到零载位；

（15）压缩机电机启动，进入正常运行；

（16）压缩机正常运行后，自动进行加减载操作；

（17）检查机组各系统运行参数及振动情况，各动、静密封点应无泄漏。

操作安全提示：

（1）在操作过程中应正确穿戴劳动防护用品；

（2）若出现某项保护动作自动停机，一定要查明故障原因并排除后方可启机。

10. OPC 型螺杆式丙烷压缩机停机操作。

准备工作：

(1) 正确穿戴劳动防护用品；

(2) 工具及材料准备：防爆 F 形扳手 1 把，防爆活动扳手 1 把，擦布若干，记录纸，记录笔，便携式可燃气体检测仪 1 台，对讲机 2 部。

操作程序：

(1) 橇装内 PLC 点击“本地停机”，开始停机程序；

(2) 经济器供液电磁阀自动关闭，压缩机自动卸载至零载位；

(3) 压缩机按程序延时停机；

(4) 油泵延时停止；

(5) 关闭吸气截止阀、排气截止阀；

(6) 延时 10min，关闭冷凝器风机；

(7) 现场控制柜切断电源；

(8) 通知电岗断电。

操作安全提示：

在操作过程中应正确穿戴劳动防护用品。

11. 浅冷装置乙二醇脱水单元停运操作。

准备工作：

(1) 正确穿戴劳动防护用品；

(2) 工具及材料准备：防爆 F 形扳手 1 把，防爆活动扳手 1 把，乙二醇浓度检测仪 1 个，擦布若干，便携式可燃气体检测仪 1 台，对讲机 2 部。

操作程序：

(1) 按停泵按钮，停乙二醇泵；

(2) 关闭泵入口阀、出口阀；

(3) 关闭二级三相分离器乙二醇出口阀；

（4）关闭乙二醇闪蒸罐乙二醇出口阀；

（5）关闭水分馏塔底乙二醇出口阀；

（6）停电加热器。

操作安全提示：

存在因乙二醇中毒风险，若操作过程中出现乙二醇渗漏现象，处理过程应穿戴护目镜，防止乙二醇溅入眼中。

12. 浅冷装置乙二醇脱水单元检修后投运操作。

准备工作：

（1）正确穿戴劳动防护用品；

（2）工具及材料准备：防爆 F 形扳手 1 把，乙二醇浓度检测仪 1 个，便携式可燃气体检测仪 1 台，对讲机 2 部。

操作程序：

（1）检查确认机泵完好备用，仪表已校验合格安装；

（2）确认乙二醇储罐或贫乙二醇换热器液位为 1/2 ～ 2/3 之间，贫乙二醇浓度为 80%；

（3）确认再沸器液位正常；

（4）打开天然气贫富换热器 / 蒸发器入口乙二醇喷注阀门；

（5）启动乙二醇泵，调节泵进出口压力达到要求范围；

（6）待二级三相分离器乙二醇液位达到设定值后，打开乙二醇出口阀，投用乙二醇液位自动调节；

（7）待乙二醇闪蒸罐液位达到设定值后，打开乙二醇出口阀，投用乙二醇液位、压力自动调节系统；

（8）投用水分馏塔塔底电加热器，控制加热温度在操作规程要求范围；

（9）投用塔顶温度自动调节阀，控制塔顶温度为 102℃；

（10）按时检测乙二醇浓度，保证乙二醇浓度为 80%；

（11）按时监测乙二醇 pH 值，保证 pH 值在 7.3 ～ 8.0 之间。

操作安全提示：

（1）投用塔底电加热时，确认电加热器有液位，防止加热器干烧损坏；

（2）启动乙二醇泵前，确认泵出口阀、喷注点应打开，防止泵出现憋压现象；

（3）乙二醇泵启动调整时，应控制泵出口压力高于天然气系统压力；

（4）存在因乙二醇中毒风险，若操作过程中出现乙二醇渗漏现象，处理过程应穿戴护目镜，防止乙二醇溅入眼中。

13. 浅冷装置乙二醇退料操作。

准备工作：

（1）正确穿戴劳动防护用品；

（2）工具及材料准备：防爆F形扳手1把，便携式可燃气体检测仪1台，对讲机2部。

操作程序：

（1）待制冷系统停运，制冷温度回升至5℃以上，停乙二醇泵，停止喷注乙二醇；

（2）将二级三相分离器中的乙二醇缓慢地排到乙二醇闪蒸罐闪蒸，关闭二级三相分离器乙二醇出口阀；

（3）适当提高闪蒸罐的压力，把乙二醇全部排入水分馏塔内，并控制好水分馏塔的液位和温度，保证乙二醇的浓度；

（4）当乙二醇闪蒸罐内的乙二醇全部排入水分馏塔后，控制好水分馏塔各参数，再生一段时间后，停电加热器；

（5）打开塔底至储罐阀门，通过乙二醇的自重，把乙二醇排至储罐中。

操作安全提示：

（1）液位设置应缓慢，防止塔带压，使乙二醇流失；

（2）存在乙二醇中毒风险，若操作过程中出现乙二醇渗漏现象，处理过程应穿戴护目镜，防止乙二醇溅入眼中。

14. 制冷系统丙烷制冷剂在线添加操作。

准备工作：

（1）正确穿戴劳动防护用品；

（2）工具及材料准备：防爆F形扳手1把，DN15mm耐低温高压胶管，便携式可燃气体检测仪1台，对讲机2部。

操作程序：

（1）用胶管和接头将丙烷钢瓶与蒸发器底部放空阀连接；

（2）确认蒸发器底部放空阀关闭，松开蒸发器底部放空阀与连接管的接头，打开丙烷钢瓶阀门，置换连接管，把连接管中的空气排净，以免空气进入丙烷系统中；

（3）紧固蒸发器底部放空阀与连接管的接头，打开蒸发器底部放空阀，慢慢打开丙烷钢瓶阀门；

（4）当丙烷钢瓶压力指示与蒸发器压力相同时，关闭蒸发器底部放空阀和丙烷钢瓶阀门，更换丙烷钢瓶。

操作安全提示：

（1）丙烷加装前应化验合格，纯度达到99%；

（2）确认丙烷减压阀、压力表好用；

（3）加装丙烷时，操作人员不得离开作业现场；

（4）不能用蒸汽加热钢瓶；

（5）存在丙烷泄漏冻伤人员风险。

15. 乙二醇脱水单元乙二醇添加操作。

准备工作：

（1）正确穿戴劳动防护用品；

（2）工具及材料准备：乙二醇加注泵，防爆 F 形扳手 1 把，一字形螺丝刀 1 把，DN25mm 胶管，胶管卡子、擦布若干，便携式可燃气体检测仪 1 台，对讲机 2 部。

操作程序：

（1）根据生产需要配置相应浓度的乙二醇水溶液，加注前确认化验合格；

（2）将胶管插入乙二醇桶内，确认胶管接触桶底，胶管另一侧连接加注泵；

（3）用胶管将加注泵和乙二醇加热器顶部加注阀门相连接；

（4）打开乙二醇加热器顶部的加注阀门；

（5）启动加注泵，在加注过程中要检测乙二醇水溶液的浓度；

（6）待各容器乙二醇液位达到规定值时，停加注泵。

操作安全提示：

（1）乙二醇加注前应化验合格；

（2）存在因乙二醇中毒风险，若操作过程中出现乙二醇渗漏现象，处理过程应穿戴护目镜，防止乙二醇溅入眼中；

（3）加装乙二醇时，操作人员不得离开作业现场。

（四）深冷装置操作技能

1. 制氮机启机操作。

准备工作：

（1）正确穿戴劳动保护用品。

（2）工具及材料准备：防爆 F 形扳手 1 把，擦布若干，记录本，记录笔。

（3）工艺准备：

① 检查确认机组上、下游工艺流程已导通，所有阀门位置正确；

② 检查确认各配套设备处于正常状态。

操作程序：

（1）检查确认空压机运行正常；

（2）确认微热再生吸附式干燥机工作正常；

（3）确认空压机出口压力正常；

（4）开启仪表风支路氮气装置供气球阀；

（5）调节进氮气装置调压阀，使仪表风压力在 0.5MPa；

（6）设定氮气分析仪氮气含量的下限值为 99.9%；

（7）开启氮气储罐进气阀；

（8）开启制氮机电控柜运行开关，控制系统启动；

（9）电磁阀、气动阀按预计程序动作，制氮机进入自控运行状态；

（10）缓慢打开吸附塔进气阀，待吸附压力与空气储罐压力接近时再开 2 ～ 3 圈；

（11）等待吸附塔工作 2 ～ 3 周期后，缓慢开启缓冲罐进气阀，先开 1/8 圈（听到管路有气流通过即可），等吸附压力与缓冲罐压力接近时再开至半圈到一圈；

（12）打开取样阀，使气体流量为 3 ～ 5L/h，压力 ≤ 0.1MPa，分析仪进入自动工作状态；

（13）检查确认氮气产品合格；

（14）缓慢开启出气阀，使流量表读数达到额定流量；

（15）做好设备运行记录。

操作安全提示：

（1）制氮机吸附塔的进口阀、出口阀开启必须缓慢；

（2）定期开启排污球阀（每 10 天 1 次）；

（3）当氮气大量泄漏时，存在人员窒息风险，应注意通风。

2. 制氮机停机操作。

准备工作：

（1）正确穿戴劳动保护用品；

（2）工具及材料准备：防爆 F 形扳手 1 把，擦布若干，记录本，记录笔。

操作程序：

（1）关闭制氮机出气阀；

（2）关闭缓冲罐进气阀；

（3）关闭吸附塔进气阀；

（4）关闭设备运行开关；

（5）手动开启吸附塔降压电磁阀，使压力降为常压；

（6）关闭氮气取样阀；

（7）关闭空气罐进气阀；

（8）关闭制氮机总电源；

（9）做好设备停运记录。

操作安全提示：

当氮气大量泄漏时，存在人员窒息风险，应注意通风。

3. 导热油首次加注操作。

准备工作：

（1）正确穿戴劳动保护用品；

（2）工具及材料准备：橡胶管 1 根，卡箍 2 个，一字形螺丝刀 1 个，防爆 F 形扳手 1 把，防爆活动扳手 1 把，防爆梅花扳手 1 套，固定扳手 1 套，便携式可燃气体检测仪 1 台，对讲机 2 部。

操作程序：

（1）导通氮气流程，向储油罐等系统中充入氮气，关闭氮气灭火阀门，压力为0.2MPa，导热油加热炉排污口排放5min，视排污情况可适当加长，关闭排污阀、氮气控制阀；

（2）导通导热油循环系统流程；

（3）导通导热油注油流程，注油泵入口连接导热油来自系统外，出口为去膨胀罐，如图67所示打开来自系统外泵入口阀和去膨胀罐泵出口阀，打开膨胀罐顶部放空阀；

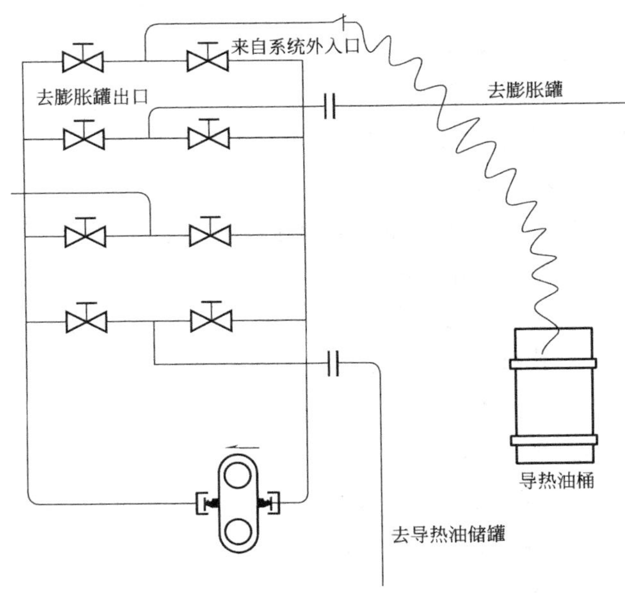

图67　导热油加注示意图

（4）将橡胶管一端连接注油泵入口，另一端插入导热油油桶中，启动注油泵；

（5）将油桶中的导热油输送至膨胀罐中，利用膨胀罐的高度差将导热油注入整个系统当中，当膨胀罐液位达到 30% ～ 60% 时，停止注油，启动循环泵，膨胀罐液位下降至 10% 时停运循环泵，继续对膨胀罐注油，液位达到 30% ～ 60% 时，再次启动循环泵，反复进行此操作，直至启动循环泵膨胀罐液位恒定不再下降为止，最后将膨胀罐液位控制在 30% ～ 60% 之间；

（6）导通导热油氮气密封系统流程，控制氮封压力在正常。

操作安全提示：

（1）加注前确认导热油型号、质量合格；

（2）注油过程中要间断的将换热器、工艺管线和导热油炉的高点放空阀打开，将氮气排出，有导热油流出时及时关闭放空阀；

（3）注油过程中应安排专人对导热油系统的设备附件阀门及各连接处进行检查，如有泄漏应及时处理；

（4）注油过程中要有专人负责及时更换油桶，防止注油泵抽空；

（5）如果加注导热油是在室外操作，不易在室外环境温度低于 0℃时加注，会造成加注困难。

4. 导热油系统脱水、脱气操作。

准备工作：

（1）正确穿戴劳动保护用品；

（2）工具及材料准备：防爆 F 形扳手 1 把，防爆活动扳手 1 把，防爆梅花扳手 1 套，固定扳手 1 套，便携式可燃气体检测仪 1 台，对讲机 2 部。

操作程序：

（1）关闭氮气覆盖系统去膨胀罐阀门。

（2）打开进膨胀罐脱气阀及膨胀罐放空阀门。

（3）将导热油逐步升温到 105 ～ 110℃之间。

① 检查系统所有设备、管道有无泄漏，对导热油系统螺栓进行热紧；

② 系统中的气体通过膨胀罐放空阀排出，直到泵出口压力波动消除，恢复稳定为止。

(4) 将导热油继续升温到 135 ～ 150℃之间：

① 继续检查系统所有设备、管道有无泄漏，对导热油系统螺栓进行热紧；

② 系统中的气体通过膨胀罐排气口排出，在此温度下运行 8h 左右。

(5) 将导热油继续升温至 250℃：

① 继续检查系统所有设备、管道有无泄漏，再次对油系统螺栓进行热紧；

② 系统中的低沸物将转化为气体通过膨胀罐排气口排出。

(6) 待循环泵出口压力波动消除，恢复稳定时，关闭脱气阀。

(7) 膨胀罐内温度降至 100℃后，关闭膨胀罐放空阀门。

(8) 导通氮气覆盖流程，保持膨胀罐氮气压力正常。

操作安全提示：

(1) 在脱水和脱低沸物时，不能投氮气覆盖系统；

(2) 控制脱气过程导热油升温速度不超过 20℃ /h；

(3) 存在废液喷出、灼烫人员风险，应设置废气液回收容器，在膨胀罐放空管上加软管连接到回收容器中，使脱出的水及低沸点物泄放在回收容器内，防止废气液喷出；

(4) 随时注意观察膨胀罐液位不得低于 10%，液位降低检查无泄漏，应及时补充导热油至正常液位；

(5) 需切换导热油泵时，必须在油温低于 150℃时进行，并做好备用泵预热。

5. 膨胀机氮气蓄能器填充操作。

准备工作：

(1) 正确穿戴劳动保护用品；

(2) 工具及材料准备：防爆 F 形扳手 1 把，擦布若干，便携式可燃气体检测仪 1 台，对讲机 2 部。

操作程序：

(1) 关闭蓄能器底部润滑油入口阀，将蓄能器与润滑油系统断开；

(2) 打开蓄能器排放阀；

(3) 打开蓄能器顶部注入阀的阀帽，用蓄能器充压工装把蓄能器充压阀与氮气瓶的气瓶阀连接；

(4) 打开氮气瓶气瓶阀，缓慢打开蓄能器注入阀，注入氮气，使蓄能器填充压力为 0.7MPa；

(5) 充压完成后关闭蓄能器注入阀，关闭氮气气瓶阀，取下工装，安装蓄能器注入阀的阀帽；

(6) 关闭排放阀；

(7) 打开底部润滑油入口阀。

操作安全提示：

(1) 填充前一定要关闭润滑油入口阀，将蓄能器与润滑油系统断开；

(2) 如果填充压力超过 0.7MPa，在拆卸氮气瓶与充压工装后，用工装和蓄能器注入阀连接缓慢打开蓄能器注入阀，通过充压工装将压力泄至 0.7MPa。

6. 三甘醇橇装投运操作。

准备工作：

(1) 正确穿戴劳动保护用品；

(2) 工具及材料准备：防爆 F 形扳手 1 把，擦布若干，记录本，记录笔，便携式可燃气体检测仪 1 台，对讲机 2 部。

操作程序：

(1) 检查确认三甘醇循环泵、仪表和电器完好备用，工艺管线、阀门、法兰无泄漏；

(2) 用氮气置换三甘醇橇装；

(3) 将三甘醇橇装工艺流程导通，用天然气分别对高、低压部分分别进行气密性试压，试压完成后对其进行碱洗，碱洗完成后用清水对三甘醇系统进行清洗，并用天然气进行吹扫；

(4) 充注三甘醇使三甘醇缓冲罐液位在 60% ~ 80% 范围内；

(5) 导通三甘醇系统内循环工艺流程，启动三甘醇循环泵，并对三甘醇进行预再生，使其浓度达到 99.5% 以上；

(6) 将三甘醇系统内循环转为正常投产状态流程；

(7) 打开吸收塔湿气进气阀，缓慢打开吸收塔干气出口阀，缓慢关闭副线阀，让天然气湿气进入吸收塔；

(8) 做好投运记录。

操作安全提示：

(1) 投运时，应当缓慢增加天然气流量，以防液泛，引起甘醇损失增加；

(2) 三甘醇循环泵入口温度应小于 80℃；

(3) 重沸器、缓冲罐、换热器温度较高，注意防止烫伤。

7. 三甘醇橇装停运操作。

准备工作：

(1) 正确穿戴劳动保护用品；

(2) 工具及材料准备：防爆 F 形扳手 1 把，擦布若干，记录本，记录笔，便携式可燃气体检测仪 1 台，对讲机 2 部。

操作程序：

（1）缓慢打开吸收塔湿气进气阀的副线阀；

（2）缓慢关闭吸收塔湿气进气阀；

（3）关闭吸收塔干气出口阀；

（4）将三甘醇循环正常状态流程转为内循环流程；

（5）逐步降低三甘醇重沸器温度至 80℃以下，停运三甘醇循环泵；

（6）做好停运记录。

操作安全提示：

（1）三甘醇循环泵入口温度应小于 80℃；

（2）重沸器、缓冲罐、换热器温度较高，注意防止烫伤。

8. 导热油炉启炉操作。

准备工作：

（1）正确穿戴劳动保护用品；

（2）工具及材料准备：防爆 F 形扳手 1 把，记录纸，记录笔，便携式可燃气体检测仪 1 台，对讲机 2 部。

操作程序：

（1）确认系统中已充满导热油；

（2）确认循环系统工艺流程已导通；

（3）确认仪表电气系统完好备用；

（4）确认导热油氮气密封投用正常；

（5）启动导热油循环泵，进行冷油循环，检查确认泵出口压力逐步稳定；

（6）导通燃料气系统流程，检查确认供气压力及调压后压力正常；

(7) 清除导热油炉橇块附近易燃物；

(8) 启动导热油炉；

(9) 确认燃烧器进入运行状态；

(10) 控制小火缓慢升温，升温速度控制在 20℃ /h 以内；

(11) 检查各点运行参数，做好设备运行记录。

操作安全提示：

(1) 随时注意观察膨胀罐液位不得低于 10%，液位降低检查无泄漏，应及时补充导热油至正常液位；

(2) 当高温运行中切换导热油泵时，应降低油温至 150℃后再进行，备用泵启动后出口阀门要缓慢开启；

(3) 存在烫伤风险，对高温部位保持安全距离。

9. 导热油炉停炉操作。

准备工作：

(1) 正确穿戴劳动保护用品；

(2) 工具及材料准备：防爆 F 形扳手 1 把，记录纸，记录笔，便携式可燃气体检测仪 1 台，对讲机 2 部。

操作程序：

(1) 手动按下停炉按钮停导热油炉；

(2) 确认燃气电磁阀自动切断，燃烧器停运；

(3) 保持导热油循环泵运行，待导热油温度降至 100℃以下时，停循环泵；

(4) 如果导热油系统长时间停运，应切断电源；

(5) 做好设备运行记录。

操作安全提示：

(1) 导热油炉停炉后必须待油温降至 100℃以下时方可

停导热油泵；

（2）停运后要保证氮气覆盖系统正常工作。

10. MCL、BCL 型离心压缩机启机操作。

准备工作：

（1）正确穿戴劳动保护用品；

（2）工具及材料准备：防爆 F 形扳手 1 把、防爆活动扳手 2 个、擦布若干、记录纸、记录笔，便携式可燃气体检测仪 1 台，对讲机 2 部；

（3）向调度申请启机；

（4）通知相关人员到现场；

（5）联系电岗准备送电；

（6）导通系统工艺流程。

操作程序：

（1）投运干气密封系统。

① 检查氮气系统运行正常，导通隔离气流程，打开压缩机隔离气来气阀；

② 检查隔离气系统有无泄漏等异常现象；

③ 检查隔离气来气压力在 0.4 ～ 0.6MPa，检查隔离气过滤器压差应低于报警值 0.1MPa；压差高时应及时检查或更换过滤器滤芯；

④ 按要求调整隔离气减压阀，保证隔离气压力正常；

⑤ 导通密封气流程，打开外输干气管线上的压缩机密封来气阀；

⑥ 检查密封气系统有无泄漏等异常现象；

⑦ 检查外输管线的密封气来气压力正常，检查密封气粗过滤器和精过滤器压差应低于报警值 0.1MPa；

⑧ 按仪表调节设定高、低压缸密封气与平衡管压差为0.1MPa；

⑨ 压缩机干气密封一级泄漏压差在正常范围内。

（2）检查投运润滑油系统。

① 导通流程；

② 检查主油箱液位正常，检查润滑油系统有无泄漏；

③ 提前投用加热器，使其油温应在 35 ～ 40℃范围内；

④ 打开润滑油压力一次调节阀的跨线阀（避免启油泵瞬间由于油温低或润滑油压力冲击造成润滑油过滤器滤芯变形），分别启动一台泵为主油泵，另一台泵打到自动位置，试运辅油泵，在油压降低到低报警时能正常启动，手动停辅助油泵备用；

⑤ 缓慢关小润滑油压力一次调节阀的跨线阀，检查润滑油泵出口压力正常，供油汇管压力正常；

⑥ 检查确认高位油罐已注满并通过回油看窗确认已有回油，2 个蓄能器氮气充压到 0.3MPa；

⑦ 检查确认供给各轴瓦的分支油路油压已调节到正常值，检查确认压缩机组各个回油点玻璃视镜回油；

⑧ 检查润滑油过滤器压差，正常值小于 0.1MPa；

⑨ 检查润滑油供油温度。

（3）工艺流程。

① 导通装置流程，检查各阀位应正确；

② 缓慢打开装置入口阀，对系统和压缩机充压后关闭；

③ 打开压缩机级间排污阀进行排污，对工艺系统各排放阀进行排放，排放完毕后关闭排污阀；

④ 启动压缩机级间冷却器，夏季投用后水冷器。

（4）压缩机启机。

① 在 ME 上确认压缩机启机条件全部满足；

② 确认启车前工艺系统自控阀状态；

③ 干燥器一个床层处于吸附状态，另一个床层处于降压状态，系统投入自动控制状态；

④ J-T 阀投入自动控制状态，参数设定正常；

⑤ 塔压调节阀投入自动控制状态，参数设定正常；

⑥ 塔顶放空阀处于关闭状态；

⑦ 按工艺卡要求在主控室设定塔液位、各分离器液位及轻烃储罐液位，烃气换热器原料气调节阀温度、重沸器出口温度正常值；

⑧ ESD 系统满足启机条件（即 ESD 停车报警消除）；

⑨ 按下总停车复位键，复位灯亮后可以启动原料气压缩机；

⑩ 当压缩机气缸内压力达到 0.2MPa 时，根据流量要求缓慢开启干气密封缓冲气阀，同时检查干气密封泄漏压差，防止超高联锁；

⑪ 逐步开启压缩机入口调节阀，使压缩机出口压力逐步提高达到正常值；

⑫ 检查 J-T 阀、塔压自动调节阀工作情况；

⑬ 压缩机启机平稳后，缓慢打开来自装置内的密封气阀，逐步关闭外输干气管线上的密封气阀，检查确认干气密封各压力、压差正常，压缩机启动完毕做好记录。

操作安全提示：

（1）注意在流入油冷却器的油温超过 45℃前，不管冷却水阀是否打开，不得关闭油箱加热器；

（2）注意隔离气压力低于 0.2MPa 时，禁止启动润滑油泵；

（3）注意压缩机启动过程中要密切观察干气密封一级

泄漏压差；

（4）启机过程中参数要控制平稳，逐步达到要求；

（5）存在噪声污染，在压缩机厂房操作时，注意做好防护措施。

11. MCL、BCL 型离心压缩机停机操作。

准备工作：

（1）正确穿戴劳动保护用品；

（2）工具及材料准备：防爆 F 形扳手 1 把，擦布若干，记录纸，记录笔，便携式可燃气体检测仪 1 台，对讲机 2 部。

操作程序：

（1）排空各级分离器、压力排污罐内存液；

（2）将库存轻烃全部外输；

（3）分子筛脱水装置应处于一台工作、一台冷吹完毕状态；

（4）联系调度，确认停机时间；

（5）关小入口主气阀，打开压缩机回流阀，使压缩机进气量低于 22000m^3/h；

（6）确认 J-T 阀打开，降低压缩机出口压力至 2.2MPa；

（7）观察压缩机回流阀控制情况，防止压缩机发生喘振现象；

（8）在 DCS 控制系统中按停止按钮停下主电机；

（9）关闭压缩机入口分离器进出口阀；

（10）压缩机停车 30min 后，停油站、密封气等附属设备；

（11）打开压缩机级间排污阀及低点排放阀．排放后关闭；

（12）汇报调度，做好记录。

操作安全提示：

（1）注意应先停运润滑油泵后，再关闭隔离气供给阀门；

（2）存在烫伤风险，对高温部位保持安全距离。

12. JGD/4-3 压缩机启机操作。

准备工作：

(1) 正确穿戴劳动保护用品；

(2) 工具及材料准备：防爆 F 形扳手 1 把、防爆活动扳手 2 个、擦布若干、记录纸、记录笔，便携式可燃气体检测仪 1 台，对讲机 2 部；

(3) 检查压缩机组及附属设备、工艺流程、控制盘及各自控仪表和电器系统是否正常备用；

(4) 检查机体油箱的油位，确定润滑油位达到规定的指示位置；

(5) 导通油系统流程；

(6) 手动盘车 3 ～ 5 圈，应转动灵活，无卡阻现象；

(7) 导通冷却水系统，检查系统的工作情况是否正常；

(8) 检查工艺系统、自控仪表系统的各个阀位是否在正确位置；

(9) 与相关岗位取得联系，准备启机；

(10) 电岗同意后，在现场将“申请启机”打到“合”，灯闪后打到“分”的位置。

操作程序：

(1) 确认压缩机预润滑油泵（P-1733）的 H-O-A 选择开关处于“自动”位置，使预润滑油泵能自动控制；

(2) 启动前，将电源开关打到“开”位置，给控制盘提供 24VDC 电源；

(3) 按下控制盘上的“指示灯测试 / 复位”按钮，对系统报警和停车复位（控制盘电源开关必须为“ON”位置）；

(4) 按所需要的操作模式将控制盘上的“就地 / 关 / 远程”开关打到“就地”（或“远程”）位置；

(5) 当选择“就地”时，按下现场控制盘上的启动按钮使机组启动；

(6) 阀动作程序开始，屏幕上显示阀动作正常；

(7) 如果机组全部放空 PT-1121 指示为低于 35KPa 即表示机组已放空完毕；

(8) 关闭回流阀 V-1250，打开入口关断阀 V-1101 进行 60s 的单元置换（可调）；

(9) 置换时间到后，打开回流阀 V-1250，对回流阀进行置换 15s；

(10) 关闭放空阀 V-1252 后，打开出口断阀 V-1251，结束置换程序；

(11) 将投用压缩机油加热器 HE-1731 设定为 15.5℃，油温达到允许值 15.5℃后，启动压缩机预润滑油泵；当 PT-1731 检测到压缩机润滑油系统油压大于或等于 68.96KPa（G）时，即表示油压允许值已满足；

(12) 油温和油压两个允许值都达到后，启动程序将继续进行；在阀动作程序和置换周期完成后，启动主电机，停运防潮加热器；预润滑油泵继续运行 15s（可调）后停运，压缩机主轴带动主润滑油泵运行；

(13) 如果因为某种原因 15s 内未接到 MCC 的信号，控制盘上将显示“电机启动失败”；

(14) 在重新启动前，将重新检测油温和油压的允许值；成功启动后，机组将在额定转速下回流阀 V-1250 全开运转 90s；控制盘显示的阀位状态正常；

(15) 控制盘将关闭回流阀 V-1250 后，使机组加载；回流阀关闭后，排量调节将启动；

(16) 当第一台压缩机启动时，微开装置入口放空阀

V-1021，将 J-T 阀设定值在 2.0MPa；压缩机启动后，装置进气量控制在 10000m^3/h，来气压力控制在 0.08 ～ 0.09MPa 之间，通过来气阀 V-1001 对来气流量和压力进行控制；

（17）当达到以上条件时，可启动第二台压缩机；第二台压缩机启动后，关闭装置入口放空阀 V-1021，装置进气量控制在 20000m^3/h 左右，来气压力控制在 0.08 ～ 0.09MPa 之间，同时将 J-T 阀设定逐步提升至 2.8MPa（每分钟提高 0.1MPa）；

（18）当丙烷机和膨胀机全部启动后，可启动第三台压缩机，装置进气量控制在 25000 ～ 28000m^3/h 左右，来气压力控制在 0.08 ～ 0.09MPa 之间，同时将 J-T 阀设定逐步提升至 3.0 ～ 3.3MPa（每分钟提高 0.1MPa）；

（19）现场检查润滑油压力、温度、过滤器压差在正常范围内，压缩机振动正常，各连接部位无渗漏；

（20）当压缩机出口压力达到 3.1 ～ 3.4MPa，压缩机启机完毕；

（21）汇报调度，做好记录。

操作安全提示：

（1）压缩机启机前，确认各级间冷却器循环水进、出口阀处于打开状态；

（2）压缩机启机后，必须将油箱和机体补油阀打开；

（3）存在噪声污染，在压缩机厂房操作时，注意做好防护措施。

13. JGD/4-3 压缩机停机操作。

准备工作：

（1）正确穿戴劳动保护用品；

（2）工具及材料准备：防爆 F 形扳手 1 把、防爆活动扳手2个、擦布若干、记录纸、记录笔，便携式可燃气体检测仪1台，对讲机2部。

操作程序：

（1）停运压缩机前与原稳沟通切换原稳不凝气流程；

（2）先降低压缩机负荷，压缩机入口压力降至0.05MPa;

（3）如检修停机或冬季停机，手动调节各级间排液阀，将罐内重烃排空，排空时注意重烃收集罐压力变化；

（4）在控制室压缩机控制系统盘面上手动点击“停机”按钮，压缩机组停运；

（5）关闭各分离器排液线阀；

（6）打开压缩机级间排污阀及低点排放阀，排放后关闭；

（7）压缩机组停运后，整个装置按照装置停运处理；

（8）停原料气压缩机后，压缩机入口放空阀V-1252会自动打开，压缩机入口阀V-1101会自动关闭，对压缩单元泄压至常压；

（9）如短期内可以启机（2d内）则冷冻单元和脱水单元保压即可；

（10）如需长时间停机（超过2d）需手动关闭外输气阀，同时手动打开干燥单元放空阀、脱甲烷塔顶放空阀及低温分离器罐顶放空阀，对脱水单元和冷冻单元泄压；

（11）汇报调度，做好记录。

操作安全提示：

（1）单台压缩机停机前，必须将压缩机入口压力控制在规定范围，避免带停其他压缩机组；

（2）压缩机停机后，确认各级间分离器及机组总排液阀处于关闭状态；

（3）存在烫伤风险，对高温部位保持安全距离。

14. RWB、RWF 型丙烷压缩机启机操作。

准备工作：

（1）正确穿戴劳动保护用品；

（2）工具及材料准备：防爆 F 形扳手 1 把，防爆活动扳手 2 个，记录本，记录笔，便携式可燃气体检测仪 1 台，对讲机 2 部。

操作程序：

（1）首次启机或长时间停机后，应盘车 3 ～ 5 周，无卡阻现象；

（2）打开所有现场仪表一次阀，调节阀前后阀，关闭丙烷系统排污阀、放空阀；

（3）检查油分离器的润滑油液位应在油分离器上部看窗 50% 以上；

（4）接通控制盘操作电源，投用仪表控制盘正压通风；

（5）检查电加热器应处在自动位置，油分离器油温度应在 15℃以上；

（6）导通润滑油系统流程；

（7）辅助油泵手动盘车 3 ～ 5 周，应转动灵活，无卡阻现象；

（8）检查集油器液位正常，投运加热器；

（9）打开油冷却器的冷却水入、出口阀（RWF 机型打开油冷却器的丙烷入、出口阀门）；

（10）确认丙烷系统流程导通；

（11）确认油分离器加热器和回油器加热器正常投用，检查油分离器油温应在 25℃以上；

（12）检查蒸发器、经济器液位正常；

（13）启动空冷器，变频器投用自动，将出口温度设定为 48.5℃；

（14）检查机组无故障停机报警，确认机组已达到启机条件；

（15）控制室打开“ESD 状态画面”按“丙烷机要求合闸”按钮，联系电岗送电；

（16）送电后到现场控制盘，按“HOME”键进入“滑阀模式”选择手动，滑阀负荷在 10% 以下，检查吸气压力设定值应为 109kPa；

（17）按“PREVIOUS.SCREEN”退出键，进入“滑块模式”选择自动；

（18）按退出键，进入“油泵模式”选择自动（RWF 机型无润滑油泵）；

（19）检查蒸发温度并输入要求的设定值；

（20）进入“压缩机模式”，按“手动开机”键；

（21）油泵将自动启动，待油压达到 0.5MPa 以上压缩机自动启动；

（22）滑阀手动缓慢加载，当蒸发温度接近设定值时，将滑阀选择自动；

（23）检查机组各系统运行参数及振动情况是否正常，各动静密封点是否泄漏；

（24）汇报调度，做好记录；

（25）收拾工具，清理现场。

操作安全提示：

（1）启机前要检查确认流程导通；

（2）启机前注意蒸发器液位不要过高，避免因启机带液造成过流停机，如果蒸发器液位高可先关闭蒸发器入口角阀，启机后空载运行，待蒸发器液位正常后打开蒸发器入口角阀；

（3）启机前滑阀减载 10% 以下，避免过负荷；

（4）启机后应缓慢加载，待蒸发器实际负温接近设定值时滑阀打自动，避免出现过负荷现象；

（5）存在噪声污染，在压缩机厂房操作时，注意做好防护措施；

（6）打开控制盘电源前必须确认油分离器和集油器油位高于加热器，否则将烧坏加热器；

（7）投用冷却水前注意检查冷凝器、油冷器压力，要高于冷却水压力，避免因管束内漏造成损失；

（8）就地控制盘送电前应先使正压通风达到规定值。

15. RWB、RWF 型丙烷压缩机停机操作。

准备工作：

（1）正确穿戴劳动保护用品；

（2）工具及材料准备：防爆 F 形扳手 1 把，防爆活动扳手 2 个，记录本、记录笔，便携式可燃气体检测仪 1 台，对讲机 2 部。

操作程序：

（1）在控制面板上将滑阀手动卸载到 10% 以下，再进入压缩机模式，按手动停机键停压缩机组；

（2）关闭蒸发器液位调节阀前后截止阀；

（3）关闭油冷却器冷却水入、出口阀，打开副线阀；

（4）若长期停车切断控制盘电源，关闭仪表控制盘正压通风；

（5）汇报调度，做好记录；

（6）收拾工具，清理现场。

操作安全提示：

（1）长期停机时将油冷器内冷却水排净，避免水进入润滑油系统、生物结垢及冬季冻堵；

(2) 若长期停车切断控制盘电源。

紧急停机条件：

当有下列情况之一时，应紧急停机：

(1) 机组声音异常；

(2) 发生严重泄漏或火灾等情况；

(3) 其他影响安全生产的情况。

紧急停机操作程序：

(1) 根据实际情况按停机按钮（系统操作画面、电岗控制柜、现场操作柱），断开电源；

(2) 其他按正常停机步骤进行处理。

紧急停机操作安全提示：

(1) 发生严重泄漏或火灾时，存在人员中毒、窒息、烧伤风险；

(2) 处理完问题后要按正常停机程序执行其他操作；

(3) 长期停机时需将油冷器内冷却水排净，避免水冻堵；

(4) 停机后应立即关闭蒸发器入口节流阀前后截止阀，避免造成蒸发器液位过高；

(5) 若长期停车切断控制盘电源。

16. OPC 型丙烷压缩机启机操作。

准备工作：

(1) 正确穿戴劳动保护用品；

(2) 工具及材料准备：防爆 F 形扳手 1 把，记录本，记录笔，便携式可燃气体检测仪 1 台，对讲机 2 部；

(3) 原料气压缩机启机后，分子筛再生两个周期后，准备启丙烷压缩机；

(4) 检查油分离器的润滑油液位应在油分离器现场液

位计的 1/2 ～ 2/3 处；

（5）确认机组附近无易燃易爆物质；

（6）确认系统处于正常工作状态；

（7）确认已充注足量的冷冻机油；

（8）打开经济器与系统的连接阀门；

（9）打开油冷却器与系统的连接阀门；

（10）盘动压缩机联轴器，无卡阻现象；

（11）调整机组内各阀门处于正确状态；

（12）关闭所有放空阀；

（13）打开所有测量仪表的前后截断阀；

（14）打开所有液位指示仪的前后截断阀；

（15）打开所有压力控制前后截断阀；

（16）打开所有安全阀底阀；

（17）打开天然气进、出蒸发器阀门；

（18）关闭天然气进出蒸发器旁通阀；

（19）启动空冷器。

操作程序：

（1）与电岗联系给压缩机主电动机送电；

（2）按正常工作阶段确认阀门状态；

（3）打开风冷式冷凝器；

（4）打开丙烷蒸发器天然气进口阀、出口阀，关闭旁通阀，向蒸发器供入天然气；

（5）开启压缩机上的排气截止阀 SCV201；

（6）检查现场 PLC 控制柜正压通风系统处于正常状态，允许进行启机；现场 PLC 无故障报警，启机条件均已满足；

（7）现场 PLC 选择本地自动模式，继续选择本地开机，开机程序执行（如不具备开机条件，开机程序不执行），油泵首先启动，压缩机自动卸载到零载位，压缩机电机启动，进入正常运行；

（8）压缩机正常运行后，后自动进行加减载操作；

（9）检查机组各系统运行参数及振动情况，各动、静密封点应无泄漏。

操作安全提示：

（1）启机前要检查确认流程导通；

（2）启机前注意蒸发器液位不要过高，避免因启机带液造成过流停机，如果蒸发器液位高可先关闭蒸发器入口角阀，启机后空载运行，待蒸发器液位正常后打开蒸发器入口角阀；

（3）启机前滑阀减载 10% 以下，避免过负荷；

（4）启机后应缓慢加载，待蒸发器实际负温接近设定值时滑阀打自动，避免出现过负荷现象；

（5）存在噪声污染，在压缩机厂房操作时，注意做好防护措施；

（6）打开控制盘电源前必须确认油分离器和集油器油位高于加热器，否则将烧坏加热器；

（7）就地控制盘送电前应先使正压通风达到规定值。

17. OPC 型丙烷压缩机停机操作。

准备工作：

（1）正确穿戴劳动保护用品；

（2）工具及材料准备：防爆 F 形扳手 1 把，防爆活动扳手 2 个，记录本、记录笔，便携式可燃气体检测仪 1 台，对讲机 2 部。

操作程序：

（1）橇装内 PLC 点击“本地停机”，开始停机程序；

（2）经济器供液电磁阀自动关闭，压缩机自动卸载至零载位；

（3）压缩机按程序延时停机；

（4）油泵延时停止；

（5）关闭排气截止阀SCV201、供液截止阀GLV103，TV101；

（6）延时10min，关闭冷凝器风机。

（7）现场控制柜切断电源；

（8）通知电岗断电；

（9）汇报调度，做好记录；

（10）收拾工具，清理现场。

操作安全提示：

若长期停车切断控制盘电源。

紧急停机条件：

当有下列情况之一时，应紧急停机：

（1）机组声音异常；

（2）发生严重泄漏或火灾等情况；

（3）其他影响安全生产的情况。

紧急停机操作程序：

（1）根据实际情况按停机按钮（系统操作画面、电岗控制柜、现场操作柱），断开电源；

（2）其他按正常停机步骤进行处理。

紧急停机操作安全提示：

（1）发生严重泄漏或火灾时，存在人员中毒、窒息、烧伤风险；

（2）处理完问题后要按正常停机程序执行其他操作；

（3）长期停机时需将油冷器内冷却水排净，避免水冻堵；

（4）停机后应立即关闭蒸发器入口节流阀前后截止阀，避免造成蒸发器液位过高；

（5）若长期停车切断控制盘电源。

18. VRS 型丙烷压缩机启机操作。

准备工作：

（1）正确穿戴劳动保护用品；

（2）工具及材料准备：防爆 F 形扳手 1 把，记录本，记录笔，便携式可燃气体检测仪 1 台，对讲机 2 部；

（3）原料气压缩机启机后，分子筛再生两个周期后，准备启丙烷压缩机；

（4）检查油分离器的润滑油液位，保证下视镜能看到油位；

（5）首次启机或长时间停机后启机，应手动盘车 3 ～ 5 周，无卡阻现象；

（6）打开冷凝器、油冷却器的循环水进出口阀，检查水压应正常，导通润滑油系统流程；

（7）检查油分离器油温应在 24℃以上，油温低于 35℃，电加热器自动加热至 40℃停止；

（8）关闭所有连通大气的阀门；

（9）开启经济器至蒸发器阀门及经济器至压缩机调节阀前后阀；

（10）开启冷凝器至经济器调节阀前后阀，蒸发器天然气入口、出口阀门；

（11）开启油分离器出口阀门；

（12）打开所有测量仪表的隔断阀；

（13）检查仪表风系统是否正常；

（14）打开所有液位指示仪的隔断阀；

（15）打开所有压力控制隔断阀；

（16）将所有的控制器都设在“自动”位置上。

操作程序：

（1）与电岗联系给压缩机主电机送电；

（2）按正常工作阶段确认阀门状态；

（3）打开现场 PLC 电源，消除所有报警显示；

（4）在现场 PLC 控制柜把旋钮打到申请启机处，等待变电所允许启机信息；

（5）当高压电送电完毕，允许启机后，把压缩机的滑阀位置应在 10% 以下；

（6）启动油泵，检查油泵出口压力正常，按“机组开机”按钮，启动压缩机；

（7）检查机组各系统运行参数及振动情况应在规定的范围，各动、静密封点应无泄漏；

（8）做好设备运行记录。

操作安全提示：

（1）启机前要检查确认流程导通；

（2）启机前注意蒸发器液位不要过高，避免因启机带液造成过流停机，如果蒸发器液位高可先关闭蒸发器入口角阀，启机后空载运行，待蒸发器液位正常后打开蒸发器入口角阀；

（3）启机前滑阀减载 10% 以下，避免过负荷；

（4）启机后应缓慢加载，待蒸发器实际负温接近设定值时滑阀打自动，避免出现过负荷现象；

（5）存在噪声污染，在压缩机厂房操作时，注意做好防护措施；

（6）打开控制盘电源前必须确认油分离器和集油器油位高于加热器，否则将烧坏加热器；

（7）就地控制盘送电前应先使正压通风达到规定值。

19. VRS 型丙烷压缩机停机操作。

准备工作：

（1）正确穿戴劳动保护用品；

（2）工具及材料准备：防爆 F 形扳手 1 把，防爆活动扳手 2 个，记录本、记录笔，便携式可燃气体检测仪 1 台，对讲机 2 部。

操作程序：

（1）在控制面板上将滑阀手动卸载到 10% 以下，按手动停机键停压缩机组；

（2）关闭机组进出口截止阀；

（3）切断高压电源电源（保持现场控制盘通电，以便给设备的油加热器通电，在停车期间，使设备保持一定温度，保障压缩机能随时启动）；

（4）汇报调度，做好记录；

（5）收拾工具，清理现场。

操作安全提示：

若长期停车切断控制盘电源。

紧急停机条件：

当有下列情况之一时，应紧急停机：

（1）机组声音异常；

（2）发生严重泄漏或火灾等情况；

（3）其他影响安全生产的情况。

紧急停机操作程序：

（1）根据实际情况按停机按钮（系统操作画面、电岗控制柜、现场操作柱），断开电源；

（2）其他按正常停机步骤进行处理。

紧急停机操作安全提示：

（1）发生严重泄漏或火灾时，存在人员中毒、窒息、烧伤风险；

（2）处理完问题后要按正常停机程序执行其他操作；

（3）长期停机时需将油冷器内冷却水排净，避免水冻堵；

（4）停机后应立即关闭蒸发器入口节流阀前后截止阀，避免造成蒸发器液位过高；

20. EC、PLPT 型膨胀机 / 增压机启机操作。

准备工作：

（1）正确穿戴劳动保护用品；

（2）工具及材料准备：防爆 F 形扳手 1 把，记录本，记录笔，便携式可燃气体检测仪 1 台，对讲机 2 部。

操作程序：

（1）导通膨胀机润滑油系统、密封气、工艺气流程，检查有无泄漏，调节密封气供气压力为 2.5 ～ 3.0MPa。密封气通过油箱加热器后温度应控制在 15 ～ 25℃范围内，分别开启压缩端、膨胀端密封气阀，调节膨胀端自力式调节阀，使膨胀端密封气供气差压达到 0.15MPa 以上。

（2）通知电岗测润滑油泵、油箱加热器绝缘并送电。

（3）现场检查油箱液位应在 720mm 以上。若液位低，用加油泵加油达到要求液位。

（4）现场检查润滑油泵状态并盘泵 3 ～ 5 周，确认有无异常。

（5）现场油冷器来水压力应在 0.3MPa ～ 0.4MPa；检查来回水阀开度。

（6）现场检查蓄能器充填压力在 0.6MPa 以上。

（7）现场与主控室配合调整密封气压差在 350kPa。

（8）现场与主控室配合启动润滑油主油泵，调试备用泵，在压力降到报警值时能够自动启动，将备用泵投自动，将供油压力调整到 2.0MPa，PLPT 型控制润滑油进出膨胀机差压在 1.2MPa 左右。通过开启调节阀副线阀与油箱压力调节阀控制油箱压力在 150kPa。

(9) 确认润滑油系统正确投用并运行正常。

(10) 打开增压机入口手动截止阀，打开膨胀机出口手动截止阀，打开压缩机出口手动截止阀，打开膨胀机入口手动截止阀；对压缩机和膨胀机壳体排液，无液体排出时关闭阀门。

(11) 主控室增压机回流防喘振阀 FV-1 应处于手动全开状态，J-T 阀投运自动状态，系统压力控制在 4.35MPa。

(12) 按“RESET”键，按“START”，“EXPANDER-RUNNING”灯变绿，此时膨胀机“SHUTDOWN”阀打开，膨胀机显示启动（PLPT 型确认仪控柜上面的公共点联锁及报警解除，按下复位开关，红色灯熄灭后，当膨胀机组满足运行灯亮后，按下 PLC 柜的膨胀机启动按钮，膨胀机入口紧急切断阀打开，在主控室调节喷嘴的开度，逐步提高转速）。

(13) 手动缓慢打开入口喷嘴，使膨胀机慢慢加速，仔细观察机组启动情况和转速，同时手动慢慢关闭回流阀；每次以不能超过 2% 入口阀开度加速，当转速达到 25000r/min 时，保持 5min 观察各参数是否正常，直到转速达到 43500r/min，回流阀全关；启机同时注意止推力的值，应控制在正常范围内。

操作安全提示：

(1) 在对膨胀机组加载过程中一定要注意装置制冷温度变化，保证制冷温度在高于 −40℃之前，系统每小时降温不超过 20℃，当系统制冷温度在 −60 ～ −40℃之间时，每小时降温速度不超过 10℃，当制冷温度低于 −60℃时，每小时降温速度不超过 5℃，以上操作是为了防止制冷单元冷箱等换热设备在温度变化时而造成损坏。

（2）注意开阀时严格按照打开压缩机入口阀、膨胀机出口阀、压缩机出口阀、膨胀机入口阀顺序操作。

（3）调节过程中注意观察膨胀机推力变化情况。

（4）调节过程中注意观察原料气压缩机出口压力变化情况，并及时调节。

（5）注意调节膨胀机转速操作时，塔压的调节。

（6）启机初期应快速达到一定转速（快速通过膨胀机同轴增压机喘振流量），推荐为 5000r/min 左右，不允许在小于 2000r/min 下长期运转。

（7）存在膨胀机飞车风险，造成设备损坏。

21. EC、PLPT 型膨胀机 / 增压机停机操作。

准备工作：

（1）正确穿戴劳动保护用品；

（2）工具及材料准备：防爆 F 形扳手 1 把，记录本，记录笔，便携式可燃气体检测仪 1 台，对讲机 2 部。

操作程序：

（1）保持 J–T 阀处于自动控制装置压力状态；逐步关闭膨胀机入口喷嘴（每次不超过 2%），逐渐降低膨胀机转速，同时手动慢慢打开同轴增压机回流阀 FV–1，注意推力 PDI–5/6 的变化；

（2）当转速接近 15000r/min 时应快速全开回流阀，防止喘振，同时手动将入口喷嘴全部关闭；控制室按下“膨胀机停机”按钮，确认膨胀机入口关断阀已关闭；

（3）保持润滑油系统运行 30min 左右；当膨胀机 / 增压机轴温下降后，停润滑油系统；把辅助油泵的手 / 停 / 自动转换开关至停止位置，停主油泵，防止辅助油泵不必要的启动；

（4）保持密封气系统继续运行，缓慢关闭密封气，但必须保证密封气压力稍大于油箱压力；

（5）打开膨胀机 / 增压机壳体放空阀对火炬排液；

（6）如果长期停机，关闭增压机入、出口阀，关闭膨胀机进、出口阀。

操作安全提示：

（1）注意先停润滑油泵再停密封气；

（2）注意降速操作时不能过快防止塔压的波动。

22. 塔底泵启泵操作。

准备工作：

（1）正确穿戴劳动保护用品；

（2）工具及材料准备：防爆 F 形扳手 1 把，防爆活动扳手 1 把，红外测温仪 1 台，听诊器 1 支，擦布若干，对讲机 2 部，记录纸，记录笔，便携式可燃气体检测仪 1 台；

（3）仪表联锁系统联校完成；

（4）导通轻烃去罐区流程；

（5）确认脱甲烷塔底液位、温度满足启泵条件；

（6）检查确认泵入口压力、出口压力表齐全完好；

（7）检查确认设备保护装置及电动机接地保护齐全完好；

（8）检查出口阀开关灵活；

（9）联系电岗送电。

操作程序：

（1）检查清理泵周边杂物，保证操作运行安全；

（2）打开泵进口阀；

（3）打开最小回流阀；

（4）关闭入、出口副线阀；

（5）关闭出口阀；

（6）打开放空阀，放净泵内气体后关闭；当轻烃温度低时，必须等到泵的过流部件冷却至液体温度方可启泵；

（7）将塔底液位调节阀设定 50% 控制，投自动；

（8）按下启动按钮启塔底泵；

（9）缓慢打开泵的出口阀；

（10）启动后检查泵入口压力、出口压力在正常范围内；

（11）检查确认电动机温度、泵体振动、泵运行声音、电动机电流无异常；

（12）做好设备运行记录。

操作安全提示：

（1）启泵前要确认设备、工艺条件满足要求，避免启动后联锁停泵，造成泵损坏；

（2）泵出口最小回流阀应保持常开状态；

（3）出现汽蚀或其他异常情况要立即停泵处理；

（4）按启动按钮时存在触电风险，检查按钮是否损坏。

23. 塔底泵停泵操作。

准备工作：

（1）正确穿戴劳动保护用品；

（2）工具及材料准备：防爆 F 形扳手 1 把，擦布若干，记录纸，记录笔，便携式可燃气体检测仪 1 台，对讲机 2 部。

操作程序：

（1）正常停泵时应先关闭泵出口阀；

（2）按停泵按钮停塔底泵；

（3）关闭泵最小回流阀；

（4）关闭泵入口阀；

（5）做好设备停运记录；

（6）运行中遇到特殊情况需紧急停泵时，可先停泵，然后关闭入口阀、出口阀、最小回流阀，查找停泵原因并处理。

操作安全提示：

（1）检修时存在触电风险，检修前必须切断电源；

（2）紧急停泵时要及时汇报紧急停泵的原因并处理。

二、风险点源识别与防控

（一）工艺

1. 阀门及管线风险点源识别与防控措施。

表 4　阀门及管线设备设施风险点源识别与防控措施

设备设施名称	危害或故障	原因分析	防控措施		应急处置措施
			常规措施	个体防护	
阀门及管线	流程切换错误，设备设施超压运行或影响装置正常生产	未设置正确标识或标识错误	喷涂管道名称、介质流向、压力等参数标识	1. 护目镜； 2. 防爆工具； 3. 安全帽； 4. 防静电工服； 5. 防静电鞋	及时发现流程错误原因，切换正确流程

续表

设备设施名称	危害或故障	原因分析	防控措施		应急处置措施
			常规措施	个体防护	
阀门及管线	操作及维修更换阀门时不规范，造成设备机械磕碰伤害	1. 开关阀门时未侧身； 2. 安装、拆卸阀门时操作不规范	加强日常技术培训工作	1. 护目镜； 2. 防爆工具； 3. 安全帽； 4. 防静电工服； 5. 防静电鞋	做好警示标语，提示相关风险
	巡检路线不当，造成设备机械磕碰伤害	未按指定巡检路线，规范巡检	加强日常巡检培训工作	1. 护目镜； 2. 防爆工具； 3. 安全帽； 4. 防静电工服； 5. 防静电鞋	制定巡检路线图
	操作维护不当，造成设备设施损坏	1. 阀门全开或全关后，未再回转一圈； 2. 阀门及管线未按要求进行维修保养； 3. 未按要求对阀门及管线进行检验	1. 穿戴好劳动防护用品，严格遵守危险作业； 2. 定期开展设备设施维修、保养，避免设备带病运行； 3. 严格执行设备检验要求	1. 护目镜； 2. 防爆工具； 3. 安全帽； 4. 防静电工服； 5. 防静电鞋	编制设备操作及维护保养规程
	阀门或管线泄漏，造成环境污染	1. 管线及阀门异常振动，造成泄漏； 2. 管线及阀门内外腐蚀严重，造成泄漏；	1. 查找并维修密封点； 2. 定期开展设备设施维修、保养；	1. 护目镜； 2. 防爆工具； 3. 安全帽； 4. 防静电工服； 5. 防静电鞋	加强巡检和参数监控，泄漏量较大时停运泄漏设备设施

续表

设备设施名称	危害或故障	原因分析	防控措施		应急处置措施
			常规措施	个体防护	
阀门及管线	阀门或管线泄漏，造成环境污染	3. 阀体或管线表面有裂纹或开焊，造成泄漏； 4. 紧固件未紧固或不齐全，造成泄漏； 5. 法兰密封面损坏，法兰密封垫失效	3. 加强巡检，一旦发现异常，立即处理		
	阀门或管线泄漏，引起着火或爆炸	1. 易燃易爆气体泄漏； 2. 泄漏处产生静电火花	1. 检查管道及法兰、管件、阀门等组成件泄漏情况，一旦发现，立即处理； 2. 使用防爆工具； 3. 加强通风，降低可燃气体浓度	1. 护目镜； 2. 防爆工具； 3. 安全帽； 4. 防静电工服； 5. 防静电鞋	立即启动火灾爆炸事故应急处置
	安全阀故障，造成设备超压运行或不当放空	1. 安全阀未严格执行检验校验要求； 2. 安全阀的设计和选型不符合要求	按时开展安全阀检验校验工作	1. 护目镜； 2. 防爆工具； 3. 安全帽； 4. 防静电工服； 5. 防静电鞋	及时调整运行参数，加强监控和巡检，防止超压情况发生

续表

设备设施名称	危害或故障	原因分析	防控措施		应急处置措施
			常规措施	个体防护	
阀门及管线	用电设备带电造成人员受伤	电动阀门、电伴热带、管线上的流量计等其他用电设施的接地未按要求安装和敷设	按要求安装接地设施，定期开展接地检测工作	1. 护目镜； 2. 防爆工具； 3. 安全帽； 4. 防静电工服； 5. 防静电鞋	在明显位置处悬挂警示牌，禁止他人触碰
	仪表故障导致设备超工作参数运行	1. 压力表损坏、量程不合理或超期在用，导致无法准确录取数据； 2. 压力表未按要求设计和安装； 3. 压力表未按要求维修、保养、检验	1. 加强检查，确保压力表正常运行； 2. 定期开展维修、保养、检验工作	1. 护目镜； 2. 防爆工具； 3. 安全帽； 4. 防静电工服； 5. 防静电鞋	及时调整运行参数，加强监控和巡检，防止超压情况发生
	有毒介质渗漏，导致中毒或窒息	1. 管线穿孔、阀门等部位天然气泄漏未及时发现和处理； 2. 室内通风不畅	1. 及时检查并处理渗漏； 2. 通风设施完好； 3. 处理渗漏点时，带好防毒面具	1. 护目镜； 2. 防爆工具； 3. 安全帽； 4. 防静电工服； 5. 防静电鞋	立即打开门窗，启动轴流风机等通风设备，并立即启动中毒事故应急处置

续表

设备设施名称	危害或故障	原因分析	防控措施		应急处置措施
			常规措施	个体防护	
阀门及管线	管线动火作业时，发生着火爆炸	管线置换作业不合格	严格执行分公司置换吹扫要求	1. 护目镜； 2. 防爆工具； 3. 安全帽； 4. 防静电工服； 5. 防静电鞋	立即打开门窗，启动轴流风机等通风设备，并立即启动中毒事故应急处置
	管线爆破作业时，导致管线损坏或人受到损害	1. 管线爆破压力过高； 2. 爆破口有人	严格执行分公司爆破吹扫要求	1. 护目镜； 2. 防爆工具； 3. 安全帽； 4. 防静电工服； 5. 防静电鞋	编制爆破作业方案
	管道内含污水、杂质外排，造成环境污染	未按照要求对杂质污水进行回收处理	严格按照清管作业操作规程进行清管作业	1. 护目镜； 2. 防爆工具； 3. 安全帽； 4. 防静电工服； 5. 防静电鞋	组织对杂质污水进行回收
	对火炬管线扫线时，火炬筒体绷绳不紧固，火炬筒体松动造成坍塌	天然气放空流速太快	日常定期对火炬绷绳开展检查	1. 护目镜； 2. 防爆工具； 3. 安全帽； 4. 防静电工服； 5. 防静电鞋	制定火炬管线扫线方案及要求

2. 塔、罐、容器风险点源识别与防控措施。

表5 塔、罐、容器风险点源识别与防控措施

设备设施名称	危害或故障	原因分析	防控措施		应急处置措施
			常规措施	个体防护	
塔、罐、容器	各密封点泄漏导致火灾爆炸、环境污染	1. 设备设施超温、超压； 2. 垫片选用错误； 3. 法兰偏口或密封面损坏； 4. 螺栓不全或未紧固	1. 运行参数严格按照“装置工艺卡”执行； 2. 更换正确尺寸及压力等级的垫片； 3. 检修期检查、维修、清理法兰密封面； 4. 加强密封点泄漏检查，及时进行维修	1. 护目镜； 2. 防爆工具； 3. 安全帽； 4. 防静电工服； 5. 防静电鞋	加强巡检和参数监控，关闭泄漏点前后阀门，切换流程，放空泄压，组织人员对密封点进行维修；运行期间无法维修的申请停机维修
	安全阀故障导致火灾爆炸、环境污染	1. 安全阀设计和选型不符合要求； 2. 安全阀损坏或未定期校验，导致超压时无法起跳； 3. 安全阀安装位置错误	1. 安全阀按要求进行选型； 2. 定期开展安全阀校验、检修、保养等工作； 3. 校验后，安全阀应原位回装	1. 护目镜； 2. 防爆工具； 3. 安全帽； 4. 防静电工服； 5. 防静电鞋	申请停机，放空泄压，对安全阀进行送检、维修
	保温脱落导致机械损伤	未按要求对设备设施进行检查维护	定期开展保温设施进行检查维护	1. 护目镜； 2. 防爆工具； 3. 安全帽； 4. 防静电工服； 5. 防静电鞋	维修破损保温

续表

设备设施名称	危害或故障	原因分析	防控措施		应急处置措施
			常规措施	个体防护	
塔、罐、容器	固定式钢梯及平台损坏导致高处坠落	钢直梯、钢斜梯、工业防护栏杆和钢平台未按要求设计和安装	按要求安装防护栏和护板	1. 护目镜； 2. 防爆工具； 3. 安全帽； 4. 防静电工服； 5. 防静电鞋	对不符合规范的钢梯、平台增设围挡或警戒带，待维修合格后投入使用
	阀门、管线泄漏导致火灾爆炸、环境污染	1. 设备设施超温、超压 2. 未按要求进行维修、保养； 3. 未按要求对设备进行检查、检测； 4. 阀门密封点渗漏； 5. 管线腐蚀渗漏、应力开裂	1. 运行参数严格按照“装置工艺卡”执行； 2. 按要求对阀门进行维修、保养； 3. 加强密封点泄漏检查，及时进行更换维修； 4. 定期对管线壁厚进行检测，对风险管线进行监护运行或更换； 5. 装置运行调整时缓慢升温、升压	1. 护目镜； 2. 防爆工具； 3. 安全帽； 4. 防静电工服； 5. 防静电鞋	加强巡检和参数监控，关闭泄漏点前后阀门，切换流程，放空泄压，组织人员进行维修；运行期间无法维修的申请停机维修
	罐体故障导致火灾爆炸、环境污染	1. 罐体腐蚀、裂纹； 2. 内件损坏； 3. 未按要求对设备进行检查； 4. 基础下沉	1. 按要求对容器进行检验、检查； 2. 检修期对容器内件进行检查、维修； 3. 检查基础下沉、倾斜、开裂情况	1. 护目镜； 2. 防爆工具； 3. 安全帽； 4. 防静电工服； 5. 防静电鞋	加强巡检和参数监控，切换流程，放空泄压，组织人员进行维修；运行期间无法维修的申请停机维修

续表

设备设施名称	危害或故障	原因分析	防控措施		应急处置措施
			常规措施	个体防护	
塔、罐、容器	设备带电导致人员受伤	设备接地未按要求安装和敷设	按要求安装接地设施，定期开展接地检测工作	1. 护目镜； 2. 防爆工具； 3. 安全帽； 4. 防静电工服； 5. 防静电鞋	在明显位置处悬挂警示牌，禁止他人触碰
	仪表故障导致设备超工作参数运行	1. 压力表损坏、量程不合理或超期在用，导致无法准确录取数据； 2. 压力表未按要求设计安装； 3. 压力表未按要求维修、保养、检验	1. 加强检查，确保压力表正常运行； 2. 定期开展维修、保养、检验工作	1. 护目镜； 2. 防爆工具； 3. 安全帽； 4. 防静电工服； 5. 防静电鞋	及时调整运行参数，加强监控和巡检，防止超压情况发生
	检维修期间进入容器内部导致人员中毒窒息、坠落	1. 盲板失效或盲板加装错误； 2. 容器置换、清理不合格； 3. 进入容器前未进行检测； 4. 容器通风不良； 5. 立式容器内部直梯损坏； 6. 人为原因	1. 进入容器前确认盲板位置及规格； 2. 容器置换、清理合格； 3. 进入容器前及每隔 30min 对容器内气体进行检测； 4. 对通风不良容器进行强制通风； 5. 攀爬前对直梯进行检查； 6. 攀爬时注意三点接触	1. 护目镜； 2. 防爆工具 3. 安全帽； 4. 防静电工服； 5. 防静电鞋； 6. 符合相关国家标准的防护器具； 7. 气体检测仪； 8. 保护绳	启动应急处置程序

续表

设备设施名称	危害或故障	原因分析	防控措施		应急处置措施
			常规措施	个体防护	
塔、罐、容器	检维修期间施工作业导致机械损伤、火灾爆炸、环境污染	1. 压力未降至 0MPa 即进行拆卸； 2. 拆装未使用防爆工具； 3. 动火作业前未加装盲板； 4. 施工作业前未置换合格； 5. 未正确穿戴安全防护用品； 6. 人员误入施工区域	1. 施工作业前对作业位置进行检查，确保压力为 0MPa； 2. 使用防爆工具进行维修； 3. 施工前确认盲板位置及规格； 4. 施工前进行气体检测； 5. 正确穿戴劳动防护用品； 6. 施工区域内禁止人员进入	1. 护目镜； 2. 防爆工具； 3. 安全帽； 4. 防静电工服； 5. 防静电鞋； 6. 符合相关国家标准的防护器具； 7. 气体检测仪	启动应急处置程序

3. 换热器风险点源识别与防控措施。

表 6　换热器设备设施风险点源识别与防控措施

设备设施名称	危害或故障	原因分析	防控措施		应急处置措施
			常规措施	个体防护	
管壳式换热器	设备设施超压运行或影响装置正常生产	操作失误，流程切换错误	制定操作规程，严格按照操作规程进行操作	1. 护目镜； 2. 防爆工具； 3. 安全帽； 4. 防静电工服； 5. 防静电鞋	及时发现流程错误原因，切换正确流程

续表

设备设施名称	危害或故障	原因分析	防控措施		应急处置措施
			常规措施	个体防护	
管壳式换热器	封头、法兰泄漏造成环境污染	1. 机械损伤导致开裂； 2. 法兰本体缺陷； 3. 安装时法兰、垫子没对中或法兰口清理不净； 4. 连接垫片或填料老化、选型及质量不合格； 5. 压力超高； 6. 连接螺栓松动； 7. 基础下沉	1. 启机前装置气密检查有无渗漏； 2. 日常加强封头、法兰密封点泄漏检查； 3. 换热器检修时应认真清理法兰口； 4. 安装时法兰、垫片必须同心，不得有偏差； 5. 针对泄漏点及时采取收集措施，防止污染物落地； 6. 按要求定期对罐体进行检验、检查	1. 护目镜； 2. 防爆工具； 3. 安全帽； 4. 防静电工服； 5. 防静电鞋	停运泄漏换热器，组织进行维修
	换热器着火或爆炸	1. 可燃气体报警器故障或缺失； 2. 换热器穿孔、法兰等部位可燃介质泄漏未及时发现和处理； 3. 设备无接地或损坏未及时发现和处理	1. 定期检测检验可燃气体报警器或增设可燃气体报警器； 2. 定期检查，换热器壁厚、法兰等部位，油气泄漏及时发现和处理； 3. 定期检查发现隐患及时处理	1. 护目镜； 2. 防爆工具； 3. 安全帽； 4. 防静电工服； 5. 防静电鞋	立即启动换热器泄漏事故应急处置或火灾爆炸事故应急处置

续表

设备设施名称	危害或故障	原因分析	防控措施		应急处置措施
			常规措施	个体防护	
管壳式换热器	保温脱落导致机械损伤	未按要求对设备设施进行检查维护	定期开展保温设施进行检查维护	1. 护目镜； 2. 防爆工具； 3. 安全帽； 4. 防静电工服； 5. 防静电鞋	维修破损保温
	高处坠落	1. 检维修期间梯子损坏或有缺陷未及时发现和处理； 2. 梯子湿滑； 3. 大风天气登高； 4. 有分散注意力的行为	1. 定期检查梯子，有问题及时修理； 2. 上梯子前认真检查； 3. 五级以上大风严禁登高作业	1. 护目镜； 2. 防爆工具； 3. 安全帽； 4. 防静电工服； 5. 防静电鞋	立即启动高处坠落事故应急处置
	设备带电造成人员受伤	设备接地未按要求安装和敷设	按要求安装接地设施，定期开展接地检测工作	1. 防爆工具； 2. 安全帽； 3. 防静电工服； 4. 防静电鞋	在明显位置处悬挂警示牌，禁止他人触碰
	仪表故障导致设备超工作参数运行	1. 压力表损坏、量程不合理或超期在用，导致无法准确录取数据； 2. 压力表未按要求设计安装； 3. 压力表未按要求维修、保养、检验	1. 加强检查，确保压力表正常运行； 2. 定期开展维修、保养、检验工作	1. 护目镜； 2. 防爆工具； 3. 安全帽； 4. 防静电工服； 5. 防静电鞋	及时调整运行参数加强监控和巡检防止超压情况发生

续表

设备设施名称	危害或故障	原因分析	防控措施		应急处置措施
			常规措施	个体防护	
空冷器	设备设施超温超压运行或影响装置正常生产	1. 操作失误，流程切换错误； 2. 空冷器电动机故障停运	1. 制定操作规程，严格按照操作规程进行操作； 2. 定期检查空冷器电动机，有问题及时修理	1. 防爆工具； 2. 安全帽； 3. 防静电工服； 4. 防静电鞋	1. 及时发现流程错误原因，切换正确流程； 2. 及时停运并维修空冷器电机
	保温脱落导致机械损伤	未按要求对设备设施进行检查维护	定期开展保温设施进行检查维护	1. 护目镜； 2. 防爆工具； 3. 安全帽； 4. 防静电工服； 5. 防静电鞋	维修破损保温
	管板、管束泄漏造成环境污染	1. 设备设施未按要求进行维修、保养； 2. 未按要求对设备进行检查； 3. 管板、管束渗漏	1. 加强空冷器各密封点泄漏检查； 2. 及时进行封堵维修； 3. 针对泄漏点及时采取收集措施，防止污染物落地	1. 护目镜； 2. 防爆工具； 3. 安全帽； 4. 防静电工服； 5. 防静电鞋	切换流程，放空泄压，组织进行维修
	管束穿孔引起爆炸火灾、环境污染	管束腐蚀穿孔	按要求对管束进行检验、检查	1. 护目镜； 2. 防爆工具； 3. 安全帽； 4. 防静电工服； 5. 防静电鞋	切换流程，放空泄压，处理穿孔的管束

续表

设备设施名称	危害或故障	原因分析	防控措施		应急处置措施
			常规措施	个体防护	
空冷器	空冷器异常振动或风扇叶片转动异常	空冷器电动机轴承损坏	定期检查空冷器电动机，有问题及时修理	1. 护目镜； 2. 防爆工具； 3. 安全帽； 4. 防静电工服； 5. 防静电鞋	及时停运故障空冷器，电动机维修
	电动机、风扇、皮带转动设备造成机械伤害	1. 电动机、皮带和风扇无防护罩或无安全警句； 2. 未穿戴劳动保护用品； 3. 安全意识不强，在危险点检查时站位不正确	1. 电动机、皮带和风扇安装防护罩，并增设警示标语； 2. 规范穿戴劳保用品； 3. 各机泵运转部位附近严禁站人	1. 护目镜； 2. 防爆工具； 3. 安全帽； 4. 防静电工服； 5. 防静电鞋	在明显位置处悬挂警示牌
	高处坠落	1. 防护梯子损坏或有缺陷未及时发现和处理； 2. 梯子湿滑； 3. 大风天气上罐顶； 4. 有分散注意力的行为	1. 定期检查防护梯子，有问题及时修理； 2. 上梯子前认真检查； 3. 五级以上大风严禁上罐	1. 护目镜； 2. 防爆工具； 3. 安全帽； 4. 防静电工服； 5. 防静电鞋	立即启动高处坠落事故应急处置
	设备带电造成人员受伤	1. 设备接地未按要求安装和敷设； 2. 检维修时未断电进行作业	1. 按要求安装接地设施，定期开展接地检测工作； 2. 检维修作业前确认配电室电路切断	1. 护目镜； 2. 防爆工具； 3. 安全帽； 4. 防静电工服； 5. 防静电鞋	在明显位置处悬挂警示牌，禁止他人触碰

续表

设备设施名称	危害或故障	原因分析	防控措施		应急处置措施
			常规措施	个体防护	
空冷器	仪表故障导致设备超工作参数运行	1. 压力表损坏、量程不合理或超期在用，导致无法准确录取数据； 2. 压力表未按要求设计和安装； 3. 压力表未按要求维修、保养、检验	1. 加强检查，确保压力表正常运行； 2. 定期开展维修、保养、检验工作	1. 护目镜； 2. 防爆工具； 3. 安全帽； 4. 防静电工服； 5. 防静电鞋	及时调整运行参数加强监控和巡检防止超压情况发生
板翅式换热器	设备内漏导致装置温度压力异常，严重时导致火灾爆炸、环境污染	1. 系统温变速率过快； 2. 流道间温差过大； 3. 运行异常、或介质携带杂质导致设备堵塞； 4. 系统超压运行； 5. 爆破维修后损坏流道； 6. 设备本体缺陷	1. 按照操作规程严格控制温变速率小于1℃/min； 2. 同一截面最大运行温差小于30℃； 3. 确保上游系统平稳运行、物料洁净； 4. 运行参数严格按照“装置工艺卡”执行； 5. 严格按照标准进行设备验收	1. 护目镜； 2. 防爆工具； 3. 安全帽； 4. 防静电工服； 5. 防静电鞋	加强巡检和参数监控，切换流程，放空泄压，组织人员进行维修；运行期间无法维修的申请停机维修

续表

设备设施名称	危害或故障	原因分析	防控措施		应急处置措施
			常规措施	个体防护	
板翅式换热器	法兰泄漏导致火灾爆炸、环境污染	1. 设备设施超压； 2. 垫片选用错误； 3. 法兰偏口或密封面损坏； 4. 螺栓不全或未紧固； 5. 设备本体缺陷	1. 运行参数严格按照“装置工艺卡”执行； 2. 更换正确尺寸及压力等级的垫片； 3. 检修期检查、维修、清理法兰密封面； 4. 加强密封点泄漏检查，及时进行维修； 5. 严格按照标准进行设备验收	1. 护目镜； 2. 防爆工具； 3. 安全帽； 4. 防静电工服； 5. 防静电鞋	加强巡检和参数监控，关闭泄漏点前后阀门，切换流程，放空泄压，组织人员进行维修；运行期间无法维修的申请停机维修
	保温脱落导致机械损伤	未按要求对设备设施进行检查维护	定期开展保温设施进行检查维护	1. 护目镜； 2. 防爆工具； 3. 安全帽； 4. 防静电工服； 5. 防静电鞋	维修破损保温
	固定式钢梯及平台损坏导致高处坠落	钢直梯、钢斜梯、工业防护栏杆和钢平台未按要求设计和安装	按要求安装防护栏和护板	1. 护目镜； 2. 防爆工具； 3. 安全帽； 4. 防静电工服； 5. 防静电鞋	对不符合规范的钢梯、平台增设围挡或警戒带，待维修合格后投入使用

续表

设备设施名称	危害或故障	原因分析	防控措施		应急处置措施
			常规措施	个体防护	
板翅式换热器	设备带电造成人员受伤	设备接地未按要求安装和敷设	按要求安装接地设施，定期开展接地检测工作	1. 防爆工具； 2. 安全帽； 3. 防静电工服； 4. 防静电鞋	在明显位置处悬挂警示牌，禁止他人触碰
	仪表故障导致设备超工作参数运行	1. 压力表损坏、量程不合理或超期在用，导致无法准确录取数据； 2. 压力表未按要求设计安装； 3. 压力表未按要求维修、保养、检验	1. 加强检查，确保压力表正常运行； 2. 定期开展维修、保养、检验工作	1. 护目镜； 2. 防爆工具； 3. 安全帽； 4. 防静电工服； 5. 防静电鞋	及时调整运行参数，加强监控和巡检，防止超压情况发生
	检维修期间施工作业导致设备损坏、着火爆炸环境污染、人员机械损伤	1. 压力未降至 0MPa 即进行拆卸； 2. 拆装未使用防爆工具； 3. 作业前未加装盲板； 4. 爆破压力超出设计压力； 5. 未正确穿戴安全防护用品； 6. 人员误入施工区域	1. 施工作业前对作业位置进行检查，确保压力为 0MPa； 2. 使用防爆工具进行维修； 3. 施工前确认盲板位置及规格； 4. 爆破前确认设备设计压力、选用合格压力表； 5. 正确穿戴劳动防护用品； 6. 施工区域内禁止无关人员进入	1. 护目镜； 2. 防爆工具； 3. 安全帽； 4. 防静电工服； 5. 防静电鞋	组织人员进行维修；启动应急处置程序

4. 过滤器风险点源识别与防控措施。

表 7　过滤器风险点源识别与防控措施

设备设施名称	危害或故障	原因分析	防控措施		应急处置措施
			常规措施	个体防护	
过滤器	过滤器压盖、快开盲板、低点排放阀、法兰泄漏导致着火爆炸、环境污染	1. 压盖密封胶圈老化，造成密封不严，引起泄漏； 2. 阀门内外腐蚀严重，造成泄漏； 3. 阀体有裂纹或开焊，造成泄漏； 4. 紧固件不齐全，造成泄漏； 5. 螺栓上紧力不够； 6. 法兰密封面损坏，法兰密封垫失效	1. 规范地查找并维修密封点； 2. 定期开展设备设施维修、保养； 3. 加强巡检，一旦发现异常，立即处理	1. 护目镜 2. 防爆工具； 3. 安全帽； 4. 防静电工服； 5. 防静电鞋	加强巡检和参数监控，对一开一备设备进行切换；无备用设备的，切换跨线流程；运行期间无法维修的申请停机维修
	本体故障导致火灾爆炸、环境污染	1. 本体腐蚀、裂纹； 2. 内件损坏； 3. 未按要求对设备进行检查； 4. 基础下沉	1. 按要求对容器进行打开检查； 2. 检修期对容器内件进行检查、维修； 3. 检查基础下沉、倾斜、开裂情况	1. 护目镜； 2. 防爆工具； 3. 安全帽； 4. 防静电工服； 5. 防静电鞋	加强巡检和参数监控，对一开一备设备进行切换；无备用设备的，切换跨线流程；运行期间无法维修的申请停机维修

续表

设备设施名称	危害或故障	原因分析	防控措施		应急处置措施
			常规措施	个体防护	
过滤器	过滤效果差损坏下游设备设施	1. 介质含大量杂质； 2. 过滤器滤芯安装方向错误； 3. 过滤器滤芯破损	1. 加强巡检，一旦发现异常，立即处理； 2. 观察过滤器前后端压力是否一致、介质流量是否正常； 3. 检修期对容器内件进行检查、维修	1. 护目镜； 2. 防爆工具； 3. 安全帽； 4. 防静电工服； 5. 防静电鞋	加强巡检和参数监控，对一开一备设备进行切换；无备用设备的，切换跨线流程；运行期间无法维修的申请停机维修
	检维修期间施工作业导致机械损伤、火灾爆炸、环境污染	1. 压力未降至0MPa 即进行拆卸； 2. 拆装未使用防爆工具； 3. 动火作业前未加装盲板； 4. 施工作业前未置换合格； 5. 未正确穿戴安全防护用品	1. 施工作业前对作业位置进行检查，确保压力为0MPa； 2. 使用防爆工具进行维修； 3. 施工前确认盲板位置及规格； 4. 施工前进行气体检测； 5. 正确穿戴劳动防护用品	1. 护目镜； 2. 防爆工具； 3. 安全帽； 4. 防静电工服； 5. 防静电鞋； 6. 符合相关国家标准的防护器具； 7. 气体检测仪	启动应急处置程序

（二）动设备

1. 离心式压缩机风险点源识别与防控措施。

表 8　离心式压缩机风险点源识别与防控措施

设备设施名称	风险点源	原因分析	防控措施		应急处置措施
			常规措施	个体防护	
离心式压缩机	机械伤害	1. 地脚螺栓、护罩螺栓等固定螺栓松动； 2. 机组润滑系统故障； 3. 机组运行时漏油； 4. 操作时工具使用不当； 5. 机组长时间超负荷运行； 6. 操作时出现误操作； 7. 劳动保护用品穿戴不规范	1. 正确穿戴防护用品； 2. 按操作规程操作； 3. 按照维修保养规程进行保养	1. 护目镜； 2. 防爆工具； 3. 安全帽； 4. 防静电工服； 5. 防静电鞋	1. 选择符合要求的劳动防护用品； 2. 正确穿戴劳动防护用品； 3. 设备运转时，禁止清扫、擦洗； 4. 正确使用各种工具； 5. 严格按照操作规程操作； 6. 操作环境照明、采光充足； 7. 在旋转位置悬挂安全警示牌
	设备带电造成人员受伤	设备接地未按要求安装和敷设	按要求安装接地设施，定期开展接地检测工作	1. 护目镜； 2. 防爆工具； 3. 安全帽； 4. 防静电工服； 5. 防静电鞋	在明显位置处悬挂警示牌，禁止他人触碰
	安全附件故障导致设备超工作参数运行	1. 压力表、温度表、流量表等损坏、量程不合理或超期在用，导致无法准确录取数据；	1. 加强检查，确保压力表、温度表、流量表等正常运行；	1. 护目镜； 2. 防爆工具；	1. 及时维修更换故障安全附件，调整运行参数； 2. 加强监控和巡检，防止超压、超温、超负荷情况发生；

续表

设备设施名称	风险点源	原因分析	防控措施		应急处置措施
			常规措施	个体防护	
离心式压缩机	安全附件故障导致设备超工作参数运行	2. 压力表、温度表、流量表等未按要求设计和安装； 3. 压力表、温度表、流量表等未按要求维修、保养、检验； 4. 压力、温度、流量等仪表远传故障	2. 按要求开展安全附件维修、保养、检验工作	3. 安全帽； 4. 防静电工服； 5. 防静电鞋	3. 定期检验安全附件，做好安全附件维修维护工作； 4. 严禁使用超期服役的安全附件
	灼烫	1. 操作人员劳动防护用品穿戴不当； 2. 高温介质泄漏； 3. 维护时出现误操作； 4. 高温部位保温层损坏，现场无警示标志	1. 正确穿戴防护用品； 2. 按操作规程操作； 3. 按照维修保养规程进行保养	1. 护目镜； 2. 防爆工具； 3. 安全帽； 4. 防静电工服； 5. 防静电鞋； 6. 防护手套	1. 选择符合要求的劳动防护用品； 2. 正确穿戴劳动防护用品； 3. 及时巡检和远程检查异常参数； 4. 如有漏点不要近距离观察和身体接触； 5. 严格执行操作规程； 6. 严禁肢体直接接触高温部位； 7. 高温部位加装保温材料和警告标志

续表

设备设施名称	风险点源	原因分析	防控措施		应急处置措施
			常规措施	个体防护	
离心式压缩机	噪声伤害	1. 操作人员劳动防护用品穿戴不当； 2. 消声设施缺失或损坏； 3. 设备运行异常	1. 正确穿戴防护用品； 2. 按操作规程操作； 3. 按照维修保养规程进行保养	1. 护目镜； 2. 防爆工具； 3. 安全帽； 4. 防静电工服； 5. 防静电鞋	1. 操作工必须佩戴隔音耳罩或耳塞，避免受到噪声危害； 2. 用专用听针、振动仪诊断设备异常； 3. 及时调整设备参数，消除不正常噪声
	密封、阀门、管线等密封点泄漏	1. 设备设施未按要求进行维修、保养； 2. 未按要求对设备进行检查； 3. 阀门、法兰密封垫片失效导致渗漏	1. 加强密封、阀门、管线等密封点泄漏检查，及时进行更换维修； 2. 针对泄漏点及时采取收集措施。	1. 护目镜； 2. 防爆工具； 3. 安全帽； 4. 防静电工服； 5. 防静电鞋	1. 停运泄漏设备； 2. 组织维修

2. 往复式压缩机风险点源识别与防控措施。

表 9　往复式天然气压缩机危害因素辨识与风险防控

设备设施名称	风险点源	原因分析	防控措施		应急处置措施
			常规措施	个体防护	
往复式压缩机	机械伤害	1. 地脚螺栓、护罩螺栓等固定螺栓松动；	1. 正确穿戴防护用品；	1. 护目镜； 2. 防爆工具；	1. 确保操作环境照明、采光充足；

续表

设备设施名称	风险点源	原因分析	防控措施		应急处置措施
			常规措施	个体防护	
往复式压缩机	机械伤害	2. 本体、润滑系统故障； 3. 操作时工具使用不当； 4. 巡检不到位； 5. 长时间超负荷运行； 6. 误操作； 7. 劳动保护用品穿戴不规范； 8. 缸体进液造成液击	2. 正确使用各种工具； 3. 按巡回检查点项进行巡检； 4. 按操作规程操作、保养； 5. 作业时做好能量隔离	3. 安全帽； 4. 防静电工服； 5. 防静电鞋	2. 在旋转位置悬挂安全警示牌；做好警示标语；提示相关风险； 3. 气缸有异常声音时避免在机组缸头走动
	滑倒摔伤	冰、雪、散落物料、油污及管线等使维修人员滑倒摔伤	清除冰、雪、油污影响维修的杂物或铺设防滑垫	1. 正确穿戴防护用品； 2. 穿戴防滑鞋	1. 做好警示标语，提示相关风险； 2. 作业时配备监护人
	设备带电造成人员受伤	设备接地未按要求安装和敷设	按要求安装接地设施，定期开展接地检测工作	1. 护目镜； 2. 防爆工具； 3. 安全帽； 4. 防静电工服； 5. 防静电鞋	在明显位置处悬挂警示牌，禁止他人触碰
	安全附件故障导致设备超工作参数运行	1. 压力表、温度表、电流表等损坏、量程不合理或超期在用，导致无法准确录取数据；	1. 按要求巡检安全附件，确保压力表、温度表、流量表等正常运行；	1. 护目镜； 2. 防爆工具；	1. 严禁使用超期服役的安全附件；

续表

<table>
<tr><th rowspan="2">设备设施名称</th><th rowspan="2">风险点源</th><th rowspan="2">原因分析</th><th colspan="2">防控措施</th><th rowspan="2">应急处置措施</th></tr>
<tr><th>常规措施</th><th>个体防护</th></tr>
<tr><td rowspan="3">往复式压缩机</td><td>安全附件故障导致设备超工作参数运行</td><td>2. 压力表、温度表、电流表等未按要求设计和安装；
3. 压力表、温度表、电流表等未按要求维修、保养、检验；
4. 压力、温度、电流等仪表远传故障</td><td>2. 按要求开展安全附件维修、保养、检验工作</td><td>3. 安全帽；
4. 防静电工服；
5. 防静电鞋</td><td>2. 及时检查相关运行参数并调整</td></tr>
<tr><td>灼烫</td><td>1. 操作人员劳动防护用品穿戴不当；
2. 高温介质泄漏；
3. 误操作；
4. 高温部位保温层损坏，或未加保温材料</td><td>1. 正确穿戴防护用品；
2. 正确使用各种工具；
3. 按操作规程操作、维护；
4. 按要求巡检</td><td>1. 护目镜；
2. 防爆工具；
3. 安全帽；
4. 防静电工服；
5. 防静电鞋；
6. 防护手套</td><td>在明显位置悬挂警告标志；提示风险</td></tr>
<tr><td>噪声伤害</td><td>1. 操作人员劳动防护用品穿戴不当；
2. 消声设施缺失或损坏；
3. 设备运行异常</td><td>1. 正确穿戴防护用品；
2. 正确使用各种工具；
3. 按操作规程操作、维护；
4. 按要求巡检</td><td>1. 护目镜；
2. 防爆工具；
3. 安全帽；
4. 防静电工服；
5. 防静电鞋；
6. 隔音耳罩或耳塞</td><td>1. 及时调整设备参数，消除不正常噪声；
2. 在明显位置悬挂警告标志；提示风险</td></tr>
</table>

续表

设备设施名称	风险点源	原因分析	防控措施		应急处置措施
			常规措施	个体防护	
往复式压缩机	设备本体密封点泄漏	1. 设备设施未按要求进行维修、保养； 2. 巡检不到位； 3. 密封件失效	1. 按要求进行巡检； 2. 按规程进行操作、维护； 3. 及时处理泄漏点或采取收集措施	1. 护目镜； 2. 防爆工具； 3. 安全帽； 4. 防静电工服； 5. 防静电鞋	1. 在明显位置悬挂警告标志；提示风险； 2. 立即启动紧急操作或应急措施
	设备清洗风险	1. 使用轻烃或汽油等擦洗设备及衣物造成着火爆炸； 2. 向下水道内倾倒轻烃、机油等物料造成环境污染	1. 严禁施工人员使用轻烃、汽油等擦洗设备及衣物，使用物资采购的专用清洗剂； 2. 严禁向下水道内倾倒轻烃、机油等物料	1. 穿戴防腐蚀手套； 2. 戴防毒面具	制作废液收集桶，集中回收

3. 膨胀机风险点源识别与防控措施。

表 10　膨胀机风险点源识别与防控措施

设备设施名称	风险点源	原因分析	防控措施		应急处置措施
			常规措施	个体防护	
膨胀机	机械伤害	1. 地脚螺栓、护罩螺栓等固定螺栓松动； 2. 机组润滑系统故障；	1. 正确穿戴防护用品； 2. 按操作规程操作；	1. 护目镜； 2. 防爆工具； 3. 安全帽；	1. 选择符合要求的劳动防护用品； 2. 正确穿戴劳动防护用品； 3. 设备运转时，禁止清扫、擦洗；

续表

设备设施名称	风险点源	原因分析	防控措施		应急处置措施
			常规措施	个体防护	
膨胀机	机械伤害	3. 机组运行时漏油； 4. 操作时工具使用不当； 5. 机组长时间超负荷运行； 6. 操作时出现误操作； 7. 劳动保护用品穿戴不规范	3. 按照维修保养规程进行保养	4. 防静电工服； 5. 防静电鞋	4. 正确使用各种工具； 5. 严格按照操作规程操作； 6. 操作环境照明、采光充足； 7. 在旋转位置悬挂安全警示牌
	设备带电造成人员受伤	设备接地未按要求安装和敷设	按要求安装接地设施，定期开展接地检测工作	1. 护目镜； 2. 防爆工具； 3. 安全帽； 4. 防静电工服； 5. 防静电鞋	在明显位置处悬挂警示牌，禁止他人触碰
	安全附件故障导致设备超工作参数运行	1. 压力表、温度表、流量表等损坏、量程不合理或超期在用，导致无法准确录取数据； 2. 压力表、温度表、流量表等未按要求设计和安装； 3. 压力表、温度表、流量表等未按要求维修、保养、检验； 4. 压力、温度、流量等仪表远传故障	1. 加强检查，确保压力表、温度表、流量表等正常运行； 2. 按要求开展安全附件维修、保养、检验工作	1. 护目镜； 2. 防爆工具； 3. 安全帽； 4. 防静电工服； 5. 防静电鞋	1. 及时维修更换故障安全附件，调整运行参数； 2. 加强监控和巡检，防止超压、超温、超负荷情况发生； 3. 定期检验安全附件，做好安全附件维修维护工作； 4. 严禁使用超期服役的安全附件

设备设施名称	风险点源	原因分析	防控措施		应急处置措施
			常规措施	个体防护	
膨胀机	灼烫	1. 操作人员劳动防护用品穿戴不当； 2. 高温介质泄漏； 3. 维护时出现误操作； 4. 高温部位保温层损坏，现场无警示标志	1. 正确穿戴防护用品； 2. 按操作规程操作； 3. 按照维修保养规程进行保养	1. 护目镜； 2. 防爆工具； 3. 安全帽； 4. 防静电工服； 5. 防静电鞋； 6. 防护手套	1. 选择符合要求的劳动防护用品； 2. 正确穿戴劳动防护用品； 3. 及时巡检和远程检查异常参数； 4. 如有漏点不要近距离观察和身体接触； 5. 严格执行操作规程； 6. 严禁肢体直接接触高温部位； 7. 高温部位加装保温材料和警告标志
	噪声伤害	1. 操作人员劳动防护用品穿戴不当； 2. 消声设施缺失或损坏； 3. 设备运行异常	1. 正确穿戴防护用品； 2. 按操作规程操作； 3. 按照维修保养规程进行保养；	1. 护目镜； 2. 防爆工具； 3. 安全帽； 4. 防静电工服； 5. 防静电鞋	1. 操作工必须佩戴隔音耳罩或耳塞，避免受到噪声危害； 2. 用专用听针、振动仪诊断设备异常； 3. 及时调整设备参数，消除不正常噪声

续表

设备设施名称	风险点源	原因分析	防控措施		应急处置措施
			常规措施	个体防护	
膨胀机	低温冻伤	1. 操作人员劳动防护用品穿戴不当； 2. 设备参数异常； 3. 发生介质泄漏； 4. 设备异常泄压； 5. 壳体排液； 6. 低温部位保温层损坏； 7. 现场无警示标志	1. 正确穿戴防护用品； 2. 按操作规程操作； 3. 按照维修保养规程进行保养	1. 护目镜； 2. 防爆工具； 3. 安全帽； 4. 防静电工服； 5. 防静电鞋； 6. 防护手套	1. 选择符合要求的劳动防护用品，正确穿戴劳动防护用品； 2. 及时巡检和远程检查异常参数； 3. 如有漏点不要近距离观察和身体接触； 4. 膨胀机严禁对大气泄压； 5. 禁止对大气排液，对放空火炬排液控制排放速度； 6. 禁止用手直接触碰机组低温部位； 7. 低温部位加装保温材料和警告标志
	密封、阀门、管线等密封点泄漏	1. 设备设施未按要求进行维修、保养； 2. 未按要求对设备进行检查； 3. 阀门、法兰密封垫片失效导致渗漏	1. 加强密封、阀门、管线等密封点泄漏检查，及时进行更换维修； 2. 针对泄漏点及时采取收集措施	1. 护目镜； 2. 防爆工具； 3. 安全帽； 4. 防静电工服； 5. 防静电鞋	1. 停运泄漏设备； 2. 组织维修

4. 螺杆制冷压缩机风险点源识别与防控措施。

表 11　螺杆制冷压缩机风险点源识别与防控措施

设备设施名称	风险点源	原因分析	防控措施		应急处置措施
			常规措施	个体防护	
螺杆制冷压缩机	高压伤人	1. 管线腐蚀穿孔； 2. 误操作造成泵出口憋压； 3. 施工不慎造成管线损坏； 4. 维修或更换闸门、仪表时，未切断压源并放空； 5. 下游流程不通造成憋压； 6. 安全阀失效	1. 按时巡回检查，定期检测受压部件壁厚； 2. 加强施工管理，明确管网分布； 3. 严禁带压维修、更换操作； 4. 确认流程畅通，再进行相关操作； 5. 定期对安全阀进行校检	1. 护目镜； 2. 防爆工具； 3. 安全帽； 4. 防静电工服； 5. 防静电鞋	紧急停车
	机械伤害	1. 操作人员劳动防护用品穿戴不当； 2. 联轴器护罩缺失或损坏； 3. 对运行的设备进行清理、润滑； 4. 长时间超负荷运行； 5. 工具使用不当； 6. 未断电就进行设备维修；	1. 选择符合要求的劳动防护用品；正确穿戴劳动防护用品； 2. 加装联轴器护罩，不得随意拆除；禁止用手碰触旋转部位； 3. 设备运转时，禁止清扫、擦洗、润滑； 4. 控制压缩机的参数在额定范围内； 5. 正确使用各种工具；严禁使用有缺陷的工具；	1. 护目镜； 2. 防爆工具； 3. 安全帽；	紧急停车

续表

设备设施名称	风险点源	原因分析	防控措施		应急处置措施
			常规措施	个体防护	
螺杆制冷压缩机	机械伤害	7. 操作时出现误操作； 8. 带压拆卸或更换零部件	6. 设备检修必须断电，执行挂牌制度； 7. 严格按照操作规程操作； 8. 严禁带压维修或更换零部件	4. 防静电工服； 5. 防静电鞋	紧急停车
	设备损坏	1. 地脚螺栓松动； 2. 润滑不良； 3. 工具使用不当； 4. 设备长时间超负荷运行； 5. 操作时出现误操作； 6. 维护保养不当	1. 紧固地脚螺栓； 2. 加注润滑油符合技术要求； 3. 需要专用工具的，必须使用专用工具； 4. 严格执行设备管理制度，禁止机泵超负荷运行； 5. 严格按照操作规程操作； 6. 严格按照设备保养周期进行保养	1. 护目镜； 2. 防爆工具； 3. 安全帽； 4. 防静电工服； 5. 防静电鞋	1. 及时调整运行参数； 2. 加强监控和巡检，防止超压情况发生； 3. 紧急停车
	触电	1. 操作人员劳动防护用品穿戴不当； 2. 漏电； 3. 操作时出现误操作； 4. 未断电就进行维护	1. 选择符合要求的劳动防护用品；正确穿戴劳动防护用品； 2. 检查接线规范、接地接零完好； 3. 操作前先验电；严格按照操作规程操作； 4. 维护时必须断电，执行挂牌制度	1. 护目镜； 2. 防爆工具； 3. 安全帽； 4. 防静电工服； 5. 防静电鞋	在明显位置处悬挂警示牌，禁止他人触碰

续表

设备设施名称	风险点源	原因分析	防控措施		应急处置措施
			常规措施	个体防护	
螺杆制冷压缩机	火灾爆炸	1. 操作人员劳动防护用品穿戴不当； 2. 氨、丙烷泄漏； 3. 未使用防爆工具； 4. 电气设施防爆性能缺失； 5. 防静电设施缺陷； 6. 人员误操作引起超压； 7. 设备缺陷保护装置失效； 8. 受压部件腐蚀承受力降低	1. 选择符合要求的劳动防护用品；正确穿戴劳动防护用品； 2. 及时发现并消除漏点； 3. 正确使用防爆工具； 4. 定期检查防爆设施； 5. 定期检查防静电设施完好； 6. 严格执行操作规程； 7. 定期检查保护装置； 8. 定期检测受压部件壁厚	1. 护目镜； 2. 防爆工具； 3. 安全帽； 4. 防静电工服； 5. 防静电鞋	1. 紧急停车； 2. 执行岗位应急处置程序
	中毒，冻伤，灼伤	1. 误操作出现氨、丙烷泄漏； 2. 保护装置失灵出现氨泄漏； 3. 未置换就进行管线打开作业	1. 严格执行操作规程； 2. 定期检查工艺流程及连接状况； 3. 检修作业前对涉氨设备进行置换	1. 护目镜； 2. 防爆工具； 3. 安全帽； 4. 防静电工服； 5. 防静电鞋	1. 出现氨泄漏后，紧急向安全地带（上风向）疏散； 2. 紧急停车
	安全附件导致设备超工作参数运行	1. 压力表损坏、量程不合理或超期在用，导致无法准确录取数据；	1. 加强检查，确保压力表正常运行；	1. 护目镜； 2. 防爆工具；	1. 及时调整运行参数；

续表

设备设施名称	风险点源	原因分析	防控措施		应急处置措施
			常规措施	个体防护	
螺杆制冷压缩机	安全附件导致设备超工作参数运行	2. 压力表未按要求设计和安装； 3. 压力表未按要求维修、保养、检验	2. 定期开展维修、保养、检验工作	3. 安全帽； 4. 防静电工服； 5. 防静电鞋	2. 加强监控和巡检，防止超压情况发生
	阀门、管线泄漏造成环境污染	1. 设备设施未按要求进行维修、保养； 2. 未按要求对设备进行检查； 3. 阀门、法兰渗漏	1. 加强阀门、管线密封点泄漏检查，及时进行更换维修； 2. 针对泄漏点及时采取收集措施，防止污染物落地	1. 护目镜； 2. 防爆工具； 3. 安全帽； 4. 防静电工服； 5. 防静电鞋	1. 紧急停车； 2. 组织维修

5. 螺杆空气压缩机风险点源识别与防控措施。

表 12　螺杆空气压缩机风险点源识别与防控措施

设备设施名称	风险点源	原因分析	防控措施		应急处置措施
			常规措施	个体防护	
螺杆空气压缩机	高压伤人	1. 管线腐蚀穿孔； 2. 施工不慎造成管线损坏；	1. 按时巡回检查，定期检测受压部件壁厚； 2. 加强施工管理，明确管网分布； 3. 严禁带压维修、更换操作；	1. 护目镜； 2. 防爆工具；	停运螺杆空气压缩机

续表

设备设施名称	风险点源	原因分析	防控措施		应急处置措施
			常规措施	个体防护	
螺杆空气压缩机	高压伤人	3. 维修或更换闸门、仪表时，未切断压源并放空； 4. 下游流程不通造成憋压； 5. 安全阀失效	4. 确认流程畅通，再进行相关操作； 5. 定期对安全阀进行校检	3. 安全帽； 4. 防静电工服； 5. 防静电鞋	停运螺杆空气压缩机
	机械伤害	1. 操作人员劳动防护用品穿戴不当； 2. 联轴器护罩缺失或损坏； 3. 对运行的设备进行清、润滑； 4. 长时间超负荷运行； 5. 工具使用不当； 6. 未断电就进行设备维修； 7. 操作时出现误操作； 8. 带压拆卸或更换零部件	1. 选择符合要求的劳动防护用品；正确穿戴劳动防护用品； 2. 加装联轴器护罩，不得随意拆除；禁止用手碰触旋转部位； 3. 设备运转时，禁止清扫、擦洗、润滑； 4. 控制压缩机的参数在额定范围内； 5. 正确使用各种工具；严禁使用有缺陷的工具； 6. 设备检修必须断电，执行挂牌制度； 7. 严格按照操作规程操作； 8. 严禁带压维修或更换零部件	1. 护目镜； 2. 防爆工具； 3. 安全帽； 4. 防静电工服； 5. 防静电鞋	停运螺杆空气压缩机

续表

设备设施名称	风险点源	原因分析	防控措施		应急处置措施
			常规措施	个体防护	
螺杆空气压缩机	设备损坏	1. 地脚螺栓松动； 2. 润滑不良； 3. 工具使用不当； 4. 设备长时间超负荷运行； 5. 操作时出现误操作； 6. 维护保养不当	1. 紧固地脚螺栓； 2. 加注润滑油符合技术要求； 3. 需要专用工具的，必须使用专用工具； 4. 严格执行设备管理制度，禁止机泵超负荷运行； 5. 严格按照操作规程操作； 6. 严格按照设备保养周期进行保养	1. 护目镜； 2. 防爆工具； 3. 安全帽； 4. 防静电工服； 5. 防静电鞋	1. 及时调整运行参数； 2. 加强监控和巡检，防止超压情况发生； 3. 停运螺杆空气压缩机
	触电	1. 操作人员劳动防护用品穿戴不当； 2. 漏电； 3. 操作时出现误操作； 4. 未断电就进行维护	1. 选择符合要求的劳动防护用品；正确穿戴劳动防护用品； 2. 检查接线规范、接地接零完好； 3. 操作前先验电；严格按照操作规程操作； 4. 维护时必须断电，执行挂牌制度	1. 护目镜； 2. 防爆工具； 3. 安全帽； 4. 防静电工服； 5. 防静电鞋	在明显位置处悬挂警示牌，禁止他人触碰
	火灾爆炸	1. 操作人员劳动防护用品穿戴不当； 2. 高压空气泄漏；	1. 选择符合要求的劳动防护用品；正确穿戴劳动防护用品； 2. 及时发现并消除漏点；	1. 护目镜； 2. 防爆工具；	1. 停运螺杆空气压缩机；

续表

设备设施名称	风险点源	原因分析	防控措施		应急处置措施
			常规措施	个体防护	
螺杆空气压缩机	火灾爆炸	3. 未使用防爆工具； 4. 电气设施防爆性能缺失； 5. 防静电设施缺陷； 6. 人员误操作引起超压； 7. 设备缺陷保护装置失效； 8. 受压部件腐蚀承受力降低	3. 正确使用防爆工具； 4. 定期检查防爆设施； 5. 定期检查防静电设施完好； 6. 严格执行操作规程； 7. 定期检查保护装置； 8. 定期检测受压部件壁厚	3. 安全帽； 4. 防静电工服； 5. 防静电鞋	2. 执行岗位应急处置程序
	安全附件导致设备超工作参数运行	1. 压力表损坏、量程不合理或超期在用，导致无法准确录取数据； 2. 压力表未按要求设计和安装； 3. 压力表未按要求维修、保养、检验	1. 加强检查，确保压力表正常运行； 2. 定期开展维修、保养、检验工作	1. 护目镜； 2. 防爆工具； 3. 安全帽； 4. 防静电工服； 5. 防静电鞋	1. 及时调整运行参数； 2. 加强监控和巡检，防止超压情况发生
	阀门、管线泄漏造成环境污染	1. 设备设施未按要求进行维修、保养； 2. 未按要求对设备进行检查； 3. 阀门、法兰渗漏	1. 加强阀门、管线密封点泄漏检查，及时进行更换维修； 2. 针对泄漏点及时采取收集措施，防止污染物落地	1. 护目镜； 2. 防爆工具； 3. 安全帽； 4. 防静电工服； 5. 防静电鞋	1. 停运螺杆空气压缩机； 2. 组织维修

6. 离心泵风险点源识别与防控措施。

表 13　离心泵风险点源识别与防控措施

设备设施名称	风险点源	原因分析	防控措施		应急处置措施
			常规措施	个体防护	
离心泵	机械伤害	1. 地脚螺栓、护罩螺栓等固定螺栓松动； 2. 机组润滑系统故障； 3. 机组运行时漏油； 4. 操作时工具使用不当； 5. 机组长时间超负荷运行； 6. 操作时出现误操作； 7. 劳动保护用品穿戴不规范	1. 正确穿戴防护用品； 2. 按操作规程操作； 3. 按照维修保养规程进行保养	1. 护目镜； 2. 防爆工具； 3. 安全帽； 4. 防静电工服； 5. 防静电鞋	1. 选择符合要求的劳动防护用品； 2. 正确穿戴劳动防护用品； 3. 设备运转时，禁止清扫、擦洗； 4. 正确使用各种工具； 5. 严格按照操作规程操作； 6. 操作环境照明、采光充足； 7. 在旋转位置悬挂安全警示牌
	设备带电造成人员受伤	设备接地未按要求安装和敷设	按要求安装接地设施，定期开展接地检测工作	1. 护目镜； 2. 防爆工具； 3. 安全帽； 4. 防静电工服； 5. 防静电鞋	在明显位置处悬挂警示牌，禁止他人触碰
	安全附件故障导致设备超工作参数运行	1. 压力表、温度表、流量表等损坏、量程不合理或超期在用，导致无法准确录取数据；	1. 加强检查，确保压力表、温度表、流量表等正常运行；	1. 护目镜； 2. 防爆工具；	1. 及时维修更换故障安全附件，调整运行参数； 2. 加强监控和巡检，防止超压、超温、超负荷情况发生；

续表

设备设施名称	风险点源	原因分析	防控措施		应急处置措施
			常规措施	个体防护	
离心泵	安全附件故障导致设备超工作参数运行	2. 压力表、温度表、流量表等未按要求设计和安装； 3. 压力表、温度表、流量表等未按要求维修、保养、检验； 4. 压力、温度、流量等仪表远传故障	2. 按要求开展安全附件维修、保养、检验工作	3. 安全帽； 4. 防静电工服； 5. 防静电鞋	3. 定期检验安全附件，做好安全附件维修维护工作； 4. 严禁使用超期服役的安全附件
	灼烫	1. 操作人员劳动防护用品穿戴不当； 2. 高温介质泄漏； 3. 维护时出现误操作； 4. 高温部位保温层损坏，现场无警示标志	1. 正确穿戴防护用品； 2. 按操作规程操作； 3. 按照维修保养规程进行保养	1. 护目镜； 2. 防爆工具； 3. 安全帽； 4. 防静电工服； 5. 防静电鞋； 6. 防护手套	1. 选择符合要求的劳动防护用品； 2. 正确穿戴劳动防护用品； 3. 及时巡检和远程检查异常参数； 4. 如有漏点不要近距离观察和身体接触； 5. 严格执行操作规程； 6. 严禁肢体直接接触高温部位； 7. 高温部位加装保温材料和警告标志

续表

设备设施名称	风险点源	原因分析	防控措施		应急处置措施
			常规措施	个体防护	
离心泵	噪声伤害	1. 操作人员劳动防护用品穿戴不当； 2. 消声设施缺失或损坏； 3. 设备运行异常	1. 正确穿戴防护用品； 2. 按操作规程操作； 3. 按照维修保养规程进行保养	1. 护目镜； 2. 防爆工具； 3. 安全帽； 4. 防静电工服； 5. 防静电鞋	1. 操作工必须佩戴隔音耳罩或耳塞，避免受到噪声危害； 2. 用专用听针、振动仪诊断设备异常； 3. 及时调整设备参数，消除不正常噪声
	密封、阀门、管线等密封点泄漏	1. 设备设施未按要求进行维修、保养； 2. 未按要求对设备进行检查； 3. 阀门、法兰密封垫片失效导致渗漏	1. 加强密封、阀门、管线等密封点泄漏检查，及时进行更换维修； 2. 针对泄漏点及时采取收集措施	1. 护目镜； 2. 防爆工具； 3. 安全帽； 4. 防静电工服； 5. 防静电鞋	1. 停运泄漏设备； 2. 组织维修

7. 往复泵风险点源识别与防控措施。

表 14　往复泵风险点源识别与防控措施

设备设施名称	风险点源	原因分析	防控措施		应急处置措施
			常规措施	个体防护	
往复泵	机械伤害	1. 地脚螺栓、护罩螺栓等固定螺栓松动；	1. 正确穿戴防护用品；	1. 护目镜； 2. 防爆工具；	1. 选择符合要求的劳动防护用品；

续表

设备设施名称	风险点源	原因分析	防控措施		应急处置措施
			常规措施	个体防护	
往复泵	机械伤害	2. 机泵润滑系统故障； 3. 机泵运行时漏油； 4. 操作时工具使用不当； 5. 机泵长时间超负荷运行； 6. 操作时出现误操作； 7. 劳动保护用品穿戴不规范； 8. 带压拆卸或更换零部件	2. 按操作规程操作； 3. 按照维修保养规程进行保养； 4. 严禁带压维修或更换零部件	3. 安全帽； 4. 防静电工服； 5. 防静电鞋	2. 正确穿戴劳动防护用品； 3. 设备运转时，禁止清扫、擦洗； 4. 正确使用各种工具； 5. 严格按照操作规程操作； 6. 操作环境照明、采光充足； 7. 在旋转位置悬挂安全警示牌
	设备带电造成人员受伤	设备接地未按要求安装和敷设	按要求安装接地设施，定期开展接地检测工作	1. 护目镜； 2. 防爆工具； 3. 安全帽； 4. 防静电工服； 5. 防静电鞋	在明显位置处悬挂警示牌，禁止他人触碰
	安全附件故障导致设备超工作参数运行	1. 压力表、温度表、流量表等损坏、量程不合理或超期在用，导致无法准确录取数据；	1. 加强检查，确保压力表、温度表、流量表等正常运行；	1. 护目镜； 2. 防爆工具； 3. 安全帽；	1. 及时维修更换故障安全附件，调整运行参数；

续表

设备设施名称	风险点源	原因分析	防控措施		应急处置措施
			常规措施	个体防护	
往复泵	安全附件故障导致设备超工作参数运行	2. 压力表、温度表、流量表等未按要求设计和安装； 3. 压力表、温度表、流量表等未按要求维修、保养、检验； 4. 压力、温度、流量等仪表远传故障	2. 按要求开展安全附件维修、保养、检验工作	4. 防静电工服； 5. 防静电鞋	2. 加强监控和巡检，防止超压、超温、超负荷情况发生； 3. 定期检验安全附件，做好安全附件维修维护工作； 4. 严禁使用超期服役的安全附件
	高压伤人	1. 管线腐蚀穿孔； 2. 误操作造成泵出口憋压； 3. 施工不慎造成管线损坏； 4. 维修或更换闸门、仪表时，未切断压源并放空； 5. 下游流程不通造成憋压； 6. 安全阀失效	1. 按时巡回检查，定期检测受压部件壁厚； 2. 加强施工管理，明确管网分布； 3. 严禁带压维修、更换操作； 4. 确认流程畅通，再进行相关操作； 5. 定期对安全阀进行校检	1. 护目镜； 2. 防爆工具； 3. 安全帽； 4. 防静电工服； 5. 防静电鞋	1. 停运往复泵； 2. 执行岗位应急处置程序

续表

设备设施名称	风险点源	原因分析	防控措施		应急处置措施
			常规措施	个体防护	
往复泵	噪声伤害	1. 操作人员劳动防护用品穿戴不当； 2. 消声设施缺失或损坏； 3. 设备运行异常	1. 正确穿戴防护用品； 2. 按操作规程操作； 3. 按照维修保养规程进行保养	1. 护目镜； 2. 防爆工具； 3. 安全帽； 4. 防静电工服； 5. 防静电鞋	1. 操作工必须佩戴隔音耳罩或耳塞，避免受到噪声危害； 2. 用专用听针、振动仪诊断设备异常； 3. 及时调整设备参数，消除不正常噪声
	密封、阀门、管线等密封点泄漏	1. 设备设施未按要求进行维修、保养； 2. 未按要求对设备进行检查； 3. 阀门、法兰密封垫片失效导致渗漏	1. 加强密封、阀门、管线等密封点泄漏检查，及时进行更换维修； 2. 针对泄漏点及时采取收集措施	1. 护目镜； 2. 防爆工具； 3. 安全帽； 4. 防静电工服； 5. 防静电鞋	1. 停运泄漏设备； 2. 组织维修

8. 螺杆泵风险点源识别与防控措施。

表 15　螺杆泵风险点源识别与防控措施

设备设施名称	风险点源	原因分析	防控措施		应急处置措施
			常规措施	个体防护	
螺杆泵	高压伤人	1. 管线腐蚀穿孔； 2. 误操作造成泵出口憋压；	1.按时巡回检查，定期检测受压部件壁厚；	1. 护目镜；	停运螺杆泵

续表

设备设施名称	风险点源	原因分析	防控措施		应急处置措施
			常规措施	个体防护	
螺杆泵	高压伤人	3. 施工不慎造成管线损坏； 4. 维修或更换闸门、仪表时，未切断压源并放空； 5. 下游流程不通造成憋压； 6. 安全阀失效	2. 加强施工管理，明确管网分布； 3. 严禁带压维修、更换操作； 4. 确认流程畅通，再进行相关操作； 5. 定期对安全阀进行校检	2. 防爆工具； 3. 安全帽； 4. 防静电工服； 5. 防静电鞋	停运螺杆泵
	机械伤害	1. 操作人员劳动防护用品穿戴不当； 2. 联轴器护罩缺失或损坏； 3. 对运行的设备进行清、润滑； 4. 长时间超负荷运行； 5. 工具使用不当； 6. 未断电就进行设备维修； 7. 操作时出现误操作； 8. 带压拆卸或更换零部件	1. 选择符合要求的劳动防护用品；正确穿戴劳动防护用品； 2. 加装联轴器护罩，不得随意拆除；禁止用手碰触旋转部位； 3. 设备运转时，禁止清扫、擦洗、润滑； 4. 控制泵的流量、扬程在额定范围内； 5. 正确使用各种工具；严禁使用有缺陷的工具； 6. 设备检修必须断电，执行挂牌制度； 7. 严格按照操作规程操作； 8. 严禁带压维修或更换零部件	1. 护目镜； 2. 防爆工具； 3. 安全帽； 4. 防静电工服； 5. 防静电鞋	停运螺杆泵

续表

设备设施名称	风险点源	原因分析	防控措施		应急处置措施
			常规措施	个体防护	
螺杆泵	设备损坏	1. 地脚螺栓松动； 2. 润滑不良； 3. 工具使用不当； 4. 设备长时间超负荷运行； 5. 操作时出现误操作； 6. 维护保养不当	1. 紧固地脚螺栓； 2. 加注润滑油符合技术要求；润滑油液位保持在看窗 1/2 ～ 2/3 处； 3. 需要专用工具的，必须使用专用工具； 4. 严格执行设备管理制度，禁止机泵超负荷运行； 5. 严格按照操作规程操作； 6. 严格按照设备保养周期进行保养	1. 护目镜； 2. 防爆工具； 3. 安全帽； 4. 防静电工服； 5. 防静电鞋	1. 及时调整运行参数； 2. 加强监控和巡检，防止超压情况发生； 3. 停运螺杆泵
	触电	1. 操作人员劳动防护用品穿戴不当； 2. 漏电； 3. 操作时出现误操作； 4. 未断电就进行维护	1. 选择符合要求的劳动防护用品；正确穿戴劳动防护用品； 2. 检查接线规范、接地接零完好； 3. 操作前先验电；严格按照操作规程操作； 4. 维护时必须断电，执行挂牌制度	1. 护目镜； 2. 防爆工具； 3. 安全帽； 4. 防静电工服； 5. 防静电鞋	在明显位置处悬挂警示牌，禁止他人触碰

续表

设备设施名称	风险点源	原因分析	防控措施		应急处置措施
			常规措施	个体防护	
螺杆泵	火灾爆炸	1. 设备运行时泄漏； 2. 设备（输油泵）超温超压运行； 3. 维修现场杂乱； 4. 未使用防爆工具	1. 停泵，查找漏油原因，消除泄漏点； 2. 保证输送介质在正常温度； 3. 严格执行设备管理制度，禁止设备超温超压运行； 4. 废弃油料合理排放；维修现场通风良好； 5. 油气场所使用防爆工具	1. 护目镜； 2. 防爆工具； 3. 安全帽； 4. 防静电工服； 5. 防静电鞋	1. 停运螺杆泵； 2. 执行岗位应急处置程序
	安全附件导致设备超工作参数运行	1. 压力表损坏、量程不合理或超期在用，导致无法准确录取数据； 2. 压力表未按要求设计和安装； 3. 压力表未按要求维修、保养、检验	1. 加强检查，确保压力表正常运行； 2. 定期开展维修、保养、检验工作	1. 护目镜； 2. 防爆工具； 3. 安全帽； 4. 防静电工服； 5. 防静电鞋	1. 及时调整运行参数； 2. 加强监控和巡检，防止超压情况发生
	阀门、管线泄漏造成环境污染	1. 设备设施未按要求进行维修、保养； 2. 未按要求对设备进行检查； 3. 阀门、法兰渗漏	1. 加强阀门、管线密封点泄漏检查，及时进行更换维修； 2. 针对泄漏点及时采取收集措施，防止污染物落地	1. 护目镜； 2. 防爆工具； 3. 安全帽； 4. 防静电工服； 5. 防静电鞋	1. 停运螺杆泵； 2. 组织维修

9. 风机风险点源识别与防控措施。

表 16　空冷器风机设备设施风险点源识别与防控措施

设备设施名称	风险点源	原因分析	防控措施		应急处置措施
			常规措施	个体防护	
空冷器风机	机械伤害	1. 地脚螺栓、护罩螺栓等固定螺栓松动； 2. 本体、润滑系统故障； 3. 操作时工具使用不当； 4. 巡检不到位； 5. 长时间超负荷运行； 6. 误操作； 7. 劳动保护用品穿戴不规范	1. 正确穿戴防护用品； 2. 正确使用各种工具； 3. 按巡回检查点项进行巡检； 4. 按操作规程操作、保养； 5. 作业时做好能量隔离	1. 护目镜； 2. 防爆工具； 3. 安全帽； 4. 防静电工服； 5. 防静电鞋	1. 确保操作环境照明、采光充足； 2. 在旋转位置悬挂安全警示牌，做好警示标语，提示相关风险
	高处跌落	梯子、护罩等防护不规范、不到位	1. 正确穿戴防护用品； 2. 按操作规程操作； 3. 按照维修保养规程进行保养； 4. 规范防护设施	1. 护目镜； 2. 防爆工具； 3. 安全帽； 4. 防静电工服； 5. 防静电鞋	1. 做好警示标语，提示相关风险； 2. 作业时配备监护人
	设备带电造成人员受伤	设备接地未按要求安装和敷设	按要求安装接地设施，定期开展接地检测工作	1. 护目镜； 2. 防爆工具； 3. 安全帽； 4. 防静电工服； 5. 防静电鞋	在明显位置处悬挂警示牌，禁止他人触碰
	安全附件故障导致设备超工作参数运行	1. 压力表、温度表、电流表等损坏、量程不合理或超期在用，导致无法准确录取数据；	1. 按要求巡检安全附件，确保压力表、温度表、流量表等正常运行；	1. 护目镜； 2. 防爆工具；	1. 严禁使用超期服役的安全附件；

续表

设备设施名称	风险点源	原因分析	防控措施		应急处置措施
			常规措施	个体防护	
空冷器风机	安全附件故障导致设备超工作参数运行	2. 压力表、温度表、电流表等未按要求设计和安装； 3. 压力表、温度表、电流表等未按要求维修、保养、检验； 4. 压力、温度、电流等仪表远传故障	2. 按要求开展安全附件维修、保养、检验工作	3. 安全帽； 4. 防静电工服； 5. 防静电鞋	2. 及时检查相关运行参数并调整
	灼烫	1. 操作人员劳动防护用品穿戴不当； 2. 高温介质泄漏； 3. 误操作； 4. 高温部位保温层损坏，或未加保温材料	1. 正确穿戴防护用品； 2. 正确使用各种工具； 3. 按操作规程操作、维护； 4. 按要求巡检	1. 护目镜； 2. 防爆工具； 3. 安全帽； 4. 防静电工服； 5. 防静电鞋； 6. 防护手套	在明显位置悬挂警告标志，提示风险
	噪声伤害	1. 操作人员劳动防护用品穿戴不当； 2. 消声设施缺失或损坏； 3. 设备运行异常	1. 正确穿戴防护用品； 2. 正确使用各种工具； 3. 按操作规程操作、维护； 4. 按要求巡检	1. 护目镜； 2. 防爆工具； 3. 安全帽； 4. 防静电工服； 5. 防静电鞋； 6. 隔音耳罩或耳塞	1. 及时调整设备参数，消除不正常噪声； 2. 在明显位置悬挂警告标志，提示风险

续表

设备设施名称	风险点源	原因分析	防控措施		应急处置措施
			常规措施	个体防护	
空冷器风机	设备本体密封点泄漏	1. 设备设施未按要求进行维修、保养； 2. 巡检不到位； 3. 密封件失效	1. 按要求进行巡检； 2. 按规程进行操作、维护； 3. 及时处理泄漏点或采取收集措施	1. 护目镜； 2. 防爆工具； 3. 安全帽； 4. 防静电工服； 5. 防静电鞋	1. 在明显位置悬挂警告标志，提示风险； 2. 立即启动紧急操作或应急措施

表 17 通风机设备设施风险点源识别与防控措施

设备设施名称	风险点源	原因分析	防控措施		应急处置措施
			常规措施	个体防护	
通风机	机械伤害	1. 地脚螺栓、护罩螺栓等固定螺栓松动； 2. 本体、润滑系统故障； 3. 操作时工具使用不当； 4. 巡检不到位； 5. 长时间超负荷运行； 6. 误操作； 7. 劳动保护用品穿戴不规范	1. 正确穿戴防护用品； 2. 正确使用各种工具； 3. 按巡回检查点项进行巡检； 4. 按操作规程操作、保养； 5. 作业时做好能量隔离	1. 护目镜； 2. 防爆工具； 3. 安全帽； 4. 防静电工服； 5. 防静电鞋	1. 确保操作环境照明、采光充足； 2. 在旋转位置悬挂安全警示牌，做好警示标语，提示相关风险
	跌落	梯子、护罩等防护不规范、不到位	1. 正确穿戴防护用品； 2. 按操作规程操作； 3. 按照维修保养规程进行保养； 4. 规范防护设施	1. 护目镜； 2. 防爆工具； 3. 安全帽； 4. 防静电工服； 5. 防静电鞋	1. 做好警示标语，提示相关风险； 2. 作业时配备监护人

续表

设备设施名称	风险点源	原因分析	防控措施		应急处置措施
			常规措施	个体防护	
通风机	设备带电造成人员受伤	设备接地未按要求安装和敷设	按要求安装接地设施，定期开展接地检测工作	1. 护目镜； 2. 防爆工具； 3. 安全帽； 4. 防静电工服； 5. 防静电鞋	在明显位置处悬挂警示牌，禁止他人触碰
	安全附件故障导致设备超工作参数运行	1. 压力表、温度表、电流表等损坏、量程不合理或超期在用，导致无法准确录取数据； 2. 压力表、温度表、电流表等未按要求设计和安装； 3. 压力表、温度表、电流表等未按要求维修、保养、检验； 4. 压力、温度、电流等仪表远传故障	1. 按要求巡检安全附件，确保压力表、温度表、流量表等正常运行； 2. 按要求开展安全附件维修、保养、检验工作	1. 护目镜； 2. 防爆工具； 3. 安全帽； 4. 防静电工服； 5. 防静电鞋	1. 严禁使用超期服役的安全附件； 2. 及时检查相关运行参数并调整
	灼烫	1. 操作人员劳动防护用品穿戴不当； 2. 高温介质泄漏； 3. 误操作； 4. 高温部位保温层损坏，或未加保温材料	1. 正确穿戴防护用品； 2. 正确使用各种工具； 3. 按操作规程操作、维护； 4. 按要求巡检	1. 护目镜； 2. 防爆工具； 3. 安全帽； 4. 防静电工服； 5. 防静电鞋； 6. 防护手套	在明显位置悬挂警告标志，提示风险

续表

设备设施名称	风险点源	原因分析	防控措施		应急处置措施
			常规措施	个体防护	
通风机	噪声伤害	1. 操作人员劳动防护用品穿戴不当； 2. 消声设施缺失或损坏； 3. 设备运行异常	1. 正确穿戴防护用品； 2. 正确使用各种工具； 3. 按操作规程操作、维护； 4. 按要求巡检	1. 护目镜； 2. 防爆工具； 3. 安全帽； 4. 防静电工服； 5. 防静电鞋； 6. 隔音耳罩或耳塞	1. 及时调整设备参数，消除不正常噪声； 2. 在明显位置悬挂警告标志，提示风险
	设备本体密封点泄漏	1. 设备设施未按要求进行维修、保养； 2. 巡检不到位； 3. 密封件失效	1. 按要求进行巡检； 2. 按规程进行操作、维护； 3. 及时处理泄漏点或采取收集措施	1. 护目镜； 2. 防爆工具； 3. 安全帽； 4. 防静电工服； 5. 防静电鞋	1. 在明显位置悬挂警告标志，提示风险； 2. 立即启动紧急操作或应急措施

表 18　罗茨风机设备设施风险点源识别与防控措施

设备设施名称	风险点源	原因分析	防控措施		应急处置措施
			常规措施	个体防护	
罗茨风机	机械伤害	1. 地脚螺栓、护罩螺栓等固定螺栓松动； 2. 润滑系统、本体故障；	1. 正确穿戴防护用品； 2. 正确使用各种工具； 3. 按巡回检查点项进行巡检；	1. 护目镜； 2. 防爆工具； 3. 安全帽；	1. 确保操作环境照明、采光充足；

续表

设备设施名称	风险点源	原因分析	防控措施		应急处置措施
			常规措施	个体防护	
罗茨风机	机械伤害	3. 操作时工具使用不当； 4. 巡检不到位； 5. 长时间超负荷运行； 6. 误操作； 7. 劳动保护用品穿戴不规范	4. 按操作规程操作、保养； 5. 作业时做好能量隔离	4. 防静电工服； 5. 防静电鞋	2. 在旋转位置悬挂安全警示牌，做好警示标语，提示相关风险
	设备带电造成人员受伤	设备接地未按要求安装和敷设	按要求安装接地设施，定期开展接地检测工作	1. 护目镜； 2. 防爆工具； 3. 安全帽； 4. 防静电工服； 5. 防静电鞋	在明显位置处悬挂警示牌，禁止他人触碰
	人员窒息或恐慌	1. 受限空间操作、作业； 2. 偏远环境操作、作业	1. 确保操作环境照明、采光充足； 2. 确保操作间通风良好	1. 护目镜； 2. 防爆工具； 3. 安全帽； 4. 防静电工服； 5. 防静电鞋； 6. 配备手电	1. 偏远操作间配备防恐工具； 2. 受限空间配备可燃气体检测设备； 3. 启动应急处置程序或措施
	安全附件故障导致设备超工作参数运行	1. 压力表、温度表、电流表等损坏、量程不合理或超期在用，导致无法准确录取数据；	1. 按要求巡检安全附件，确保压力表、温度表、流量表等正常运行；	1. 护目镜； 2. 防爆工具；	1. 严禁使用超期服役的安全附件；

续表

设备设施名称	风险点源	原因分析	防控措施		应急处置措施
			常规措施	个体防护	
罗茨风机	安全附件故障导致设备超工作参数运行	2. 压力表、温度表、电流表等未按要求设计和安装；3. 压力表、温度表、电流表等未按要求维修、保养、检验；4. 压力、温度、电流等仪表远传故障	2. 按要求开展安全附件维修、保养、检验工作	3. 安全帽；4. 防静电工服；5. 防静电鞋	2. 及时检查相关运行参数并调整
	噪声伤害	1. 操作人员劳动防护用品穿戴不当；2. 消声设施缺失或损坏；3. 设备运行异常	1. 正确穿戴防护用品；2. 正确使用各种工具；3. 按操作规程操作、维护；4. 按要求巡检	1. 护目镜；2. 防爆工具；3. 安全帽；4. 防静电工服；5. 防静电鞋；6. 隔音耳罩或耳塞	1. 及时调整设备参数，消除不正常噪声；2. 在明显位置悬挂警告标志，提示风险
	设备本体密封点泄漏	1. 设备设施未按要求进行维修、保养；2. 巡检不到位；3. 密封件失效	1. 按要求进行巡检；2. 按规程进行操作、维护；3. 及时处理泄漏点或采取收集措施	1. 护目镜；2. 防爆工具；3. 安全帽；4. 防静电工服；5. 防静电鞋	1. 在明显位置悬挂警告标志，提示风险；2. 立即启动紧急操作或应急措施

10. 加热炉风险点源识别与防控措施。

表 19 加热炉风险点源识别与防控措施

设备设施名称	风险点源	原因分析	防控措施		应急处置措施
			常规措施	个体防护	
加热炉	泄漏	1. 设备设施未按要求进行维修、保养； 2. 未按要求对设备进行检查； 3. 阀门、法兰渗漏	1. 加强密封、阀门、管线等密封点泄漏检查，及时进行更换维修； 2. 针对泄漏点及时采取收集措施，防止污染物落地	1. 护目镜； 2. 防爆工具； 3. 安全帽； 4. 防静电工服； 5. 防静电鞋	1. 停运泄漏设备； 2. 组织维修
	火灾爆炸	管线泄漏介质被炉火引燃或炉体存在可燃物被引燃，进而造成爆炸	定期对管线进行检测，加强泄漏和可燃物监管	1. 隔热服； 2. 空气呼吸器； 3. 隔热靴； 4. 隔热手套	立即停炉、切断流程、启动火灾应急预案
	触电	1. 设备接地未按要求安装和敷设； 2. 电缆破损、配电系统漏电	1. 按要求安装接地设施，定期开展接地检测工作； 2. 加强电气设备检查和检修； 3. 在明显位置处悬挂警示牌，禁止他人触碰	1. 安全帽； 2. 防静电工服； 3. 绝缘手套； 4. 绝缘靴	启动应急预案、初步急救和拨打急救电话

续表

设备设施名称	风险点源	原因分析	防控措施		应急处置措施
			常规措施	个体防护	
加热炉	烫伤	身体部位直接接触到设备本体高温部位	佩戴隔热设施、设立高温警示牌	1. 隔热服； 2. 隔热靴； 3. 隔热手套	根据伤情进行初步急救，随后送医院就医
	安全附件导致设备超工作参数运行	1. 压力表损坏、量程不合理或超期在用，导致无法准确录取数据； 2. 压力表未按要求设计和安装； 3. 压力表未按要求维修、保养、检验	1. 加强检查，确保压力表正常运行； 2. 定期开展维修、保养、检验工作	1. 护目镜； 2. 防爆工具； 3. 安全帽； 4. 防静电工服； 5. 防静电鞋	1. 及时调整运行参数； 2. 加强监控和巡检，防止超压情况发生

11. 锅炉风险点源识别与防控措施。

表 20　锅炉风险点源识别与防控措施

设备设施名称	风险点源	原因分析	防控措施		应急处置措施
			常规措施	个体防护	
锅炉	泄漏	1. 设备设施未按要求进行维修、保养； 2. 未按要求对设备进行检查； 3. 阀门、法兰渗漏	1. 加强密封、阀门、管线等密封点泄漏检查，及时进行更换维修； 2. 针对泄漏点及时采取收集措施，防止污染物落地	1. 护目镜； 2. 防爆工具； 3. 安全帽； 4. 防静电工服； 5. 防静电鞋	1. 停运泄漏设备； 2. 组织维修

续表

设备设施名称	风险点源	原因分析	防控措施		应急处置措施
			常规措施	个体防护	
锅炉	火灾爆炸	燃气管线泄漏介质被炉火引燃或炉体存在可燃物被引燃，进而造成爆炸	定期对管线进行检测、加强泄漏和可燃物监管	1. 隔热服； 2. 空气呼吸器； 3. 隔热靴； 4. 隔热手套	立即停炉、切断流程、启动火灾应急预案
	触电	1. 设备接地未按要求安装和敷设； 2. 电缆破损、配电系统漏电	1. 按要求安装接地设施，定期开展接地检测工作； 2. 加强电气设备检查和检修； 3. 在明显位置处悬挂警示牌，禁止他人触碰	1. 安全帽； 2. 防静电工服； 3. 绝缘手套； 4. 绝缘靴	启动应急预案、初步急救和拨打急救电话
	烫伤	身体部位直接接触到设备本体高温部位	佩戴隔热设施、设立高温警示牌	1. 隔热服； 2. 隔热靴； 3. 隔热手套	根据伤情进行初步急救，随后送医院就医
	安全附件导致设备超工作参数运行	1. 压力表损坏、量程不合理或超期在用，导致无法准确录取数据； 2. 压力表未按要求设计和安装； 3. 压力表未按要求维修、保养、检验	1. 加强检查，确保压力表正常运行； 2. 定期开展维修、保养、检验工作	1. 护目镜； 2. 防爆工具； 3. 安全帽； 4. 防静电工服； 5. 防静电鞋	1. 及时调整运行参数； 2. 加强监控和巡检，防止超压情况发生

12. 起重机风险点源识别与防控措施。

表 21　起重机风险点源识别与防控措施

设备设施名称	风险点源	原因分析	防控措施		应急处置措施
			常规措施	个体防护	
起重机	触电	1. 设备接地未按要求安装和敷设； 2. 电缆破损、配电系统漏电	1. 按要求安装接地设施，定期开展接地检测工作； 2. 加强电气设备检查和检修； 3. 在明显位置处悬挂警示牌，禁止他人触碰	1. 安全帽； 2. 防静电工服； 3. 绝缘手套； 4. 绝缘靴	启动应急预案、初步急救和拨打急救电话
	机械伤害	1. 错误操作或指挥造成人员机械伤害； 2. 设备本体缺陷发生能量释放造成人员机械伤害； 3. 旋转设备造成的机械伤害	1. 加强操作人员、指挥人员技能培训； 2. 加强现场作业监管； 3. 定期对起重机本体及安全附件进行检查校验	1. 工服； 2. 安全帽； 3. 工鞋； 4. 手套	启动应急预案、初步急救和拨打急救电话
	高处坠落	操作人员、管理人员上下起重机因设备缺陷或自身因素造成高处坠落	加强高处防护措施检查	1. 防滑工鞋； 2. 无护栏佩戴安全带	启动应急预案、初步急救和拨打急救电话

13. 燃气轮机风险点源识别与防控措施。

表 22　燃气轮机风险点源识别与防控措施

设备设施名称	风险点源	原因分析	防控措施		应急处置措施
			常规措施	个体防护	
燃气轮机	高压伤人	1. 管线腐蚀穿孔； 2. 施工不慎造成管线损坏； 3. 维修或更换闸门、仪表时，未切断压源并放空	1. 按时巡回检查，定期检测受压部件壁厚； 2. 加强施工管理，明确管网分布； 3. 严禁带压维修、更换操作	1. 护目镜； 2. 防爆工具； 3. 安全帽； 4. 防静电工服； 5. 防静电鞋； 6. 防护手套； 7. 防护耳罩	1. 紧急停车； 2. 泄压后操作
	机械伤害	1. 操作人员劳动防护用品穿戴不当； 2. 联轴器护罩缺失或损坏； 3. 对运行的设备进行清、润滑； 4. 长时间超负荷运行； 5. 工具使用不当； 6. 未断电就进行设备维修； 7. 操作时出现误操作； 8. 带压拆卸或更换零部件	1. 选择符合要求的劳动防护用品；正确穿戴劳动防护用品； 2. 加装联轴器护罩，不得随意拆除；禁止用手碰触旋转部位； 3. 设备运转时，禁止清扫、擦洗、润滑； 4. 控制压缩机的参数在额定范围内； 5. 正确使用各种工具；严禁使用有缺陷的工具； 6. 设备检修必须断电，执行挂牌制度； 7. 严格按照操作规程操作； 8. 严禁带压维修或更换零部件	1. 护目镜； 2. 防爆工具； 3. 安全帽； 4. 防静电工服； 5. 防静电鞋； 6. 防护手套； 7. 防护耳罩	紧急停车

续表

设备设施名称	风险点源	原因分析	防控措施		应急处置措施
			常规措施	个体防护	
燃气轮机	设备损坏	1. 螺栓等连接件松动； 2. 润滑系统、密封系统等辅助系统及设备转子、定子部件等故障； 3. 工具使用不当； 4. 设备长时间超负荷运行； 5. 操作时出现误操作； 6. 维护保养不当；	1. 紧固地脚螺栓； 2. 加注润滑油符合技术要求； 3. 需要专用工具的，必须使用专用工具； 4. 严格执行设备管理制度，禁止机泵超负荷运行； 5. 严格按照操作规程操作、维保； 6. 按要求进行巡检	1. 护目镜； 2. 防爆工具； 3. 安全帽； 4. 防静电工服； 5. 防静电鞋； 6. 防护手套； 7. 防护耳罩	1. 紧急停车； 2. 启动应急处置措施
	跌落	1. 梯子、护罩等防护不规范、不到位； 2. 基础上有油污； 3. 未正确穿戴防护用品	1. 正确穿戴防护用品； 2. 按操作规程操作、维保； 3. 按要求进行巡检； 4. 规范防护设施	1. 护目镜； 2. 防爆工具； 3. 安全帽； 4. 防静电工服； 5. 防静电鞋； 6. 防护手套； 7. 防护耳罩	1. 做好警示标语，提示相关风险； 2. 作业时配备监护人
	触电	1. 操作人员劳动防护用品穿戴不当； 2. 漏电； 3. 操作时出现误操作； 4. 未断电就进行维护	1. 选择符合要求的劳动防护用品；正确穿戴劳动防护用品； 2. 检查接线规范、接地接零完好； 3. 操作前先验电；严格按照操作规程操作； 4. 维护时必须断电，执行挂牌制度	1. 护目镜； 2. 防爆工具； 3. 安全帽； 4. 防静电工服； 5. 防静电鞋； 6. 防护手套； 7. 防护耳罩	在明显位置处悬挂警示牌，禁止他人触碰

续表

设备设施名称	风险点源	原因分析	防控措施		应急处置措施
			常规措施	个体防护	
燃气轮机	火灾爆炸	1. 操作人员劳动防护用品穿戴不当； 2. 氨、丙烷泄漏； 3. 未使用防爆工具； 4. 电气设施防爆性能缺失； 5. 防静电设施缺陷； 6. 人员误操作引起超压； 7. 设备缺陷保护装置失效； 8. 受压部件腐蚀承受力降低	1. 选择符合要求的劳动防护用品；正确穿戴劳动防护用品； 2. 及时发现并消除漏点； 3. 正确使用防爆工具； 4. 定期检查防爆设施； 5. 定期检查防静电设施完好； 6. 严格执行操作规程； 7. 定期检查保护装置； 8. 定期检测受压部件壁厚	1. 护目镜； 2. 防爆工具； 3. 安全帽； 4. 防静电工服； 5. 防静电鞋； 6. 防护手套； 7. 防护耳罩	1. 紧急停车； 2. 执行岗位应急处置程序
	灼烫	1. 操作人员劳动防护用品穿戴不当； 2. 高温介质泄漏； 3. 维护时出现误操作； 4. 高温部位保温层损坏，现场无警示标志	1. 正确穿戴防护用品； 2. 按操作规程操作、保养； 3. 按要求进行巡检	1. 护目镜； 2. 防爆工具； 3. 安全帽； 4. 防静电工服； 5. 防静电鞋； 6. 防护手套； 7. 防护耳罩	1. 高温部位加装保温材料和警告标志； 2. 启动应急处置程序或措施

续表

设备设施名称	风险点源	原因分析	防控措施		应急处置措施
			常规措施	个体防护	
燃气轮机	噪声	1. 设备运转防护罩未关； 2. 操作人员劳动防护用品穿戴不当	1. 正确穿戴防护用品； 2. 按要求进行巡检	1. 护目镜； 2. 防爆工具； 3. 安全帽； 4. 防静电工服； 5. 防静电鞋； 6. 防护手套； 7. 防护耳罩	1. 员工在进行操作时佩戴防噪声耳包等劳动防护用品； 2. 在明显地点悬挂警示提示
	安全附件导致设备超工作参数运行	1. 压力表损坏、量程不合理或超期在用，导致无法准确录取数据； 2. 压力表未按要求设计和安装； 3. 压力表未按要求维修、保养、检验	1. 加强检查，确保压力表正常运行，及时调整运行参数； 2. 定期开展维修、保养、检验工作	1. 护目镜； 2. 防爆工具； 3. 安全帽； 4. 防静电工服； 5. 防静电鞋； 6. 防护手套； 7. 防护耳罩	1. 启动应急处置措施； 2. 紧急停车
	阀门、管线泄漏造成环境污染	1. 设备设施未按要求进行维修、保养； 2. 未按要求对设备进行检查； 3. 阀门、法兰渗漏	1. 加强阀门、管线密封点泄漏检查，及时进行更换维修； 2. 针对泄漏点及时采取收集措施，防止污染物落地	1. 护目镜； 2. 防爆工具； 3. 安全帽； 4. 防静电工服； 5. 防静电鞋； 6. 防护手套； 7. 防护耳罩	1. 紧急停车； 2. 组织维修

（三）电气

表 23　电气设备设施风险点源识别与防控措施

设备设施名称	风险点源	原因分析	防控措施		应急处置措施
			常规措施	个体防护	
防爆电机	设备带电造成人员受伤	设备接地未按要求安装和敷设	按要求安装接地设施，定期开展接地检测工作	1. 电工安全帽； 2. 防静电工服； 3. 防静电鞋； 4. 验电笔； 5. 线手套	在明显位置处悬挂警示牌，禁止他人触碰
	防爆电气设施故障引发触电火灾爆炸	1. 防爆电气和电气线路未按要求进行选型； 2. 防爆电气及电气线路未按要求进行安装和敷设； 3. 防爆电气及电气线路未按要求进行隔离密封	1. 按规范要求正确选型； 2. 按规范要求正确敷设； 3. 定期开展检查、维修、保养等工作； 4. 按要求对防爆电气及电气线路进行隔离密封	1. 电工安全帽； 2. 防静电工服； 3. 防静电鞋； 4. 验电笔； 5. 线手套	迅速切断电源，使用灭火器进行灭火
	旋转部位伤人	联轴器护罩松动、缺失，导致旋转部位裸露	按时开展检查工作	1. 护目镜； 2. 防爆工具； 3. 安全帽； 4. 防静电工服； 5. 防静电鞋	加强监控和巡检，在明显位置处悬挂警示牌，禁止他人触碰
防爆操作柱	设备带电造成人员受伤	设备接地未按要求安装和敷设	按要求安装接地设施，定期开展接地检测工作	1. 电工安全帽； 2. 防静电工服； 3. 防静电鞋； 4. 验电笔； 5. 线手套	在明显位置处悬挂警示牌，禁止他人触碰

设备设施名称	风险点源	原因分析	防控措施		应急处置措施
			常规措施	个体防护	
防爆操作柱	防爆电气设施故障引发触电火灾爆炸	1. 防爆电气和电气线路未按要求进行选型； 2. 防爆电气及电气线路未按要求进行安装和敷设； 3. 防爆电气及电气线路未按要求进行隔离密封	1. 按规范要求正确选型； 2. 按规范要求正确敷设； 3. 定期开展检查、维修、保养等工作； 4. 按要求对防爆电气及电气线路进行隔离密封	1. 电工安全帽； 2. 防静电工服； 3. 防静电鞋； 4. 验电笔； 5. 线手套	迅速切断电源，使用灭火器进行灭火
	设备故障导致设备超工作参数运行	1. 电流表损坏、量程不合理或超期在用，导致无法准确录取数据； 2. 电流表未按要求设计安装； 3. 电流表未按要求维修、保养、检验	1. 加强检查，确保电流表正常运行； 2. 定期开展维修、保养、检验工作	1. 护目镜； 2. 防爆工具； 3. 安全帽； 4. 防静电工服； 5. 防静电鞋	及时调整运行参数加强监控和巡检，防止超量程情况发生
防爆配电箱	配电箱故障引发触电火灾	1. 电气设备接地未按要求安装和敷设； 2. 配电设备布置未采取安全措施；	1. 按要求安装和敷设节点； 2. 采取合理有效的安全措施；	1. 电工安全帽； 2. 防静电工服；	迅速切断故障设备电源，使用灭火器进行灭火

续表

设备设施名称	风险点源	原因分析	防控措施		应急处置措施
			常规措施	个体防护	
防爆配电箱	配电箱故障引发触电火灾	3. 配电设备防触电措施不符合要求； 4. 配电箱盖螺栓未紧固； 5. 设备设施未按要求进行维修、保养； 6. 未按要求设置标志标识	3. 防触电措施应符合要求； 4. 按要求设置标志； 5. 定期开展设备检查、维修、保养等工作	3. 防静电鞋； 4. 验电笔； 5. 线手套	迅速切断故障设备电源，使用灭火器进行灭火
	线路故障引发触电火灾	1. 防爆电气和电气线路未按要求进行选型； 2. 防爆电气及电气线路未按要求进行安装和敷设； 3. 电气设备接地未按要求安装和敷设； 4. 防爆电气及电气线路未按要求进行隔离密封	1. 按要求对防爆电气和电气线路进行选型； 2. 按要求安装防爆电气及电气线路； 3. 按要求对防爆电气及电气线路进行隔离密封	1. 电工安全帽； 2. 防静电工服； 3. 防静电鞋； 4. 验电笔； 5. 线手套	迅速切断电源，使用灭火器进行灭火
避雷设施、接地	容器、设备带电造成触电伤害	1. 避雷引下线腐蚀、断裂；	按要求安装接地设施，定期开展接地检测工作		在明显位置处悬挂警示牌，禁止他人触碰

续表

设备设施名称	风险点源	原因分析	防控措施		应急处置措施
			常规措施	个体防护	
避雷设施、接地	容器、设备带电造成触电伤害	2. 防雷设备未按要求进行检查； 3. 建筑物、储罐未按要求设置防雷措施； 4. 接地电阻达不到要求	按要求安装接地设施，定期开展接地检测工作		在明显位置处悬挂警示牌，禁止他人触碰
照明设施	照明设施故障引发触电火灾	1. 照明设施损坏、带电体外漏； 2. 线路、控制开关、灯不防爆或防爆密封损坏； 3. 电气设备接地未按要求安装和敷设； 4. 防爆电气和电气线路未按要求进行选型	1. 定期开展检查、维修、保养等工作； 2. 按规范要求正确敷设线路； 3. 按要求安装防爆电气及电气线路； 4、按规范要求正确选型	1. 电工安全帽； 2. 防静电工服； 3. 防静电鞋； 4. 验电笔； 5. 线手套	加强巡检及时发现可疑情况，迅速切断电源，组织进行灭火
人体静电消除器	人体静电消除器故障引起火灾爆炸	静电消除器未按要求进行安装和使用	定期开展检查、维修、保养工作	1. 护目镜； 2. 防爆工具； 3. 安全帽； 4. 防静电工服； 5. 防静电鞋	停运故障设备

设备设施名称	风险点源	原因分析	防控措施		应急处置措施
			常规措施	个体防护	
电伴热	电伴热故障引发火灾爆炸	1. 防爆电气和电气线路未按要求进行选型； 2. 防爆电气及电气线路未按要求进行安装和敷设； 3. 电伴热温控系统失灵； 4. 电伴热敷设不规范	1. 按规范要求正确选型； 2. 按规范要求正确敷设线路； 3. 定期开展检查、维修、保养等工作	1. 电工安全帽； 2. 防静电工服； 3. 防静电鞋； 4. 验电笔； 5. 线手套	加强巡检及时发现可疑情况，迅速切断电源，组织进行灭火
	接地、接零导致触电	电伴热温控器未接地	按要求进行接地	1. 电工安全帽； 2. 防静电工服； 3. 防静电鞋； 4. 验电笔； 5. 线手套	迅速切断电源，组织人员进行维修，悬挂标识，防止无关人员触碰
电缆	线路发生触电、火灾事故	1. 电缆敷设错误； 2. 配电柜电缆未按要求设置防护措施； 3. 配电柜电缆选型不正确、接线不规范； 4. 配电线路保护装置未按要求装设	1. 按规范要求正确敷设电缆； 2. 设置正确有效的防护措施； 3. 电缆接线规范，选型符合要求； 4. 按要求装置配电线路保护装置	1. 电工安全帽； 2. 防静电工服； 3. 防静电鞋； 4. 验电笔； 5. 线手套	迅速切断电源，使用灭火器进行灭火

常见故障判断处理

（一）通用故障判断处理

1. 安全阀内漏。

故障现象：

（1）系统压力下降；

（2）安全阀出口管线有介质流动；

（3）安全阀出口管线温度与入口温度接近或低温介质安全阀出口管线结霜。

故障危害：

（1）工艺气体外泄，造成较大的经济损失，并造成环境污染；

（2）系统压力下降，影响正常运行。

故障原因：

（1）阀芯与阀座接触面损坏；

（2）阀芯与阀座接触面有污物；

（3）杠杆安全阀的杠杆与支点偏斜或弹簧的平面不平等原因，使阀芯和阀座接触不正；

（4）弹簧已疲劳；

（5）排气管产生的过大应力加在阀上，起跳后不回位。

处理方法：

（1）停运安全阀所保护的设备；

（2）将安全阀送至指定的校验单位进行清理、维修、密封面研磨、更换合格零部件，试压合格后重新安装；

（3）更换新的安全阀；

（4）为防止安全阀故障，控制工艺参数时应减少压力的波动，避免超压现象出现。

案例分析：

（1）问题描述：某浅冷装置 ME 显示入口快速切断阀出现错误报警，C-501 压缩机电流降低，V 锥流量计显示装置入口气流量为 0。压缩机一段、二段回流阀自动打开，在此过程中，由于入口气量降为 0，系统压力下降，装置出口阀逐渐关闭。随后，入口快速切断阀自动打开，入口气量突然升高，出口阀没有自动打开，导致压缩机二段出口压力升高达到 1.86MPa，安全阀起跳。岗位员工将出口阀打为手动，随着调节进行，压缩机电流等参数相继恢复正常。为防止安全阀再次起跳，操作人员逐步降低系统压力至运行平稳后，开始恢复系统压力，之后安全阀在低于整定压力下再次起跳不复位，手动停机。

（2）现场检查：浅冷装置入口快速切断阀继电器故障；安全阀出口管线有介质流动。

（3）原因诊断：浅冷装置入口快速切断阀继电器故障，使入口快速切断阀突然关闭和打开，导致系统参数大幅度波动，造成压缩机二段出口安全阀起跳。安全阀在后续的运行过程中低于整定压力下起跳，且起跳后不复位，导致系统各项参数波动，无法安全平稳运行。

（4）整改措施：更换备用检定合格的安全阀。

2. 液位计浮子卡滞。

故障现象：

（1）控制室液位显示数值不变化或现场液位不变化；

（2）现场手动排放液位计放空阀，液位数值不变化；

（3）现场或远传其他液位计显示与磁浮子液位不一致。

故障危害：

（1）出现假液位，影响正常调节，易出现实际液位超高或超低，影响平稳运行，严重时会损坏设备；

（2）自动控制调节阀工作异常；液位控制不平稳。

故障原因：

（1）液位计上下连通阀开度小；

（2）浮筒上下连通管堵塞；

（3）浮子被污物卡住；

（4）浮子损坏。

处理方法：

（1）开大液位计上下连通阀；

（2）疏通浮筒上下连通保持畅通；

（3）清理浮筒内污物；

（4）维修更换浮子。

案例分析：

（1）问题描述：某日，岗位检查加热炉燃料气罐发现低点排污有液体。

（2）现场检查：某日1#轻烃罐液位指示故障，班组停用1#轻烃罐，并电话通知当天8点班副岗，关闭1#轻烃罐轻烃出入口阀门，气相平衡线阀门，气烃泵回1#罐回流线阀门。因副岗疏忽只关闭了1#罐轻烃出入口阀门，没有关闭其他阀门，轻烃由轻烃泵回流线进入1#轻烃罐，导致罐内轻烃液位超高。次日罐区泄压操作时，使外输气携带轻烃。

（3）原因诊断：轻烃罐区泄压操作时，导致外输气携带轻烃。

（4）整改措施：维修1#轻烃罐液位指示。

3. 调节控制阀出现故障。

故障现象：

（1）调节阀不动作；

（2）调节阀动作频繁，调节无效。

故障危害：

（1）压缩机联锁停机，影响装置安全运行；

（2）导致工艺介质或工艺物料损失。

故障原因：

（1）调节阀无气源或气源压力不稳定；

（2）调节器故障；

（3）定位器故障；

（4）阀芯脱落或卡滞；

（5）阀杆弯曲或执行机构锈蚀。

处理方法：

（1）检查调节阀气源是否打开，是否存在渗漏，是否存在堵塞；

（2）检查、更换调节器；

（3）检查定位器的节流孔是否堵塞，检查减压阀是否故障；

（4）检查、清理阀芯；

（5）维修阀杆，清理执行机构。

案例分析：

（1）问题描述：某日浅冷装置二级三相分离器轻烃液位调节阀故障关闭，轻烃液位由正常值 50% 升高至 60%，岗位发现及时投跨线运行。

（2）现场检查：仪表专业及维修人员检查调节阀气源正常，无泄漏；检查定位器、减压阀正常；检查阀芯、阀杆、执行机构正常，无卡滞；经排查判断二级三相分离器轻烃液位调节阀调节器故障。

（3）原因诊断：二级三相分离器轻烃液位调节阀调节器故障。

4. 空冷器风机振动大。

故障现象：

（1）空冷器风机声音异响；

（2）风扇电动机电流波动大。

故障危害：

（1）风机振动高或电动机过流停运；

（2）振动严重时会造成风机损坏。

故障原因：

（1）电动机与风机皮带轮不同心；

（2）电动机固定螺栓松动；

（3）风机缺油或轴承损坏；

（4）皮带紧或皮带轮有缺陷；

（5）风机叶片损坏。

处理方法：

（1）调整同心度；

（2）紧固电动机固定螺栓；

（3）停风机加油更换轴承；

（4）检查调整皮带或检查更换风机皮带轮；

（5）检查更换叶片。

案例分析：

（1）问题描述：某原稳装置岗位人员巡检中先听到平台上空冷器声音异常，后发现电动机已停转。

（2）现场检查：电动机非驱动端风扇、轴承正常，无损坏现象；驱动端轴承正常，无损坏现象；检查电动机转子转动灵活，值班电工检测电动机定子线圈绝缘电阻合格，重新启动电动机失败，但控制盘上电流表有电流指示，初步判断电动机为机械故障，经检查转子转轴自驱动端轴承后侧断裂。

（3）原因诊断：①变频运行传动力矩过大致使转轴断裂。由于传动力矩与频率成反比关系，相应的传动力矩增大，达到转轴所用钢材的旋转弯曲疲劳度，致使断裂。②电动机负荷瞬时增大致使转轴断裂。在拆卸原稳 2# 空冷器电动机皮带时，发现皮带咬合较紧，拆卸非常困难。而冬季环境温度低，皮带热胀冷缩，使得四根皮带咬合轮毂过紧，甚至已经产生了电动机和风机中心的较大切应力，致使电动机负荷增大，转轴断裂。

（4）整改措施：更换备用电动机；按要求检查皮带的咬合松紧度。尤其是在季节交替、温度骤变的情况下，防止皮带咬合过紧或过松。

5. 空冷器出口温度高。

故障现象：

（1）控制室内 ME 显示空冷器出口温度高或者高报警；

（2）空冷器出口现场温度表显示温度高。

故障危害：

（1）介质未达到冷却温度，影响装置运行，甚至引起压缩机联锁停机；

（2）介质未达到冷却温度，影响轻烃产量，并可能导致下游设备超温损坏。

故障原因：

（1）空冷器顶部百叶窗未打开或开度小；

（2）空冷器翅片管附着污物，影响换热效率；
（3）空冷器风机停运或变频运行不正常；
（4）风扇叶角度偏小；
（5）空冷器管束堵塞。

处理方法：
（1）调节、开大空冷器顶部百叶窗；
（2）用压风车吹扫或高压水枪冲洗空冷器翅片管；
（3）启动空冷器风机，检查风机运行状态；
（4）调节风扇叶角度；
（5）清洗、疏通空冷器管束。

6. 空冷器前后压差大。

故障现象：
（1）空冷器入口压力升高、出口压力降低；
（2）空冷器运行伴有节流声响。

故障危害：
（1）易导致系统憋压，安全阀起跳，或压缩机出口压力高或温度高联锁停机，影响安全平稳运行；
（2）易导致空冷器本体损坏。

故障原因：
（1）空冷器管束冻堵；
（2）空冷器管束脏堵。

处理方法：
（1）通过关闭百叶窗、停运空冷器风机等方式提高空冷器出口温度；
（2）停运空冷器，清洗、疏通空冷器管束。

7. 水冷器管束渗漏。

故障现象：
（1）水冷器回水管线压力升高，振动大；

（2）水冷器回水管线低点排放阀能排出天然气；

（3）水冷器天然气出口温度升高。

故障危害：

（1）水冷器回水管线带天然气，对下游带来严重安全隐患；

（2）水冷器天然气出口温度升高，影响制冷温度、轻烃产量；

（3）造成天然气损失。

故障原因：

（1）天然气中硫化氢含量高，形成酸性腐蚀；

（2）冷却水中钙、镁离子浓度高，形成垢下腐蚀。

处理方法：

（1）检查、封堵水冷器渗漏管束；

（2）选用抗腐蚀性更强的材质作管束。

案例分析：

（1）问题描述：某浅冷装置制冷压缩机因“油气压差超低”联锁停机。

（2）现场检查：检查油泵盘车正常；现场无渗漏；申请启动制冷压缩机，启动润滑油泵后，发现泵不上量，且泵出口压力低，油气压差建立不起来，无法满足启机条件。对润滑油系统进行排查，操作人员排查润滑油泵入口发现油中含水，判定水进入润滑油及氨循环系统内。

（3）原因诊断：氨水冷器内漏，且管程内水压大于壳程，水进入氨系统内，氨油在压缩机内混合，氨系统内的水进入润滑油内，润滑油被污染，润滑油黏度下降，齿轮油泵不上量，导致泵出口压力低，油气压差超低联锁停机。

（4）整改措施：为防止冷却水进入氨系统，日常操作时应控制氨水冷器内冷却水压力低于制冷压缩机出口压力

0.3MPa。制冷压缩机停机时，关闭氨水冷器冷却水流程。

8. 离心泵抽空。

故障现象：

（1）泵出口压力低；

（2）泵体振动；

（3）出口流量低；

（4）泵体发热；

（5）电动机电流低。

故障危害：

（1）造成泵汽蚀，影响装置正常运行；

（2）导致叶轮损坏。

故障原因：

（1）启泵前没有充分灌泵；

（2）泵入口罐液位低；

（3）泵入口压力低；

（4）泵入口过滤网堵塞；

（5）吸入管连接密封不严；

（6）吸入高度过高。

处理方法：

（1）停泵，重新灌泵后启动；

（2）提高泵入口罐的液位；

（3）提高泵入口压力；

（4）切换离心泵，清洗堵塞的过滤网；

（5）检查和消除渗漏点；

（6）降低吸入管架高度。

案例分析：

（1）问题描述：某日原稳装置的 2# 稳后原油泵电流为

15A（正常 19A），此时来油量正常，加热炉、空冷器出口温度，三相分离器及污水罐液位正常。

（2）现场检查：运行泵入口压力正常，运转时蜗壳声音发闷，调取油泵出口压力曲线成阶梯状上下波动，初步判断为入口过滤器堵塞。对过滤器检查时，发现大量聚合物将过滤器孔网黏住，导致油路不畅。

（3）原因诊断：入口过滤网堵塞。

（4）整改措施：启动备用稳后原油泵；对过滤器进行清洗。

9. 离心泵振动大。

故障现象：

（1）离心泵泵体及管线振动大；

（2）离心泵运行声音大；

（3）离心泵入口、出口压力波动大。

故障危害：

（1）造成连接泄漏；

（2）导致泵损坏。

故障原因：

（1）离心泵排量控制得过大；

（2）离心泵汽蚀抽空；

（3）叶轮损坏或转子不平衡；

（4）泵轴与电动机轴不同心；

（5）泵轴弯曲，转子与定子磨损；

（6）轴承磨损严重，间隙过大；

（7）平衡盘严重磨损，轴向推力过大；

（8）泵基础地脚螺栓松动；

（9）联轴器连接螺栓松动；

（10）电动机振动引起泵振动。

处理方法：

（1）降低离心泵排量；

（2）提高泵入口罐液位，停泵清除泵入口管线、过滤器及叶轮流道内杂物，重新充分灌泵后启动；

（3）停泵维修更换叶轮，转子找平衡；

（4）校正泵轴与电动机轴同心度；

（5）维修校正弯曲的泵轴或更换新的轴承，更换合格部件；

（6）检修调整轴承间隙；

（7）研磨平衡盘磨损面或更换新盘；

（8）紧固泵基础地脚螺栓；

（9）紧固联轴器连接螺栓；

（10）检查处理电动机振动故障。

10. 原料气离心压缩机供油压力低。

故障现象：

（1）原料气压缩机供油压力降低；

（2）润滑油压力低报警。

故障危害：

（1）导致轴承温度升高，严重时发生机械磨损；

（2）压缩机联锁停机，装置停运。

故障原因：

（1）润滑油压力变送器检测不准确；

（2）润滑油供油调压阀故障；

（3）润滑油冷却器或过滤器堵塞；

（4）油冷器出口温度高；

（5）供油管路堵塞；

(6) 供油管路泄漏或油冷器内漏；

(7) 泵出口安全阀故障；

(8) 油泵入口滤网堵；

(9) 主油泵故障停运；

(10) 油箱液位低；

(11) 润滑油质不合格。

处理方法：

(1) 维修更换压力变送器，更换油压表；

(2) 调压阀故障时采用副线控制，故障排除后恢复；

(3) 切换备用油冷却器或过滤器，清理堵塞的油冷器或油过滤器；

(4) 检查冷却介质温度、压力，调整油冷器出口润滑油温度在正常值；

(5) 如泵出口压力高，供油压力低，需检查导通流程；

(6) 检查供油管路，消除漏点，油冷器内漏需停机堵漏；

(7) 泵出口安全阀故障需维修、更换安全阀；

(8) 切换备用泵，清理堵塞的滤网；

(9) 启动备用油泵，查找主油泵故障原因，处理故障；

(10) 油箱补油至正常液位；

(11) 化验润滑油指标，指标不合格时更换合格润滑油。

11. 原料气离心压缩机轴瓦温度高。

故障现象：

(1) 原料气压缩机轴瓦温度升高；

(2) 压缩机轴瓦温度高报警或联锁停机。

故障危害：

压缩机轴瓦温度超高时导致压缩机联锁停机，装置停运。

故障原因：

(1) 进入压缩机轴承前油压低，供油流量低；

(2) 油冷器出口温度高；

(3) 油冷器堵塞，冷却效果不好；

(4) 压缩机各级吸气温度高；

(5) 压缩机吸气压力高，压缩机工作负荷大；

(6) 压缩机回流防喘振阀开启大；

(7) 润滑油质量下降或不合格；

(8) 压缩机轴瓦安装间隙大或小。

处理方法：

(1) 提高进入轴承前的油压，增大供油量；

(2) 检查冷却介质温度、压力，调整油冷器出口润滑油温度在正常值；

(3) 切换备用油冷却器或过滤器，清理堵塞的油冷器或油过滤器；

(4) 控制各级空冷器温度在正常范围内；

(5) 降低装置原料气处理量；

(6) 检查回流防喘振阀状态，消除故障，恢复自动控制；

(7) 取样化验润滑油，更换合格润滑油；

(8) 轴瓦间隙不正确，需停压缩机，重新调整安装。

12. 离心压缩机电动机线圈温度高。

故障现象：

控制室内 ME 显示电动机线圈温度高或者高报警。

故障危害：

(1) 电动机线圈温度高，压缩机联锁停机；

(2) 损坏电动机，影响装置安全运行。

故障原因：

(1) 电动机负荷大，压缩机运行不平稳；

(2) 乙二醇水溶液等冷却介质温度高，流量低；

(3) 电动机本体故障。

处理方法：

(1) 检查电动机电流是否正常，控制入口气量，降低压缩机负荷；

(2) 通过乙二醇水溶液空冷器、乙二醇水溶液泵出口调节阀，调节乙二醇水溶液温度、流量；

(3) 停机检查电动机本体原因。

13. 压缩机无法启动的原因及处理办法。

故障现象：

(1) 现场按动启动按钮压缩机无反应；

(2) 压缩机电流表无指示。

故障危害：

(1) 压缩机无法启动；

(2) 装置无法正常运行，影响轻烃收率和外输气量。

故障原因：

(1) 电动机故障；

(2) 控制柜启动开关故障；

(3) 控制柜内部故障；

(4) 急停按钮未恢复；

(5) 装置联锁报警未解除；

(6) 压缩机启机条件未满足。

处理方法：

(1) 联系电岗检查电动机是否有故障；

（2）检查控制柜启动开关电路；

（3）检查控柜电路连接及设置；

（4）检查急停按钮恢复正常位置；

（5）及时消除停机联锁信号。

案例分析：

（1）问题描述：某深冷装置压缩机检修后启机，启机条件未完全满足，无法启机。

（2）现场检查：①压缩机“请求启动”按钮无效；②检查压缩机启机条件，发现压缩机润滑油温度低，无法启机。

（3）原因诊断：压缩机启机前油运期间，润滑油水冷器冷却水进口阀未及时调整，导致润滑油温度低于启机条件，无法启机。

（4）整改措施：关小润滑油水冷器进口阀，待温度提高后启动压缩机，关注润滑油温度，适当调整。

14. 压缩机气缸内异响。

故障现象：

（1）压缩机出现强烈振动，引起相连管线和设备振动；

（2）出口压力波动，出口流量波动；

（3）压缩机发出强烈的异常噪声；

（4）压缩机的驱动电动机电流大幅波动。

故障危害：

（1）造成系统参数大幅波动；

（2）导致压缩机密封、轴瓦的损坏；

（3）压缩机振动超高，导致联锁停机，装置停运；

（4）机组振动大，造成连杆断裂风险。

故障原因：

（1）活塞松动；

（2）活塞撞击外端或内端；

（3）十字头锁紧螺母松动；

（4）气阀漏失或损坏；

（5）活塞环损坏。

处理方法：

（1）检查活塞螺母是否松动，上紧松动螺母；

（2）检查活塞外端或内端余隙，调整到正确位置；

（3）上紧十字头锁紧螺母；

（4）检查气阀是否有漏失或损坏，修理或更换气阀；

（5）更换损坏的活塞环。

15. 丙烷蒸发器内天然气管束冻堵故障。

故障现象：

（1）蒸发器前后差压升高；

（2）蒸发器上游天然气系统憋压；

（3）吸气温度升高。

故障危害：

（1）丙烷蒸发器出口制冷温度升高；

（2）天然气系统憋压。

故障原因：

脱水单元吸附效果不好，进入低温单元的天然气含水量高，导致天然气在丙烷蒸发器内管束发生冻堵。

处理方法：

（1）检查确认丙烷蒸发器天然气管线进、出口差压增大，排除仪表故障；

（2）部分打开丙烷蒸发器天然气管线的跨线阀，防止天然气憋压；

（3）打开丙烷蒸发器天然气管线上甲醇加注点阀门，

导通甲醇加注流程，启动甲醇系统解冻，直到压差降到正常值，停甲醇泵，恢复流程状态；

（4）冻堵严重时，停丙烷机，对系统进行升温解冻。

16. 丙烷压缩机吸气温度高故障。

故障现象：

（1）丙烷压缩机吸气温度高；

（2）丙烷压缩机排气温度、排气压力升高；

（3）丙烷压缩机电流增大。

故障危害：

（1）制冷温度不达标；

（2）丙烷机工作效率下降。

故障原因：

（1）蒸发器液位过高或过低；

（2）天然气去丙烷蒸发器的跨线阀开度过大；

（3）丙烷机能量滑阀调节故障；

（4）系统内存在渗漏点或冷凝器内漏造成丙烷损失，循环量不足；

（5）丙烷质量不合格，蒸发量不足。

处理方法：

（1）检查调整丙烷系统控制参数及调节阀工作状态，调节蒸发器液位在正常范围；

（2）关闭天然气去丙烷机蒸发器的跨线阀；

（3）将丙烷机滑阀调至手动进行加载，故障排除后，恢复自动控制；

（4）查找系统内丙烷缺失原因，停机查找并处理冷凝器漏点；

（5）更换补充合格丙烷。

17. 丙烷压缩机吸气压力低。

故障现象：

压缩机吸气压力低。

故障危害：

（1）导致丙烷压缩机入口压力低联锁停机；

（2）制冷温度不达标。

故障原因：

（1）蒸发器液位低；液位检测仪表故障；

（2）液位调节阀故障；

（3）系统内缺少丙烷；

（4）原料气流量低、蒸发量不足；

（5）蒸发器内含有润滑油，影响换热效果；

（6）压缩机能量滑阀调节失灵，载荷过高导致吸气压力低；

（7）丙烷压缩机加减载电磁阀故障；

（8）丙烷压缩机入口滤网冻堵；

（9）丙烷质量不合格。

处理方法：

（1）检查就地液位计，判断液位检测仪表故障原因并排除；

（2）通过调节阀副线控制蒸发器液位，排除故障后恢复自动调节；

（3）查明丙烷缺失原因，排除故障后补充合格丙烷；

（4）关闭原料气进蒸发器的副线阀，提高装置处理量；

（5）检查集油器回油阀工作情况，采用手动回油；

（6）如滑阀调节失灵，停机更换滑阀内密封圈，排除故障；

（7）进行手动减载，维修或更换加减载电磁阀；

（8）停机化冻，清理滤网；

（9）化验丙烷，必要时更换合格丙烷。

18. 丙烷压缩机排气压力高。

故障现象：

（1）压缩机排气压力高；

（2）电动机电流高。

故障危害：

（1）丙烷压缩机能耗增加；

（2）压力超高导致压缩机联锁停机。

故障原因：

（1）压力传感器出现测量偏差或损坏；

（2）冷凝器冷却水温度高；

（3）冷却水循环量不足；

（4）冷凝器管束结垢换热效果差；

（5）空气冷却器冷却效果差，出口丙烷温度高；

（6）冷凝器液位过高；

（7）经济器工作压力过高；

（8）丙烷蒸发量过大，丙烷压缩机负荷大；

（9）丙烷制冷系统中有不凝气；

（10）丙烷压缩机出口的流程不畅通；

（11）制冷剂过多；

（12）蒸发器温度高或压力高；

（13）油气分离器上部滤芯堵塞，排气不畅；

（14）喷油量不够或过多。

处理方法：

（1）检查压力传感器测量的正确性，必要时进行重新标定或更换；

(2) 通知水厂人员降低冷却水温度；

(3) 通知水厂人员提高冷却水供水压力；

(4) 停机清理冷凝器管束；

(5) 根据空气冷却器冷却效果差的故障原因进行处理，降低出口丙烷温度；

(6) 检查冷凝器调节阀工作情况，调节降低冷凝器液位；

(7) 检查经济器工作状态，调节压力在 0.3 ～ 0.5MPa 之间；

(8) 降低丙烷压缩机负荷，减少丙烷蒸发器的原料气量；

(9) 排出丙烷制冷系统内的不凝气或更换合格丙烷；

(10) 检查确认导通丙烷压缩机出口的流程；

(11) 观察系统中各罐液位，如确定系统内制冷剂过多，应适当排出部分制冷剂；

(12) 检查确定蒸发器液位调节阀正常工作，关闭调节阀副线阀，使蒸发器液位在正常范围内；重新设定，降低丙烷压缩机吸气压力；

(13) 停机清理油气分离器上部滤芯；

(14) 适当调整喷油阀开度，使之适合螺杆机工作需要。

19. 丙烷压缩机排气温度高。

故障现象：

(1) 丙烷压缩机排气温度升高，丙烷压缩机排气压力随之升高；

(2) 电动机电流高。

故障危害：

(1) 机组能耗增大；

(2) 温度超高导致联锁停机。

故障原因：

（1）温度传感器出现测量偏差或损坏；

（2）经济器压力过高或过低；

（3）冷凝温度高；

（4）排气阀门开度小；

（5）制冷剂不足；

（6）蒸发器温度高或压力高；

（7）喷油温度偏高；

（8）喷油量不够；

（9）丙烷制冷系统中有不凝气。

处理方法：

（1）检查温度传感器测量的正确性，必要时进行重新标定或更换；

（2）检查经济器工作状态，调节压力在 0.3 ～ 0.5MPa 之间，确保冷凝器液位调节阀工作正常；

（3）根据冷凝器冷却效果差的故障原因进行处理，降低冷凝温度；

（4）检查并完全打开排气截止阀；

（5）观察系统中各罐液位，确定制冷剂不足，检漏、补漏后，向系统补充制冷剂；

（6）检查蒸发器温度，液位调节阀开度是否偏大，副线阀是否未关闭，适当降低蒸发器液位；

（7）检查油冷器的冷却情况，调节冷却水量保证冷却效果；

（8）适当调整喷油阀的开度，使喷油量适合螺杆机工作的需要，必要时补充冷冻油；

（9）排出丙烷制冷系统内的不凝气或更换合格丙烷。

20. 轻烃外输泵不上量。

故障现象：

（1）轻烃外输计量表无流量；

（2）轻烃储罐液位显示不下降；

（3）泵声音异常；

（4）泵出口压力低；

（5）电动机电流下降；

（6）泵体温度升高。

故障危害：

（1）生产的轻烃不能及时外输；

（2）泵抽空严重时，会造成泵损坏。

故障原因：

（1）轻烃储罐液位低；

（2）轻烃储罐压力低；

（3）泵入口阀开度小；

（4）泵入口过滤网堵塞；

（5）泵内部有气体未排净造成汽蚀；

（6）电动机故障。

处理方法：

（1）提高轻烃储罐液位；

（2）提高轻烃储罐压力；

（3）开大泵进口阀；

（4）清洗或更换过滤网；

（5）重新灌泵排气；

（6）启动备用泵，查明原因对电动机进行维修。

21. 轻烃管线法兰渗漏。

故障现象：

（1）低温气烃渗漏部位结霜；

（2）管线周围有液态烃；

（3）现场可燃气体检测浓度高报警。

故障危害：

（1）影响轻烃产量；

（2）可燃介质泄漏，严重时造成火灾、爆炸事故。

故障原因：

（1）螺栓松动；

（2）法兰垫片损坏；

（3）管线压力突然升高且波动大；

（4）冬季时，轻烃含水高，管线出现冻胀。

处理方法：

（1）紧固螺栓；

（2）泄压后更换法兰垫片；

（3）降低轻烃管线压力；

（4）加注甲醇化冻。

案例分析：

（1）问题描述：某日原稳岗位员工在巡检过程中闻到厂区有轻烃气味。

（2）现场检查：岗位人员发现空冷器第二组管束出口法兰渗漏，轻烃已经渗漏到原稳三层平台地面。

（3）原因诊断：轻烃管线法兰垫片损坏。

（4）整改措施：立即停原油加热炉，关闭第二组空冷器出入口截止阀，利用消防石棉被等物品围挡渗漏到地面的轻烃，防止向下一层流淌。组织人员准备干粉灭火器、消防蒸汽，防止意外情况发生。待渗漏轻烃挥发浓度降到爆炸极限以下，穿戴防护用品，使用防爆工具更换法兰垫片。

22. 冬季轻烃外输管线冻堵。

故障现象：

（1）外输烃流量逐渐降低；

（2）泵出口压力升高；

（3）装置轻烃无法外输。

故障危害：

（1）外输烃管网失去输送能力；

（2）外输管道大面积冻堵，严重时造成管道破裂；

（3）轻烃外输泵过热联锁，泵损坏；

（4）外输泵出口安全阀频繁起跳，造成密封垫片损坏，导致轻烃泄漏事故发生；

（5）装置因轻烃无法外输而停产。

故障原因：

（1）轻烃外输管线吹扫不彻底，局部有积水现象；

（2）装置外输烃含水超标；

（3）冬季轻烃外输未按要求加注甲醇；

（4）轻烃管线里有杂质、积炭。

处理方法：

（1）汇报值班干部和调度；

（2）轻微冻堵可启动甲醇加注系统，增加甲醇加注比例进行化冻；

（3）必要时降低装置负荷；

（4）由调度联系倒线外输轻烃；

（5）通球并彻底清理、吹扫堵塞的轻烃外输管网。

23. 隔膜式计量泵不上量。

故障现象：

（1）控制室内 ME 显示计量泵出口压力低或低报警；

（2）计量泵出口现场压力表显示低。

故障危害：

介质不上量，影响装置安全平稳运行。

故障原因：

（1）吸入管堵塞或吸入管路阀门未打开；

（2）吸入管路漏气；

（3）隔膜内有残存的空气；

（4）补油阀组或隔膜腔等处漏气、漏油；

（5）安全阀或补偿阀故障；

（6）柱塞填料处渗漏；

（7）电动机转速不够或不稳定；

（8）吸入液面低。

处理方法：

（1）检查吸入管和过滤器，打开阀门；

（2）封堵吸入管路渗漏点；

（3）重新灌泵，排出空气；

（4）排查补油阀组或隔膜腔渗漏部位进行封堵；

（5）检查、校验安全阀、补偿阀；

（6）调节填料压盖或更换填料；

（7）检查、维修电动机，确保稳定、匹配转速；

（8）提高吸入液面高度。

案例分析：

（1）问题描述：某日零点班，浅冷装置外输气压力由1.43MPa下降至1.07MPa，压缩机二段出口压力由1.65MPa升高至1.95MPa，期间压缩机二段出口安全阀（定压值1.86MPa）、一级三相分离器出口安全阀（定压值1.86MPa）起跳，岗位申请停运制冷机组化冻。

（2）现场检查：检查工艺系统流程正常；检查乙二醇计量泵出口压力低于1.5MPa；检查计量泵入口阀门打开、无渗漏，过滤器未堵塞；乙二醇储罐液位正常；乙二醇浓度81%；检查乙二醇计量泵隔膜腔有渗漏。

（3）原因诊断：乙二醇计量泵隔膜腔渗漏。

（4）整改措施：切换备用乙二醇计量泵，排查泵隔膜腔渗漏部位并进行封堵。

24. 润滑油泵启动困难。

故障现象：

（1）润滑油泵启动时声音异响；

（2）泵体发生剧烈振动；

（3）电流超过额定值只升不降。

故障危害：

损坏设备，影响装置安全运行。

故障原因：

（1）润滑油温度低；

（2）润滑油泵出口压力调节阀设定压力高；

（3）润滑油泵本体故障。

处理方法：

（1）检查油温，提高油温至设定值；

（2）降低润滑油泵出口压力至设定值；

（3）启动备用润滑油泵，排查油泵故障原因。

25. 橇装内天然气浓度高。

故障现象：

（1）控制室内ME显示浓度高报警；

（2）橇装内有天然气味。

故障危害：

（1）天然气泄漏，有着火爆炸风险；

（2）橇装内天然气浓度两点超高报警时，压缩机联锁停机。

故障原因：

（1）可燃气体报警器自身故障；

（2）橇装内工艺管路出现密封点泄漏；

（3）橇装内压缩机本体出现密封点泄漏。

处理方法：

检查、维修可燃气体报警器。

（二）原稳装置故障判断处理

1. 原油缓冲罐液位过高。

故障现象：

（1）主控室控制画面显示原油缓冲罐液位过高；

（2）缓冲罐现场液位计显示液位过高。

故障危害：

缓冲罐液位过高控制不及时，会发生原油溢出缓冲罐，进入不凝气管线或放空管线，影响下游装置正常运行，并造成资源浪费。

故障原因：

（1）稳前泵不上量或突然停运；

（2）稳前泵进口或出口阀门闸板脱落；

（3）稳前泵入口滤网堵塞；

（4）稳前泵出口调节阀故障关小或关闭；

（5）换热器稳前侧堵塞；

（5）稳前流量计卡阻；

（6）来油量突然升高。

处理方法：

（1）切换备用泵运行，处理故障泵；

（2）切换备用泵运行或停运装置，修理进口或出口阀门闸板脱落故障；

（3）切换备用泵运行，清理或更换堵塞的入口滤网；

（4）打开稳前泵出口调节阀副线阀控制缓冲罐液位，联系仪表维修人员处理调节阀故障；

（5）打开换热器稳前侧副线阀；

（6）打开稳前流量计副线阀门，关闭流量计前后阀门，联系仪表维修人员处理流量计故障；

（7）可适当打开外循环阀，关小来油阀。

案例分析：

（1）问题描述：某原稳站原油缓冲罐液位由50%不断上涨至70%，通过主控室控制画面显示，来油压力及来油流量无明显波动，稳前原油泵和稳后原油泵均正常运行，但稳前油进换热器压力为0，加热炉出口温度逐渐升高，稳定塔液位由40%降低至最低显示液位30%。

（2）现场检查：①确认来回油流程和阀门开关状态正确；②确认原油缓冲罐进出口流程和阀门状态正确，现场液位指示与主控室一致；③检查发现稳前原油泵现场停运；④确认稳定塔进出口流程和阀门状态正确，现场液位指示与主控室一致。

（3）原因诊断：稳前原油泵停运，导致缓冲罐液位不断升高，下游原油流程不畅通，加热炉内原油未流动，出口温度升高。

（4）处理措施：①立即在现场启动备用稳前原油泵，使原油缓冲罐的液位恢复正常工艺参数范围；②查找故障泵停运的原因，并及时处理；③联系仪表维修人员解决泵停运未能在主控室及时报警的故障。

2. 装置来油量低。

故障现象：

（1）主控室控制画面显示原油缓冲罐液位过低；

（2）原油缓冲罐现场液位计液位显示过低。

故障危害：

（1）缓冲罐液位过低，稳前泵容易抽空，损坏机泵；

（2）来油量低，稳前泵排量变小，容易导致加热炉偏流，使加热炉炉管结焦，影响装置平稳运行；严重时，加热炉炉管烧穿引起火灾。

故障原因：

（1）采油厂来油量低或断油；

（2）装置进口阀门闸板脱落；

（3）来油流量计卡阻；

（4）流量计前滤网堵塞；

（5）外循环阀门异常打开。

处理方法：

（1）确认站外循环阀处于关闭在状态，将界区内循环阀打开，关小或关闭回油阀，降低加热炉出口温度，让原油在界区内循环，汇报调度与采油厂联系调节来油量；

（2）停运装置处理阀门故障或更换阀门；

（3）打开来油流量计副线阀门，通知仪表维修人员处理来油流量计故障；

（4）清理或更换流量计前滤网；

（5）联系技术人员、维修人员检查外循环阀门。

3. 来油含水高。

故障现象：

（1）稳定塔顶压力升高；

（2）稳定塔闪蒸温度降低；

（3）空冷器出口温度迅速升高；

（4）三相分离器水液位升高；

（5）污水罐液位升高；

（6）加热炉各支路温差变大。

故障危害：

（1）装置参数波动大，稳定塔液位控制不及时容易出现原油冲塔事故；

（2）轻烃含水量增加，沉降时间增长，冬季外输时容易产生冻堵；

（3）压缩机入口压力升高，严重时造成压缩机停机，影响装置平稳运行。

（4）加热炉各支路温差变大，形成偏流，造成炉管结焦、烧穿等安全隐患。

故障原因：

采油厂来油含水量大。

处理方法：

（1）适当降低加热炉出口温度；

（2）增大空冷器和水冷器的冷却能力；

（3）加大三相分离器排水操作，可以打开水界面液位调节阀副线阀门加强排放；

（4）增加污水泵排放量，控制好污水罐液位；

（5）关小压缩机入口阀，控制入口压力在规定范围内；

（6）汇报调度，联系供油单位，调整来油含水量在正常范围内。

4. 原油回油温度高。

故障现象：

主控室控制画面显示稳后出装置原油温度过高。

故障危害：

易造成采油厂输油泵密封或垫片损坏，泄漏原油，影响生产。

故障原因：

（1）加热炉出口温度高；

（2）换热器管束有堵塞，换热效果差；

（3）换热器内漏。

处理方法：

（1）降低加热炉出口温度；

（2）减少进站原油量，增加外循环量；

（3）停加热炉，降低原油温度，查找渗漏换热器并处理。

（4）清洗原油换热器管束。

5. 稳定塔液位上升。

故障现象：

（1）主控室控制画面显示稳定塔液位持续升高；

（2）现场液位计显示持续升高。

故障危害：

稳定塔液位升高处理不及时，会造成原油冲塔，使原油进入脱出气线内，出现黑烃现象，严重时影响下游装置正常运行；严重的进入放空系统，造成冲塔跑油事故，资源浪费。

故障原因：

（1）稳后泵不上量或停运；

（2）稳后泵进口或出口阀门闸板脱落；

（3）稳后泵入口滤网堵塞；

（4）稳后泵出口调节阀故障；

（5）换热器稳后侧堵塞；

（6）稳后流量计卡阻。

处理方法：

（1）切换备用泵运行，控制好稳定塔液位；

（2）切换备用泵运行或停运装置，处理阀门故障；

（3）切换备用泵运行，清理或更换堵塞的入口滤网；

（4）打开稳后泵出口调节阀副线阀控制稳定塔液位，联系仪表维修人员处理调节阀故障；

（5）打开换热器稳后侧副线阀门；

（6）打开稳后流量计副线阀门，关闭流量计前后阀门，联系仪表维修人员处理流量计故障。

案例分析：

（1）问题描述：某原稳站稳定塔液位由正常运行40%不断上涨至70%，通过主控室控制画面显示，稳前原油泵和稳后原油泵均正常运行，但稳后原油泵出口压力由1.5MPa升高至2.0MPa。

（2）现场检查：①确认原油泵房内流程和阀门开关状态正确；②确认稳后原油泵就地出口压力指示与控制室内显示一致；③确认原油外输流程和阀门开关状态正确；④检查稳后流量计发出“咔咔”声，且稳后流量计的现场读数无变化。

（3）原因诊断：稳后流量计卡阻，稳后原油无法正常外输至采油厂，造成稳后原油泵出口压力升高，稳定塔液位升高。

（4）处理措施：①立即在现场打开稳后流量计副线阀，关闭流量计前后阀门，使稳定塔液位恢复至正常工艺参数控制范围；②联系仪表维修人员处理流量计故障。

6. 稳定塔冲塔。

故障现象：

（1）稳定塔液位快速升高并超量程；

（2）稳定塔压力快速升高；

（3）空冷器出口温度快速升高；

（4）三相分离器液位升高；

（5）轻烃泵取样黑烃；

（6）轻烃泵出口流量偏高。

故障危害：

（1）稳定塔液泛冲塔，影响装置正常运行；

（2）轻烃质量不合格，影响轻烃产量、收率及产品外输；

（3）影响下游装置正常运行，冲塔严重，进入放空系统，造成跑油事故，资源浪费。

故障原因：

（1）处理量过大；

（2）原油含水高，处理不及时；

（3）稳后泵不上量或停运；

（4）稳后泵进口或出口阀门闸板脱落；

（5）稳后泵入口滤网堵塞；

（6）稳后调节阀故障；

（7）原油换热器稳后侧堵塞；

（8）稳后流量计卡阻。

处理方法：

（1）发现冲塔后，应立即停止轻烃外输，加大稳后处理量减小稳前处理量，降低稳定塔液位；

（2）降低加热炉温度，加大排水操作；

（3）切换备用泵运行，控制好稳定塔液位；

（4）切换备用泵运行或停运装置，处理阀门故障；

（5）切换备用泵运行，清理或更换堵塞的入口滤网；

（6）打开稳后泵出口调节阀副线阀控制稳定塔液位，

联系仪表维修人员处理调节阀故障；

（7）打开换热器稳后侧副线阀；

（8）打开稳后流量计副线阀门，关闭流量计前后阀门，联系仪表维修人员处理流量计故障。

7. 稳定塔压力过高。

故障现象：

主控室控制画面显示稳定塔压力过高。

故障危害：

（1）闪蒸温度不变时，稳定塔压力升高，影响原油稳定质量、轻烃产量和收率；

（2）稳定塔压力过高，调节不及时，会造成稳定塔安全阀起跳，容易造成冲塔甚至跑油事故，影响安全生产；

（3）容易造成不凝气压缩机入口压力高联锁停机。

故障原因：

（1）加热炉出口温度过高；

（2）原油含水量增大；

（3）外输气调节阀故障关小或关闭；

（4）空冷器温度过高或管束冻堵；

（5）原油处理量过大。

处理方法：

（1）降低加热炉出口温度；

（2）汇报调度，联系采油厂调整来油含水量在规定范围内；

（3）打开外输气调节阀副线阀，联系仪表维修人员处理调节阀故障；

（4）启动备用风机，加大百叶窗开度，增大空冷器冷却能力；及时处理管束冻堵，保证流程畅通；

（5）调整原油处理量在规定范围内。

8. 加热炉出口温度突然上升。

故障现象：

（1）主控室控制画面显示加热炉出口温度突然升高；

（2）现场温度表显示加热炉出口温度突然升高。

故障危害：

（1）加热炉出口温度突然升高，容易造成稳定塔压力、液位波动，装置参数控制不平稳；

（2）严重时会发生炉管烧穿，原油泄漏引起火灾；

（3）加热炉出口温度突然升高，气液比增大，加热炉出口管线振动变大，严重造成基础损坏、变形，甚至会影响精密仪器和仪表的正常运行。

故障原因：

（1）稳前泵出口调节阀故障关小或关闭；

（2）稳前泵不上量或停运；

（3）稳前油泵进口或出口阀门闸板脱落；

（4）燃料气调节阀故障，燃料气量增加；

（5）加热炉偏流。

处理方法：

（1）打开稳前泵出口调节阀副线阀门调节流量，联系仪表维修人员处理稳前泵出口调节阀故障；

（2）切换备用泵运行，检查处理稳前泵故障；

（3）切换备用泵运行或停运装置，处理阀门故障；

（4）打开燃料气调节阀副线阀门控制燃料气量，或停运加热炉维修燃料气调节阀；

（5）开大出口温度高的原油进口调节阀开度，按照加热炉偏流故障处理。

9. 加热炉烟囱冒黑烟。

故障现象：

加热炉冒黑烟。

故障危害：

（1）污染环境；

（2）燃烧不好，加热炉热效率低，浪费能源。

故障原因：

（1）烟道挡板、风门调节不正确，配风不足；

（2）燃料气带轻烃或润滑油；

（3）加热炉炉管破裂，原油泄漏。

处理方法：

（1）加大烟道挡板和风门开度，增大空气配比；

（2）检查燃料气罐有无液位，有液位及时排放，保证燃料气洁净；

（3）通知供气单位检查气源；

（4）停运装置，启动加热炉原油泄漏应急处置程序。

10. 加热炉偏流时装置。

故障现象：

（1）控制室显示加热炉各支路出口温度偏差大，超过10℃；

（2）现场温度表显示加热炉各支路出口温度偏差大，超过10℃。

故障危害：

（1）各支路出口温度偏差大，严重时会发生炉管结焦、局部过热、脱碳、炉管烧穿等情况，原油泄漏引起火灾；

（2）加热炉出口管线振动变大。

故障原因：

（1）原油量变化大，调节不及时；

（2）原油含水量过大，或含水持续时间。

处理方法：

（1）调整原油处理量稳定后，调节加热炉各支路流量。

① 加热炉各支路进口调节阀控制方式为自动，当其中一路开至最大或关至最小，各路出口温度温差仍高于 10℃以上时，将调节阀切换至手动状态；

② 手动给定输出值 20 ～ 80，控制阀门开度，控制出口温度在正常运行范围内 170 ～ 230℃（汇管温度 230℃联锁停加热炉）；输出值越大，阀门开度越大，加热炉出口各支路温度越低，调节各支路出口温差低于 10℃；

③ 当加热炉某一路出口温度显示比其他两路高出 20℃以上，并且通过自动和手动控制都无法将此路出口温度降低，判定为加热炉某一路炉管内存在气阻断流现象，适当降低加热炉出口温度；

④ 全开断流路的加热炉入口调节阀及副线阀，将所有压力汇集到断流的分支中，通过压力将气阻的分支恢复流动；

⑤ 当断流分支出口温度降低，并与其他分支的温度相近时，判定为该分支恢复正常，此时将流程恢复正常；

（2）按照原油含水操作规程，降低加热炉出口温度等操作，防止偏烧。

11. 加热炉排烟温度高。

故障现象：

（1）控制室显示加热炉排烟温度高；

（2）现场温度表显示加热炉排烟温度高。

故障危害：

影响加热炉工作效率，造成不必要的能源浪费。

故障原因：

（1）炉管、空气预热器积灰、结盐、结垢，空气预热器效能下降；

（2）加热炉超负荷运行；

（3）被加热工艺介质改变，对流取热变小；

（4）烟气余热回收系统失效。

处理方法：

（1）检修期清理炉管、空气预热器各处结焦结渣；

（2）调整加热炉负荷在设计运行负荷内；

（3）调整加热炉相关参数，调整火焰燃烧状态、燃料气与空气配比以及烟道挡板开度；

（4）检修期检查烟气余热回收系统故障。

12. 加热炉炉膛温度高。

故障现象：

（1）控制室显示加热炉炉膛温度高；

（2）现场温度表显示加热炉炉膛温度高。

故障危害：

加热炉炉膛温度过高会产生熔融灰渣，炉管过热易造成结焦。

故障原因：

（1）加热炉超负荷运行；

（2）烟道挡板开度过小；

（3）加热炉各火嘴燃烧状态不佳，火焰中心位置过高。

处理方法：

（1）调整加热炉负荷在设计运行负荷内；

（2）适当调整烟道挡板开度，保证排烟温度合格的基础上降低炉膛温度；

（3）调节各火嘴燃烧状态，降低火焰中心。

13. 加热炉炉膛温度低。

故障现象：

（1）控制室显示加热炉炉膛温度低；

（2）现场温度表显示加热炉炉膛温度低。

故障危害：

加热炉炉膛温度过低会使燃烧效率低。

故障原因：

（1）加热炉燃料气热值低；

（2）空气预热器烧坏，烟气漏入空气管道；

（3）空气过剩系数太大；

（4）燃烧火嘴堵塞，致使气体流量减少；

（5）燃料气管线积水，致使气体压力降低；

（6）炉膛出现负压力；

（7）炉内炉衬损坏，致使局部热损失大；

（8）空气预热温度低。

处理方法：

（1）化验燃料气热值，适当提高热值；

（2）分析换热器后空气的氧含量，如低于20%，则修理空气预热器；

（3）调节引风量；

（4）清除喷嘴内焦油渣等杂质；

（5）定期检查燃料气含水情况，定时排水；

（6）适当调节烟道挡板开度调节加热炉炉膛压力；

（7）检修期修复炉衬；

（8）检修期维修空气预热器。

14. 炉膛正压故障。

故障现象：

（1）控制室显示加热炉炉膛压力高；

(2) 现场压力表显示加热炉炉膛压力高。

故障危害:

(1) 加热炉炉膛正压燃烧，炉膛热强度增加，易造成受热面结焦、积灰，影响传热效果;

(2) 排烟温度升高，恶性循环，严重时可能烧坏炉体。

故障原因:

(1) 炉膛充满油气，点火发生爆燃时，炉膛回火并出现正压;

(2) 炉膛燃烧不好、烟气不能及时排出时，炉膛会出现正压;

(3) 加热炉超负荷;

(4) 燃料气带油或燃料气量突然增大;

(5) 烟道挡板开得过小;

(6) 烟气系统发生故障。

处理方法:

(1) 加热炉点火前，风机提前运转，检查燃料气系统，保证炉膛内无油气泄漏;

(2) 调整加热炉各火嘴火焰;

(3) 调整加热炉运行负荷在设计运行负荷范围内;

(4) 检查燃料气系统，定时排水，调节燃料气调节阀流量;

(5) 适当开大烟道挡板开度;

(6) 检查加热炉排烟系统，无故障关闭故障。

15. 燃料气压力高。

故障现象:

(1) 燃料气压力高;

(2) 加热炉出口温度升高。

故障危害:

(1) 造成加热炉出口温度过高，炉膛温度及排烟温度升高，影响加热炉正常运行；

（2）燃料气压力过高，超过联锁值加热炉停机，影响装置正常运行。

故障原因：

（1）燃料气调节阀故障；

（2）来气压力高。

处理方法：

（1）适当关小燃料气调节阀后阀，或停运加热炉维修调节阀；

（2）检查上游来气压力，若压力高，向调度汇报调整。

16. 加热炉火焰燃烧不正常。

故障现象：

现场观察加热炉火焰燃烧不佳。火焰正常应为短火焰，火焰明，火焰呈天蓝色。

故障危害：

（1）火焰燃烧效果不好，可能造成舔管，影响炉管寿命；

（2）燃烧不好，加热炉热效率低，浪费能源。

故障原因：

（1）空气量较少；

（2）空气量过多；

（3）加热炉火嘴堵塞。

处理方法：

（1）当空气量较少时，燃烧不完全，火焰四散，呈暗红色，此时应开大风门挡板和烟道挡板；

（2）当空气量过多时，火焰呈紫色，此时应关小风门挡板和烟道挡板；

（3）火嘴是否堵塞，火焰偏斜，火舌喷到炉管一侧，会造成炉膛火焰不均匀，熄灭此火嘴，清除火嘴内堵塞物。

17. 燃料气压力低。

故障现象：

（1）燃料气压力低，加热炉火焰高度降低或熄灭；

（2）加热炉出口温度降低。

故障危害：

（1）造成加热炉出口温度低，影响稳定塔闪蒸温度，降低轻烃产量和收率；

（2）燃料气压力过低，会使加热炉火嘴熄灭，影响装置正常运行。

故障原因：

（1）燃料气调节阀故障关小或关闭；

（2）燃料气管线或阀门冻堵；

（3）来气压力低；

（4）阻火器堵塞。

处理方法：

（1）打开燃料气调节阀副线阀门控制，或停运加热炉维修燃料气调节阀；

（2）加注甲醇解冻，加强对燃料气缓冲罐的凝液排放，检查燃料气气源含水异常原因，消除隐患；

（3）检查上游来气压力，若压力低，向调度汇报调整；

（4）申请停炉，清理或更换阻火器。

案例分析：

（1）问题描述：冬季凌晨，某原稳站加热炉出口汇管温度由 150℃逐渐降低，燃料气压力由 0.2MPa 下降至 0.05MPa，装置其他参数均在正常范围内。

（2）现场检查：①确认加热炉现场流程和阀门状态正常；②确认装置其他参数均在正常范围内，确定不是高含水造成的加热炉出口温度降低；③检查燃料气流程，发现燃料气总来气压力降低。

（3）原因诊断：正常运行时燃料气总来气压力为0.8MPa，经过调压后进入到燃料气缓冲罐的压力为0.4MPa，故障发生时总来气压力降低至0.2MPa，上游燃料气供给正常，再次检查燃料气流程，流程和阀门状态无问题，由此判断由于燃料气含水，发生了冻堵，造成燃料气压力下降，加热炉出口温度下降。

（4）处理措施：①启动蒸汽锅炉，对燃料气流程中易发生冻堵的部位（阀门、弯头等）进行化冻处理；②对燃料气流程进行改进，增加伴热和保温；③定期对燃料气流程排污，避免再次发生冻堵的情况发生。

18. 三相分离器轻烃液位高。

故障现象：

（1）主控室控制画面显示三相分离器轻烃液位高；

（2）现场液位计显示轻烃液位高。

故障危害：

（1）轻烃液位升高，气液分离效果变差，气体带液严重，影响下游正常运行；

（2）气体带液，进入压缩机，压缩机液击，对机组造成损坏等事故；

（3）降低轻烃产量和收率。

故障原因：

（1）三相分离器轻烃液位调节阀故障关小过关闭；

（2）轻烃泵不上量或停运；

(3) 三相分离器轻烃出口流程不畅通；

(4) 下游压力过高，轻烃输送困难。

处理方法：

(1) 打开轻烃液位调节阀副线阀控制流量，联系仪表人员处理轻烃液位调节阀故障；

(2) 切换备用泵运行，检查处理轻烃泵故障；

(3) 检查轻烃出口流程，处理流程不畅通问题；

(4) 检查下游压力，及时联系调整，保证压力平稳正常。

19. 三相分离器水液位高。

故障现象：

(1) 主控室控制画面显示三相分离器水液位高；

(2) 现场液位计显示水液位高。

故障危害：

轻烃含水量增加，沉降时间增长，冬季外输时容易产生冻堵。

故障原因：

(1) 三相分离器水液位调节阀故障关小或关闭；

(2) 污水罐已满；

(3) 来油含水高；

(4) 水冷器内漏。

故障处理：

(1) 采用水液位调节阀副线阀门控制液位，联系仪表维修人员处理液位调节阀故障；

(2) 及时排放污水罐内液体；

(3) 调整原油加热温度，降低脱出气中含水量；

(4) 打开水冷器副线阀，关闭水冷器进、出口阀，维修处理水冷器内漏故障。

20. 空冷器冻堵。

故障现象：

(1) 空冷器出口温度低；

(2) 空冷器进出口压差增大；

(3) 脱出气流量降低；

(4) 稳定塔压力升高。

故障危害：

(1) 空冷器发生冻堵，容易使空冷器管束胀裂；

(2) 脱出气流量降低，影响下游正常运行；

(3) 稳定塔压力升高，处理不及时，容易造成安全阀起跳。

故障原因：

(1) 环境温度低，风机转速过大，空冷器百叶窗调节开度过大；

(2) 闪蒸温度低，脱出气量少，空冷器偏流；

(3) 原油含水；

(4) 装置负荷率低；

(5) 空冷器管束内结垢。

处理方法：

(1) 停空冷器风机，关闭百叶窗，用蒸汽解冻空冷器管束；

(2) 适当提高加热炉温度，增大脱出气量，开大冻堵侧支路进出口阀门，让其气量增加；

(3) 按照原油含水处理方法调控参数，冬季控制空冷器各分支出口温度均不低于 20℃；

(4) 加大装置处理量，增大脱出气量；

（5）定期清理空冷器管束内积灰积垢。

案例分析：

（1）问题描述：冬季，某原稳站空冷器 1#、2# 分支出口温度由 20℃逐渐降低至 0℃，30min 后温度仍无回升趋势，其余四分支温度无明显变化均在 25℃以上，稳定塔顶压力由 0.07MPa 略微升高至 0.08MPa。

（2）现场检查：①确认空冷器 1#、2# 分支进出口流程和阀门状态正常；②确认装置加热炉出口温度、稳定塔顶温度、稳前油进换热器压力等关键参数均在正常范围内，确定不是高含水造成的空冷器偏流；③确认装置处理量无波动；④检查空冷器风机运行状态，1#、2# 分支对应变频风机转速已至最低，工频风机正常运行；⑤检查空冷器百叶窗开度，1#、2# 分支对应百叶窗开至最大。

（3）原因诊断：环境温度低，风机转速过大，空冷器百叶窗调节开度过大。

（4）处理措施：①现场停运空冷器工频风机；②关闭 1#、2# 分支对应百叶窗；③启动蒸汽锅炉，对空冷器管束进行化冻处理；④完善工艺卡，冬季严格控制空冷器各分支温度在工艺卡范围内，防止冻堵。

21. 空冷器冬季偏流。

故障现象：

（1）主控室控制画面显示空冷器各支路出口温度相差较大；

（2）现场空冷器各支路出口温度相差较大；

故障危害：

脱出气量降低，影响下游正常运行；易造成空冷器管束冻堵，稳定塔憋压，严重时稳定塔安全阀起跳。

故障原因：

（1）加热炉出口温度低，脱出气量少；

（2）原油处理量偏低，脱出气量少；

（3）空冷器管束冻堵；

（4）空冷器各支路出口阀开度不合理。

处理方法：

（1）提高加热炉出口温度；

（2）增大原油处理量；

（3）关小或关闭百叶窗，调节风机变频，严重时停运风机；

（4）合理调整空冷器进出口阀门的开度，原则是全调进口阀或全调出口阀，温度高则关小，温度低则开大。

22. 空冷器温度高。

故障现象：

（1）主控室控制画面显示空冷器出口温度升高；

（2）主控室控制画面显示稳定塔压力升高；

（3）主控室控制画面显示三相分离器温度升高。

故障危害：

（1）空冷器出口温度升高，冷却效果下降，气液分离不好，产烃量下降；

（2）温度持续升高，轻烃温度升高，汽化严重，造成轻烃泵抽空，对机泵造成损害。

故障原因：

（1）装置处理量增大，超出空冷器运行负荷；

（2）环境温度升高，备用风机未及时启动；

（3）现场空冷器百叶窗未及时打开；

（4）空冷器风扇皮带松动；

(5) 空冷器风扇轴承故障;

(6) 空冷器电动机故障;

(7) 空冷器变频器故障;

(8) 冷器管束内部结垢;

(9) 空冷器管束外部翅片脏。

处理方法:

(1) 增大空冷器冷却能力;

(2) 合理控制装置进气量,不要超出运行负荷,保证装置平稳运行;

(3) 查明原因,及时启动备用风机;

(4) 到现场检查,及时开大百叶窗开度,控制空冷器出口温度在正常范围内;

(5) 通过调整电动机轴承与风扇轴承的距离来调节风扇皮带松紧度,如有必要可更换新皮带;

(6) 切换至备用风机,停运故障风机,检查并维修轴承后恢复正常运行;

(7) 启动备用风机,对故障风机电动机进行维修,处理完毕后恢复正常运行;

(8) 启动备用风机,对故障风机变频器进行维修,处理完毕后恢复正常运行;

(9) 申请停机,对管束内部进行清污处理;

(10) 申请停机,对管束外部通仪表风或用高压水枪清理。

23. 不凝气压缩机入口压力低。

故障现象:

(1) 主控室控制画面显示入口压力低报警;

(2) 现场压力表显示入口压力低。

故障危害：

压缩机入口压力超低，引起压缩机联锁停机。

故障原因：

（1）压缩机入口阀开度过小；

（2）压缩机回流调节阀故障未打开；

（3）加热炉出口温度低，脱出气量少；

（4）原油处理量偏低，脱出气量少；

（5）空冷器发生冻堵。

处理方法：

（1）开大压缩机入口阀；

（2）适当打开压缩机入口回流调节阀副线阀；

（3）提高加热炉出口温度；

（4）增大原油处理量；

（5）对空冷器进行及时解冻处理。

24. 不凝气压缩机排气压力高。

故障现象：

（1）主控室控制画面显示排气压力高报警；

（2）现场显示排气压力高。

故障危害：

压缩机排气压力超高，引起压缩机联锁停机，严重时会损坏压缩机部件，影响装置平稳运行。

故障原因：

（1）压缩机进气压力高；

（2）外输气调节阀故障关小过关闭；

（3）不凝气压缩机出口空冷器冻堵；

（4）下游流程不畅通；

（5）压缩机排气阀故障。

处理方法：

（1）关小压缩机进口阀；

（2）打开外输气调节阀副线阀门，联系仪表维修人员处理外输气调节阀故障；

（3）停运空冷器，关闭百叶窗，对空冷器解冻；

（4）向调度汇报，协调下游流程畅通；

（5）切换备用压缩机，维修或更换压缩机排气阀。

案例分析：

（1）问题描述：夏季，某原稳站轻烃储罐压力 0.3MPa，超过工艺卡控制范围，泄压至不凝气常温油吸收装置，20min 后不凝气压缩机排气压力由 0.395MPa 逐渐升高至 0.45MPa 报警，仍有升高趋势，压缩机进气温度 28.5℃、排气温度 75.8℃无明显波动，压缩机回流调节阀显示关闭，但进气压力由正常运行的 0.025MPa 升高至 0.04MPa。

（2）现场检查：①确认压缩机现场就地进气、排气温度指示和压力指示与控制室内显示一致；②确认压缩机下游天然气流程及阀门开关状态正确；③确认常温油吸收装置外输气调节阀开度无异常。

（3）原因诊断：不凝气压缩机进气压力高，导致排气压力高。

（4）处理措施：①立即关小轻烃储罐至不凝气常温油吸收装置泄压阀；②适当关小压缩机进口阀，控制压缩机进气压力在压缩机正常控制点 0.025MPa；③完善操作规程，保证员工在储罐泄压操作时装置运行平稳。

25. 不凝气压缩机入口分离器液位高。

故障现象：

（1）主控室控制画面显示压缩机入口分离器液位高；

(2) 现场显示入口分离器液位高。

故障危害:

压缩机入口分离器液位高联锁停机，严重时液体进入压缩机，造成压缩机液击，对机组造成损坏。

故障原因:

(1) 入口分离器污水排放调节阀故障关小或关闭;

(2) 压力排污罐液位高。

处理方法:

(1) 打开入口分离器污水排放调节阀副线阀门，联系仪表维修人员处理污水排放调节阀故障;

(2) 及时排放压力排污罐内液体。

26. 吸收塔液位高。

故障现象:

(1) 主控室控制画面显示吸收塔液位高;

(2) 现场显示吸收塔液位高。

故障危害:

(1) 液体从塔顶回流进入压缩机入口分离器，造成液位过高，联锁停机;

(2) 外输气带液严重，影响轻烃产量和收率。

故障原因:

(1) 吸收塔底轻烃泵出口阀开度小;

(2) 吸收塔底轻烃泵出口流量调节阀有故障关小或关闭;

(3) 吸收塔底轻烃泵进出口阀闸板脱落;

(4) 吸收塔底轻烃泵入口滤网堵;

(5) 吸收塔底轻烃泵不上量或停运;

(6) 吸收塔底轻烃下游流程不畅通。

处理方法:

(1) 开大吸收塔底轻烃泵出口阀;

（2）打开吸收塔底轻烃泵出口流量调节阀的副线阀，联系仪表人员处理轻烃泵出口流量调节阀故障；

（3）切换吸收塔底轻烃泵，修理进口或出口阀门闸板脱落故障；

（4）切换吸收塔底轻烃泵，清洗或更换故障轻烃泵入口滤网；

（5）切换吸收塔底轻烃泵，维修故障泵；

（6）检查轻烃流程，使下游流程畅通。

案例分析：

（1）问题描述：某原稳站正常运行时，吸收塔液位由1.2m快速升高至1.8m，超过液位计显示最大值。

（2）现场检查：①现场查看吸收塔液位计，显示液位超量程；②现场检查吸收塔底轻烃泵运行状态，机泵已停运；③现场打开吸收塔气相出口就地排污阀，确认无液体。

（3）原因诊断：吸收塔底轻烃泵停运，导致吸收塔液位升高。

（4）处理措施：①立即启动备用吸收塔底轻烃泵；②查找故障泵停运的原因，并及时处理；③定期排放吸收塔气相出口就地排污阀，确认吸收塔未冲塔；④联系仪表维修人员解决泵停运未能在控制室及时报警的故障。

27. 装置停仪表风。

故障现象：

（1）主控室控制画面显示仪表风压力低；

（2）主控室控制画面显示事故阀启动，外循环快速切断阀全开，来油快速切断阀全关；

（3）主控室控制画面显示原油泵、轻烃泵电流增加；

（4）缓冲罐液位、三相分离器液位、吸收塔液位快速下降。

故障危害：

(1) 缓冲罐液位控制不及时，易造成稳前泵抽空；

(2) 三相分离器液位控制不及时，易造成轻烃泵抽空；

(3) 吸收塔液位控制不及时，易造成外输轻烃泵抽空；

(4) 稳定塔液位控制不及时，容易冲塔，影响下游系统运行。

故障原因：

仪表风系统故障。

处理方法：

(1) 如果仪表风储罐还有部分压力，装置可以暂时维持运行，以下操作同步进行：

① 紧急启动备用空气压缩机，处理故障的空气压缩机；

② 仪表风压力低于 0.3MPa 时，调节阀由自动改用手动，同时将现场调节阀副线阀打开，关闭调节阀前后控制阀，用调节阀副线阀控制，调节各参数平稳；如调节阀有现场手动装置，根据调节阀现场手动操作步骤手动调节；

③ 装置倒站内循环，加热炉留 2 个火嘴烘炉，其余火嘴停运。

④ 汇报调度及站队值班干部，排查仪表风停风原因。

(2) 如果备用压缩机启动失败或其他无法恢复的故障，无法维持运行，需要长时间停风，进行以下操作：

① 停运稳前稳后泵、轻烃泵、外输泵、加热炉；

② 关闭回油阀；

③ 停运不凝气压缩机；

④ 关闭轻烃外输阀、不凝气外输阀；

⑤ 汇报调度及站队值班干部，排查仪表风停风原因。

28. 装置停电。

故障现象：

(1) 主控室控制画面显示加热炉、运行机泵停运报警；

(2) 主控室控制画面显示事故阀显示启动，外循环快速切断阀自动打开，来油快速切断阀关闭。

故障危害：

造成装置停产。

故障原因：

供电系统故障。

处理方法：

(1) 立即向调度汇报，查明停电原因；

(2) 关闭原油外输阀、轻烃外输阀、不凝气外输阀；

(3) 关闭原运行机泵的出口阀；

(4) 注意各塔、容器液位和压力的变化，如果塔液位过高，超过工艺卡控制范围，用稳后泵进出口连通阀控制塔液位在控制点；如果塔顶压力过高，超过工艺卡范围，打开放空阀进行泄压，并做好记录和现场监护；

(5) 检查装置区各个密封点是否有泄漏。

案例分析：

(1) 问题描述：某原稳站正常运行时，主控室照明熄灭，控制画面弹出加热炉、运行机泵停运报警。

(2) 现场检查：①确认外循环流程及阀门开关状态正确；②查看各机泵运行情况，确认各机泵均停运；③查看加热炉运行情况，确认加热炉火嘴熄灭，已停运。

(3) 原因诊断：上级变电所电网波动，导致装置失电。

(4) 处理措施：①检查现场泵体无异常，关闭机泵出口阀；②关闭原油外输阀、轻烃外输阀、不凝气外输阀；

③现场注意各塔、容器液位和压力，如果塔液位过高，用稳后泵进出口连通阀控制塔液位在适当位置；如果塔顶压力过高，超过工艺卡范围，汇报调度打开放空阀进行缓慢泄压，并做好记录和现场监护。

29. 装置停循环水。

故障现象：

（1）主控室控制画面显示水冷器出口温度升高；

（2）主控室控制画面显示三相分离器温度升高。

故障危害：

（1）水冷器出口温度升高，冷却效果下降，气液分离不好，产烃量下降；

（2）温度持续升高，轻烃温度升高，汽化严重，造成轻烃泵抽空，对机泵造成伤害。

故障原因：

循环水泵故障停运或不上量。

处理方法：

（1）立即切换备用循环水泵，维修故障循环水泵；

（2）检查循环水流程，处理循环水泵不上量的问题；

（3）增大空冷器冷却能力；

（4）必要时降低加热炉出口温度。

（三）浅冷装置故障判断处理

1. 贫乙二醇浓度低。

故障现象：

检测乙二醇浓度低，制冷单元发生冻堵现象。

故障危害：

易造成蒸发器、天然气贫富换热器、烃气换热器等冷冻单元设备设施冻堵，严重时造成设备损坏。

故障原因：

（1）再生塔底温度低；

（2）塔顶温度低，贫乙二醇含水量高；

（3）乙二醇循环量大，再生负荷大；

（4）天然气含水多；

（5）再生塔填料堵塞；

（6）贫富乙二醇换热器或塔顶冷凝器管束渗漏。

处理方法：

（1）检查再生塔电加热器工作情况，提高塔底温度；

（2）控制塔顶温度在合理范围内；

（3）控制乙二醇循环量，降低再生负荷；

（4）降低一级三相分离器天然气入口温度；

（5）清洗更换填料；

（6）查找漏点对渗漏管束进行维修。

案例分析：

（1）问题描述：某浅冷站乙二醇系统丙烷蒸发器频繁冻堵，乙二醇再生温度保持在 120 ～ 125℃范围内，但贫乙二醇浓度依然偏低，浓度为 65% ～ 75%。

（2）现场检查：①确认乙二醇流程及阀门开关状态正确；②确认乙二醇再生温度显示准确；③现场检查发现贫富乙二醇换热器富乙二醇进出口无明显温升（5℃以内）；④贫富乙二醇换热器贫乙二醇进出口温度降幅较大（100℃以上）；⑤乙二醇储罐出口温度低（0 ～ 20℃）。

（3）原因诊断：贫富乙二醇换热器管束内漏。

（4）整改措施：装置停机后对贫富乙二醇换热器进行维修，共封堵换热管 4 根。启机后，乙二醇系统参数运行正常。

2. 乙二醇再生塔带压。

故障现象：

（1）塔顶放空量增大；

（2）塔顶水蒸气中携带大量液滴喷出。

故障危害：

（1）造成乙二醇大量损失；

（2）乙二醇再生效果差。

故障原因：

（1）乙二醇含水量高；

（2）乙二醇循环量大；

（3）乙二醇携带轻烃；

（4）二级三相分离器乙二醇液位调节阀故障；

（5）塔顶冷凝温度低；

（6）乙二醇闪蒸罐液位过低气体进入再生塔；

（7）二级三相分离器分离效果差；

（8）再生塔填料堵塞；

（9）塔顶冷凝器管束堵塞。

处理方法：

（1）降低一级三相分离器天然气入口温度，控制再生塔底温度在124℃左右；

（2）降低乙二醇循环量；

（3）控制二级三相分离器乙二醇液位；

（4）检查维修调节阀；

（5）控制塔顶冷凝温度在102℃左右；

（6）控制闪蒸罐乙二醇液位，防止气体进入再生塔；

（7）维修或更换捕雾网；

（8）清洗或更换再生塔填料；

(9) 清洗塔顶冷凝器管束。

案例分析：

(1) 问题描述：技术人员巡检时，发现某浅冷装置塔顶水蒸气量大，且携带大量乙二醇喷出。

(2) 现场检查：化验乙二醇浓度 78%；检查二级三相分离器乙二醇液位 15%，低液位运行；装置入口气量由 $38\times10^4m^3/d$ 增加至 $43\times10^4m^3/d$。

(3) 原因诊断：二级三相分离器乙二醇液位低，乙二醇携带部分轻烃进入下游，造成乙二醇再生塔带压；处理气量增大，乙二醇含水量增大。

(4) 整改措施：提高二级三相分离器乙二醇液位至 30%；每 4h 化验乙二醇浓度；降低一级三相分离器天然气温度，增大前端天然气脱水量。

3. 乙二醇喷注压力低。

故障现象：

乙二醇泵出口压力低。

故障危害：

(1) 乙二醇喷注雾化效果差；

(2) 造成贫富气换热器、烃气换热器、蒸发器等冷冻单元设备设施冻堵。

故障原因：

(1) 泵出口调压阀故障；

(2) 泵入口过滤器堵塞；

(3) 泵出口安全阀开启；

(4) 泵出口脉动缓冲器故障；

(5) 乙二醇储罐液位低；

(6) 乙二醇泵故障；

（7）二级三相分离器乙二醇破乳管内漏。

处理方法：

（1）检查维修泵出口调压阀；

（2）清洗或更换入口过滤器；

（3）维修或更换安全阀；

（4）调整脉动缓冲器，使泵出口压力保持恒定；

（5）补充乙二醇；

（6）启动备用泵，对故障泵进行维修；

（7）维修或更换乙二醇破乳管。

4. 乙二醇闪蒸罐压力高。

故障现象：

（1）闪蒸罐压力升高；

（2）自动泄压阀连续泄压。

故障危害：

（1）影响乙二醇闪蒸效果，导致轻烃进入再生塔，造成喷塔；

（2）压力超高会引起安全阀频繁开启，易造成安全阀内漏，损失乙二醇；

（3）超压会造成乙二醇闪蒸罐损坏。

故障原因：

（1）压力控制调节器故障；

（2）补压阀或泄压阀故障；

（3）乙二醇携带轻烃进入闪蒸罐。

处理方法：

（1）检查校验调节器；

（2）检查维修补压阀或泄压阀；

（3）控制二级三相分离器乙二醇液位正常。

5. 乙二醇闪蒸罐液位过低。

故障现象：

（1）乙二醇闪蒸罐液位低；

（2）塔顶水蒸气中携带大量液滴喷出。

故障危害：

（1）气体进入再生塔，导致塔压升高，造成乙二醇损失；

（2）乙二醇再生效果差。

故障原因：

（1）闪蒸罐入口阀开度小；

（2）闪蒸罐液位调节阀故障；

（3）闪蒸罐出口副线阀未关严；

（4）系统缺乙二醇。

处理方法：

（1）开大闪蒸罐入口阀；

（2）维修或更换调节阀；

（3）关闭闪蒸罐出口副线阀；

（4）系统补充乙二醇。

6. 制冷压缩机入口压力低。

故障现象：

（1）制冷压缩机入口压力降低；

（2）蒸发器制冷剂蒸发压力低。

故障危害：

制冷压缩机入口压力超低联锁停机。

故障原因：

（1）蒸发器液位控制过高或偏低；

（2）制冷压缩机负荷增大；

（3）制冷剂循环不足；

（4）蒸发器内的润滑油影响换热，使丙烷蒸发量减少，导致蒸发器压力低；

（5）制冷压缩机入口过滤网堵塞。

处理方法：

（1）调整蒸发器液位；

（2）降低制冷压缩机负荷；

（3）补充制冷剂；

（4）从蒸发器中回收润滑油；

（5）清洗入口过滤网。

7. 制冷压缩机带液。

故障现象：

（1）机体挂霜严重；

（2）机组声音异常；

（3）电流升高且不稳定；

（4）油温下降，排气温度降低；

（5）制冷压缩机进口分离器液位高，液位计挂霜。

故障危害：

（1）制冷效率下降；

（2）制冷压缩机零部件损坏；

（3）电动机过流停机，甚至损坏电动机。

故障原因：

（1）蒸发器液位控制高；

（2）蒸发器液位自动调节阀或副线阀故障；

（3）制冷压缩机入口管线内有液态制冷剂存在；

（4）蒸发器液位联锁开关故障；

（5）经济器液位高，经济器至制冷机中段阀门开度大。

处理方法：

（1）降低蒸发器液位；

（2）对自动调节阀进行维修；
（3）降低制冷压缩机负荷；
（4）调校蒸发器液位联锁开关；
（5）关小经济器至制冷机中段阀门开度。

8. 制冷压缩机油气压差低。

故障现象：
（1）控制室显示油气压差下降；
（2）制冷压缩机润滑油泵出口压力低；
（3）油分离器中润滑油呈泡沫状。

故障危害：
（1）机械运转部位供油量不足；
（2）油气压差超低联锁停机。

故障原因：
（1）油分离器液位低；
（2）润滑油温度低；
（3）制冷油泵出口安全阀开启；
（4）制冷油泵入口过滤器堵塞；
（5）油泵故障导致油压下降；
（6）制冷压缩机入口带液；
（7）润滑油泵效率低，泵出口压力低；
（8）压缩机排气压力高，油气压差增大。

处理方法：
（1）补充润滑油建立正常液位；
（2）控制润滑油冷却器油出口油温保持恒定；
（3）检查维修安全阀；
（4）切换备用泵，检查清洗过滤器；
（5）切换备用泵，查明故障原因进行维修；

（6）制冷压缩机减载运行，降低蒸发器或经济器液位；

（7）检查维修润滑油泵；

（8）降低冷却温度，降低压缩机排气压力。

案例分析1：

（1）问题描述：某浅冷装置制冷压缩机在运行过程中，润滑油泵出口压力降低，ME报警记录显示“油气压差低”联锁停机。

（2）现场处理：检查发现制冷压缩机润滑油泵壳体端盖泄漏，拆开端盖后发现油泵壳体端面密封垫损坏。

（3）原因诊断：由于制冷压缩机润滑油泵壳体端盖泄漏，润滑油泵效率低，泵出口压力低，导致制冷压缩机因“油气压差低”联锁停机。

（4）整改措施：更换制冷压缩机润滑油泵壳体端面密封垫片。启动制冷压缩机，压缩机启机后运行情况良好。

案例分析2：

（1）问题描述：某浅冷装置制冷压缩机因油气压差低联锁停机。

（2）现场检查：4h前，系统发出“油泵出口压力低”报警，岗位没有及时发现；查看油分离器液位正常，上部看窗满液位；润滑油温度45℃正常；油泵出口安全阀正常；油泵入口压力降低。

（3）原因诊断：油泵入口过滤器堵塞。

（4）整改措施：切换备用泵，检查清洗过滤器。

9. 压缩制冷系统冷凝压力高。

故障现象：

（1）冷凝器冷凝压力升高；

（2）冷凝器冷凝温度升高；

（3）制冷压缩机出口压力升高；

（4）制冷压缩机出口温度升高；

（5）电动机电流升高。

故障危害：

（1）制冷压缩机排气压力升高；

（2）制冷压缩机制冷能力下降；

（3）制冷温度升高，轻烃收率下降。

故障原因：

（1）冷凝器冷却水循环量小；

（2）冷凝器风机供风量不足或冷却水温度高；

（3）冷凝器与储罐之间平衡阀开度小；

（4）冷凝器液位高，冷凝器换热器面积小；

（5）冷凝器管束结垢；

（6）空冷器翅片表面有污垢；

（7）冷凝器出口阀未全开；

（8）系统有不凝气存在。

处理方法：

（1）开大冷却水进出口控制阀，增大冷却水循环量；

（2）检查风机运行情况，增加风机启动台数或降低冷却水温度；

（3）全开平衡阀；

（4）回收系统中过量制冷剂；

（5）停运冷凝器，清洗管束；

（6）清除空冷器翅片表面污垢；

（7）全开冷凝器出口阀；

（8）排放不凝气。

案例分析：

（1）问题描述：某浅冷装置制冷压缩机因排气压力高

联锁停机。

（2）现场检查：检查压缩机、冷凝器出口阀门开度正常；检查冷凝器管束及翅片运行正常；检查冷凝器风机一台运行，一台停运。

（3）原因诊断：夜晚环境温度低，冷凝器风机停运，自动改手动控制，没有及时启风机导致制冷压缩机排气压力高。

（4）整改措施：重新将冷凝器风机投自动运行。

10. 压缩制冷系统存在不凝气。

故障现象：

（1）制冷压缩机出口压力升高；

（2）冷凝压力升高；

（3）冷凝温度升高；

（4）电动机电流升高。

故障危害：

（1）降低冷凝器的传热效率；

（2）制冷能力下降；

（3）制冷系统含氧量升高，腐蚀管道和设备。

故障原因：

（1）制冷装置首次充制冷剂时，系统抽真空未达到要求系统内存有空气或氮气；

（2）制冷压缩机吸气压力低于大气压；

（3）制冷剂纯度低。

处理方法：

（1）缓慢打开冷凝器顶部不凝气排放阀，当冷凝压力恢复正常后关闭；

（2）控制压缩机吸气压力保持正压运行；

（3）填充合格制冷剂。

11. 蒸发器液位高。

故障现象：

蒸发器液位显示高。

故障危害：

（1）制冷压缩机带液，易损坏设备；

（2）造成联锁停机。

故障原因：

（1）蒸发器液位控制偏高；

（2）蒸发器液位变送器故障；

（3）蒸发器液位调节阀故障；

（4）蒸发器液位调节阀副线阀关闭不严。

处理方法：

（1）降低蒸发器液位；

（2）检查校验液位变送器；

（3）检查维修液位调节阀；

（4）检查关闭蒸发器液位调节阀副线阀。

12. 蒸发器液位低。

故障现象：

（1）蒸发器液位显示低；

（2）蒸发温度高；

（3）蒸发压力低；

（4）制冷压缩机入口压力低。

故障危害：

（1）制冷压缩机入口压力超低停机；

（2）制冷温度升高，轻烃收率下降。

故障原因：

（1）蒸发器液位控制偏低；

（2）蒸发器液位变送器故障；
（3）蒸发器液位调节阀故障；
（4）制冷系统制冷剂少。
处理方法：
（1）提高蒸发器液位；
（2）检查校验液位变送器；
（3）检查维修液位调节阀；
（4）补充制冷剂。

13. 蒸发器冻堵。

故障现象：
（1）蒸发器天然气进出口差压升高；
（2）压缩机出口压力升高，严重时安全阀起跳；
（3）制冷温度升高；
（4）外输压力降低。
故障危害：
（1）系统憋压；
（2）湿气处理量下降；
（3）轻烃收率下降。
故障原因：
（1）乙二醇泵出口压力低；
（2）乙二醇循环量小；
（3）乙二醇喷嘴堵塞或损坏；
（4）乙二醇浓度过高或过低；
（5）天然气含水量升高；
（6）乙二醇变质；
（7）湿气处理气量减少。

处理方法：

（1）检查乙二醇泵运行情况，提高泵出口压力；

（2）增大乙二循环量；

（3）检查更换乙二醇喷嘴；

（4）调整再生塔底温度在 124℃，塔顶温度 102℃，贫乙二醇浓度 80%；

（5）降低水冷器天然气出口温度；

（6）系统补充或更换乙二醇；

（7）提高预冷温度或申请停制冷压缩机进行化冻，增加湿气处理量。

案例分析 1：

（1）问题描述：某浅冷装置在操作过程中，发现系统压力由 1.6MPa 下降至 1.0MPa。压缩机二段出口安全开启泄压，蒸发压力下降，制冷温度回升，天然气进出口压差为 0.35MPa。

（2）现场检查：现场检查发现乙二醇泵出口压力低（1.0MPa）。

（3）原因诊断：由于乙二醇泵不上量不能将乙二醇喷注到系统中吸收天然气中的水分，导致蒸发器在低温下出现严重冻堵。

（4）整改措施：对制冷压缩机进行减载运行回升制冷温度化冻；切换备用乙二醇泵，提高乙二醇喷注压力后，蒸发器冻堵消除。

案例分析 2：

（1）问题描述：某日某浅冷装置外输气压力由 1.43MPa 下降至 1.31MPa，岗位人员巡检至丙烷蒸发器发现天然气入出口压差大于 0.1MPa，天然气贫富气换热器压差小于 0.05MPa，判定丙烷蒸发器有冻堵迹象。

（2）现场检查：检查工艺系统流程操作正常；检查乙二醇计量泵出口压力低于 1.8MPa；检查计量泵入口阀门打开、无渗漏，过滤器未堵塞，乙二醇储罐液位正常；贫乙二醇浓度 75%。

（3）原因诊断：乙二醇计量泵出口压力低；贫乙二醇浓度稍低。

（4）整改措施：对丙烷压缩制冷系统进行减载化冻；调节泵出口压力至 2.2MPa；提高乙二醇再生温度至 124℃，每 2h 化验一次贫乙二醇浓度，贫乙二醇浓度控制在 80%。

14. 天然气贫富换热器冻堵。

故障现象：

（1）贫富换热器富气进出口压差大；

（2）压缩机出口压力升高，外输气压力下降。

故障危害：

（1）湿气处理量减少；

（2）造成压缩机出口安全阀起跳，严重时导致压缩机联锁停机。

故障原因：

（1）乙二醇泵出口压力低；

（2）乙二醇循环量小；

（3）乙二醇喷嘴堵塞或损坏，喷注效果不好；

（4）乙二醇浓度过高或过低；

（5）天然气含水高；

（6）乙二醇变质。

处理方法：

（1）检查乙二醇泵运行情况，提高泵出口压力；

（2）增大乙二循环量；

（3）清洗或更换乙二醇喷嘴；

（4）控制贫乙二醇浓度 80%；

（5）降低一级三相分离器天然气入口温度；

（6）系统补充或更换乙二醇。

案例分析：

（1）问题描述：某浅冷站低温系统每次发生冻堵后，贫富天然气换热器压差达到 0.1MPa。

（2）现场检查：通过用手触摸喷注点引管，发现天然气贫富换热器富气入口的喷注点出现了管线变凉的情况，关小另外一个喷嘴阀门后，富气入口喷注点仍没有乙二醇通过。对乙二醇喷嘴进行了拆解、检查，经检查发现贫富气换热器入口乙二醇喷嘴与管线连接螺纹腐蚀，螺纹前端部分脱落，堵塞了喷嘴出料孔，喷注管与法兰焊接处有 1 处沙眼。贫富气换热器出口乙二醇喷注管焊道上有 1 处沙眼。

（3）原因诊断：经计算乙二醇循环量不足；乙二醇喷嘴腐蚀渗漏，乙二醇雾化效果差。

（4）整改措施：①根据天然气处理量，提高乙二醇泵量至适宜操作范围内；②将乙二醇喷注点管段材质改为白钢。

15. 来气分离器液位高。

故障现象：

（1）分离器液位高；

（2）排污时有大量液体。

故障危害：

（1）压缩机联锁停机；

（2）压缩机带液，损坏设备。

故障原因：

（1）液位变送器故障；

（2）自动排液阀故障；

（3）排污管线堵塞；

（4）来气含液多。

处理方法：

（1）检查校验液位变送器；

（2）检查维修自动排液阀；

（3）检查疏通排污管线；

（4）汇报调度通知供气上游加强游离水排放。

案例分析：

（1）问题描述：某日 17 时，某浅冷装置 PLC 系统（压缩机控制系统）弹出报文“D-501 LSHH5002 液位超高报警停机”。

（2）现场检查：① 17 时 00 分，岗位人员排放 D-501 无液；② 17 时 07 分，岗位人员发现 C-501 电流高报警，由 254A 上涨到 274A，怀疑气量波动，与原稳装置联系确认是否高含水，同时逐渐关小入口阀门控制气量；③ 17 时 41 分，浅冷入口分离器 D-501 LSH5001 液位高报警，岗位人员立即去分离器 D-501 现场检查，排放有液体；④ 17 时 47 分，D-501 LSHH5002 液位超高报警停机；⑤ 3# 轻烃罐液位高、压力高。

（3）原因诊断：经排查，3# 轻烃罐液位高、压力高，通过泄压线向浅冷来气分离器 D-501 前端泄压，泄压气中携带的轻烃导致 D-501 高液位停机。

（4）整改措施：严格按照工艺卡控制轻烃储罐液位及压力；将轻烃储罐泄压流程调整至浅冷界区除油器入口。

16. 往复压缩机润滑油压力降低。

故障现象：

(1) 润滑油汇管压力指示数值下降；

(2) 润滑油油压表指示低于下限值。

故障危害：

(1) 润滑油压力超低联锁停机；

(2) 压缩机润滑油品质不良，造成轴承或轴瓦损坏。

故障原因：

(1) 润滑油汇管油压表失灵；

(2) 润滑油过滤器滤芯脏堵；

(3) 润滑油压力调压阀故障；

(4) 润滑油油泵故障；

(5) 压缩机曲轴箱润滑油不足；

(6) 润滑油油泵管路堵塞、泄漏；

(7) 润滑油安全阀、调压阀内部机构损坏存在渗漏；

(8) 润滑油温度高，润滑油黏度降低，润滑油压力降低。

处理方法：

(1) 选取并更换一块同压力等级的压力表，确认油压指示数值；

(2) 切换备用过滤器，检查并更换润滑油过滤器滤芯；

(3) 维修并维修润滑油调压阀；

(4) 切换流程使用备用润滑油泵，对停运润滑油泵检查维修；

(5) 对润滑油系统内补充同型号润滑油；

(6) 检查、处理润滑油泵管路渗漏点；

(7) 检查并维修润滑油安全阀及调压阀；

(8) 调整润滑油冷却温度，降低润滑油温度，提高润滑油黏度。

17. 往复压缩机润滑油温度过高。

故障现象：

(1) 润滑油温度高报警；

(2) 现场油温表指示超出上限值；

(3) 润滑油回油温度升高。

故障危害：

(1) 轴承温度超高停机；

(2) 轴承或轴瓦损坏。

故障原因：

(1) 油冷却器冷却水进出口阀开度小；

(2) 油冷却器管束结垢；

(3) 润滑油变质。

处理方法：

(1) 开大冷却水进出口阀；

(2) 清洗换热器管束；

(3) 更换同型号润滑油。

18. 往复压缩机油冷却器发生内漏。

故障现象：

(1) 润滑油箱油位下降，并低于限定值；

(2) 润滑油耗量大；

(3) 内漏严重时，油泵出口压力下降。

故障危害：

(1) 润滑油损失；

(2) 润滑油进入水系统造成污染。

故障原因：

(1) 油冷却器内部管束腐蚀穿孔；

（2）油冷却器管板与管束间渗漏。

处理方法：

（1）汇报调度申请停机，对腐蚀穿孔管束进行堵漏处理或及时更换新管束；

（2）汇报调度申请停机，对胀口不严处进行胀管处理。

19. 离心压缩机发生喘振。

故障现象：

（1）压缩机强烈振动，严重时引起相连管线和设备振动；

（2）出口压力最初升高，继而急剧下降，呈周期性波动；

（3）压缩机入口流量波动大，出口流量急剧下降；

（4）压缩机出现强烈的噪声；

（5）压缩机驱动电动机电流和功率大幅波动。

故障危害：

（1）压缩机振动位移增大，联锁停机；

（2）压缩机密封、轴瓦、叶轮的损坏；

（3）机组振动大造成连接破裂风险，可燃介质泄漏，严重时造成火灾、爆炸事故。

故障原因：

（1）压缩机入口阀开度小，原料气供气量低或中断；

（2）回流防喘振阀故障，不能正常调节；

（3）外输调节阀故障；

（4）入口分离器、级间分离器、一级三相分离器液位高导致压缩机带液；

（5）天然气贫富换热器、蒸发器冻堵系统憋压；

（6）仪表风压力低调节阀失控。

处理方法：

（1）开大压缩机入口阀，保证气量充足稳定，气源不足时，汇报调度联系增加原料气；

（2）手动控制回流防喘振阀，查明原因排除故障；

（3）外输调节阀改副线控制，查明原因排除故障；

（4）检查调整压缩机入口分离器、级间分离器、一级三相分离器液位；

（5）制冷压缩机减载，提高制冷温度，对天然气贫富换热器、蒸发器化冻处理；

（6）检查空压机运行情况，提高仪表风系统压力。

20. 离心压缩机带液。

故障现象：

（1）压缩机电流突然升高；

（2）压缩机出现异常声音；

（3）压缩机入口流量波动大；

（4）来气管线有液体流动声音；

（5）压缩机振动位移增大。

故障危害：

（1）压缩机振动高联锁停机；

（2）电动机过流停机，甚至烧坏电动机。

故障原因：

（1）入口分离器、级间分离器、一级三相分离器液位高；

（2）启机时压缩机入口管线，一、二段级间未排液；

（3）液位自动调节阀故障；

（4）排污阀堵塞不畅通。

处理方法：

（1）降低入口分离器、级间分离器、一级三相分离器液位；

（2）启机时对压缩机入口管线，一、二段级间进行排液；

（3）将液位自动调节阀改副线控制，查明故障原因并进行处理；

(4) 检查疏通排污阀。

案例分析：

(1) 问题描述：某浅冷装置启机过程中 PLC 系统弹出“M1162 径向振动公共报警”，联锁停机。调取压缩机振动参数趋势，发现 VE-457 低速齿轮箱加速度高报警（实际 7.76g、停机值 7.5g），压缩机其他振动监测参数显示正常。

(2) 现场检查：停机后对压缩机级间进行排放，级间排放见液。判断压缩机启机过程中带液，造成启机失败。5min 后，到现场进行检查，发现 D-502 一级三相分离器（以下简称 D-502）现场轻烃液位指示 80%，ME 上显示为 80.7%，D-502 出口轻烃液位调节阀 LT-5007 处于打开状态、D-503 三相分离器出口轻烃液位调节阀 LT-5009 处于关闭状态、浅冷轻烃界区阀组的闸阀处于关闭状态。15min 后，D-502 轻烃液位异常偏高，现场检查 D-502 前路的 E-502 水冷器气相出口低点、E-502 空冷器出口低点、E-513 管程出口 U 形弯低点，未见有液。检查 D-502 后路的二段回流阀后低点、二段出口单流阀前低点少量见液。

(3) 原因诊断：启机过程中，压缩机二段出口天然气进入 D-502 后，由于罐内轻烃液位高，天然气携带轻烃进入 D-502 出口管线，再经过二段回流管线，二段回流阀在此过程中保持正常开启状态，于是有轻烃到达压缩机二段入口，导致压缩机带液，造成 VE-457 压缩机低速齿轮箱加速度高报警，联锁停机。

(4) 整改措施：严格按照工艺卡控制各分离器液位；同时将 D-502 一级三相分离器液位纳入允许启机条件中。

21. 浅冷离心压缩机润滑油温度高。

故障现象：

（1）润滑油汇管温度升高；

（2）主油箱温度升高；

（3）润滑油回油温度升高。

故障危害：

（1）轴承温度超高联锁停机；

（2）轴承或轴瓦损坏。

故障原因：

（1）油冷却器乙二醇水溶液温度高；

（2）油冷却器乙二醇水溶液循环量小；

（3）油冷却器乙二醇出口三通阀回流开度大；

（4）乙二醇膨胀罐液位低；

（5）乙二醇循环泵故障。

处理方法：

（1）调整风机运行台数或百叶窗开度，降低空冷器乙二醇出口温度；

（2）增大油冷却器乙二醇水溶液循环量；

（3）关小乙二醇三通阀，降低回流量；

（4）补充乙二醇膨胀罐液位；

（5）切换备用泵，对故障泵进行维修。

案例分析：

（1）问题描述：某浅冷站采用离心压缩机对原料气进行增压，机组润滑油供油温度为 34℃，低于 40℃不利于压缩机平稳运行。操作人员通过对乙二醇三通阀的调节，尝试提高供油温度，但系统供油温度仍为 34℃无明显变化，主油箱温度仍为 53 ～ 54℃无明显变化。操作人员投用润滑油加热器，主油箱温度达到 64.5℃，供油温度为 55.6℃，润滑油汇管压力 0.15MPa，导致电动机绕组及轴瓦温度升高，联锁停机。

（2）检查分析：①机组润滑油压力参数分析，查取运行参数，润滑油压力参数波动在正常范围内，乙二醇泵运行正常。②机组润滑油温度、电动机温度参数分析，润滑油汇管温度由 35.1℃升高至 58.3℃，温升 23.2℃；润滑油箱温度由 55.8℃升高至 66.3℃，温升 10.5℃；压缩机电动机三相绕组线圈温度由 70℃升高至 104℃，温升 34℃；在工艺流程中，乙二醇经电动机背包散热器，为压缩机电动机内部降温。根据参数温度变化判断，乙二醇温度升高后，电动机散热效果降低，电动机绕组温度整体升高，润滑油的温度上升会引起参数联锁变化，电机内部温度随着油温上升而上升。③停机后检查发现，乙二醇三通阀全开，乙二醇形成内循环，使润滑油温度、乙二醇温度升高、电动机线圈及腔内温度升高。

（3）原因诊断：乙二醇三通阀电气转换器故障，岗位操作人员未核实乙二醇三通阀现场的阀位状态，未能及时发现温度参数的异常升高。

（4）整改措施：更换乙二醇三通阀电气转换器，保证三通阀正常工作。

22. 浅冷离心压缩机润滑油汇管压力低。

故障现象：

（1）润滑油泵出口压力降低；

（2）润滑油汇管压力下降；

（3）油过滤器进出口压差升高。

故障危害：

（1）润滑油汇管压力超低联锁停机；

（2）压缩机润滑不良，造成轴承或轴瓦损坏。

故障原因：

（1）油泵出口自力式调压阀故障；

（2）油泵出口安全阀开启或内漏；

（3）油泵入口过滤器堵塞；

（4）油泵出口过滤器堵塞；

（5）油泵故障；

（6）高架密封油罐液位调节器故障；

（7）仪表风压力低；

（8）主油箱液位低；

（9）润滑油管路法兰连接处渗漏；

（10）润滑油汇管安全阀开启或内漏。

处理方法：

（1）检查维修自力式调压阀；

（2）维修或更换安全阀；

（3）清洗入口过滤器；

（4）清洗出口过滤器；

（5）启动备用泵，对故障泵进行维修；

（6）检查校验高架密封油罐液位调节器；

（7）提高仪表风压力；

（8）补充同型号润滑油；

（9）检查处理渗漏部位；

（10）维修或更换润滑油汇管安全阀。

案例分析：

（1）问题描述：某浅冷装置PLC系统（压缩机控制系统）弹出“PSLL-206润滑油汇管压力超低停机”。

（2）现场检查：①润滑油主泵P-504A故障不上量；②泵出口及汇管压力持续下降；③润滑油汇管压力达到

0.083MPa 触发联锁辅助泵 P-504B 启动；④润滑油泵出口调压阀故障后，采取开跨线运行，变更润滑油泵出口压力调节方式，改变调压方式后，调节阀失去稳压功能；⑤润滑油汇管压力持续降低至 0.055MPa；⑥触发联锁停机。

（3）原因诊断：经排查，润滑油主泵（P-504A）泵端对轮脱落导致泵不上量，润滑油汇管压力超低报警开关动作，联锁停机。

（4）整改措施：维修润滑油泵，加强维修过程管控及质量验收；维修调压阀，恢复自动调节；依据装置操作规程，提高润滑油泵出口压力。

23. 浅冷离心压缩机密封油与参考气压差低。

故障现象：

（1）密封油与参考气压差低；

（2）高架密封油罐液位下降。

故障危害：

高架密封油罐液位超低联锁停机。

故障原因：

（1）高架密封油罐液位调节器设定值低；

（2）液位调节阀故障；

（3）仪表风压力低。

处理方法：

（1）提高液位调节器设定值；

（2）检查维修液位调节阀；

（3）提高仪表风压力。

案例分析：

（1）问题描述：某浅冷装置因 D-520 高架密封油罐液

位超低报警停机。

（2）现场检查：通过查看历史报警记录，D-520液位在停机发生约20min前开始出现低报警，岗位人员在报警第一次出现时得到提示，并至现场调节，但是在调节过程中，D-520液位仍继续下降；检查高架密封油罐液位调节阀正常；检查仪表风压力正常。

（3）原因诊断：通过对压缩机润滑油系统的排查判断，由于压缩机脱气箱润滑油闪点不合格，将压缩机一、二段填充气压力分别提高，其中D-520对应的二段填充气压力调整后接近0.8MPa，与润滑油泵出口压差仅为0.1～0.15MPa，影响D-520保持正常液位，液位持续下降，导致停机。

（4）整改措施：根据操作手册重新调整二段填充气压力为0.6～0.7MPa。

24. 引进浅冷脱气箱酸性油温度低。

故障现象：

脱气箱油温低。

故障危害：

（1）酸性油内的轻组分不能完全脱出，闪点降低、黏度下降；

（2）主油箱内会产生可燃气体，严重时造成火灾、爆炸事故。

故障原因：

（1）温控开关故障；

（2）电加热器故障。

处理方法：

（1）调校温控开关；

（2）检查维修电加热器。

25. 二级三相分离器轻烃液位高。

故障现象：

（1）控制室内 ME 显示二级三相分离器轻烃液位高；

（2）二级三相分离器现场轻烃液位计显示液位高。

故障危害：

（1）外输气带液，对外输管线及下游用户带来严重安全隐患；

（2）引用外输气作为密封气的压缩机，外输气带液，易损坏压缩机干气密封；

（3）造成轻烃损失。

故障原因：

（1）二级三相分离器轻烃液位调节阀故障或关闭；

（2）二级三相分离器轻烃出口线冻堵或流程关闭；

（3）轻烃系统后路压力高；

（4）液位指示故障。

处理方法：

（1）投用调节阀跨线阀，检查、维修二级三相分离器轻烃液位调节阀；

（2）检查二级三相分离器轻烃出口线流程及阀位，对判断出的冻堵点进行化冻；

（3）调节轻烃系统后路压力；

（4）检查、维修二级三相分离器轻烃液位计。

案例分析 1：

（1）问题描述：某浅冷站由氨制冷改为丙烷制冷后，二级三相分离器轻烃出口管线每 4h 冻堵一次，造成轻烃无法正常输送，二级三相分离器轻烃液位逐渐升高。

（2）现场检查：分析计算乙二醇喷注量充足；检测贫乙二醇浓度正常为80%；丙烷蒸发器及贫富天然气换热器未发生冻堵，判断乙二醇雾化效果正常；分析二级三相分离器的内部结构及轻烃管线流程，分离器罐体内的轻烃出口管线开口朝上，并正好在捕雾网之下，网下的液滴含有一定量的水，在沉降过程中，含水的液滴顺着开口进入轻烃管线；另外轻烃出口管线弯头较多，游离水在轻烃液位调节阀的低点处进行富集而结冰冻堵。

（3）原因诊断：二级三相分离器的内部结构及轻烃管线流程不合理。

（4）整改措施：检修期间在罐体内轻烃出口管线上焊接一个弯头，使其开口向下，另外优化轻烃出口管线布置，减小流体阻力。改造后，彻底解决了二级三相分离器轻烃出口管线冻堵问题。

案例分析2：

（1）问题描述：岗位检查锅炉燃料气罐发现低点排污有液体，汇报后经排查是浅冷装置外输气带液。

（2）现场检查：查看二级三相分离器轻烃液位显示未见超高，从生产指挥系统调取数据记录，二级三相分离器轻烃液位连续3h数据无变化，当班人员没有及时检查和处理。

（3）原因诊断：二级三相分离器轻烃液位计引管堵塞，轻烃液位已高于控制范围。

（4）整改措施：对二级三相分离器轻烃液位计上、下引管进行检查、疏通。

26. 二级三相分离器乙二醇液位低。

故障现象：

乙二醇液位显示低。

故障危害：

乙二醇携带轻烃进入乙二醇再生系统，造成轻烃损失，严重时造成乙二醇再生塔冲塔。

故障原因：

（1）二级三相分离器乙二醇液位控制偏低；

（2）二级三相分离器乙二醇液位变送器故障；

（3）二级三相分离器乙二醇液位调节阀故障；

（4）系统缺乙二醇；

（5）湿气处理气量少。

处理方法：

（1）提高二级三相分离器乙二醇液位；

（2）维修或校验液位变送器；

（3）检查维修调节阀；

（4）补充乙二醇；

（5）申请调度，增加湿气处理量。

案例分析：

（1）问题描述：某浅冷站低温分离器乙二醇液位为10%，塔顶喷出大量的轻烃和乙二醇，导致乙二醇和轻烃损失，不仅污染环境，还存在一定的安全隐患。

（2）现场检查：检查上游流程正常；检查仪表及调节阀无故障；检修期间对低温分离器内部挡板、接管高度进行测量，发现一处不符合图纸尺寸，即乙二醇室内乙二醇进口管线下沿距罐底740mm，比设计高度（950mm）低210mm。

（3）原因诊断：根据液体压强公式$p=\rho gh$计算，乙二醇室接管高度740mm时，混合室轻烃进入乙二醇室，而乙二醇浮筒液位计浮球密度为0.6g/cm^3，低于轻烃密度，乙二醇液位显示值实为轻烃液位，实际操作时乙二醇液位仅控制在 10%，液位控制偏低，轻烃随乙二醇水溶液进入下游乙二醇水分馏塔。

（4）整改措施：将乙二醇挡板高度提高至设计值；利用现有条件，通过改进低温分离器操作方式，采取投产前先给低温分离器乙二醇室投料、建立适宜的混合室乙二醇界面高度，然后打开底部连通阀的方式，解决此问题，同时减少设备维修改造费用。

27. 贫富乙二醇换热器管束渗漏。

故障现象：

贫乙二醇浓度低。

故障危害：

（1）贫富气换热器、丙烷蒸发器天然气管束易冻堵，影响安全生产；

（2）外输气压力低，影响外输管网运行。

故障原因：

乙二醇 pH 值低，形成酸性腐蚀。

处理方法：

（1）检查、封堵换热器渗漏管束；

（2）选用抗腐蚀性更强的材质作管束。

（四）深冷装置故障判断处理

1. 离心压缩机防喘振阀卡滞。

故障现象：

（1）防喘振阀自动控制失灵；

（2）启机过程中出现卡滞，防喘振阀不能关闭，压缩机的驱动电动机电流高、轴温高、轴振动和位移增大，压缩机各级原料气一级入口压力高而三级出口压力低；

（3）正常运行时压缩机回流防喘振阀出现卡滞，防喘振阀不能正常调节，压缩机进入喘振区时会造成压缩机发生喘振。

故障危害：

（1）增压系统将无法加载，装置进气量不能提升、机组工作效率低；

（2）造成压缩机入口超压引发泄漏事故；

（3）压缩机喘振，造成压缩机损坏；

（4）影响装置下游各单元的正常运行。

故障原因：

（1）仪表风压力低于 0.5MPa；

（2）检测控制仪表故障；

（3）调节阀引压管冻堵使防喘振阀不能正常工作；

（4）保温伴热效果差阀芯处冻结；

（5）异物造成阀芯卡滞。

处理方法：

（1）检查处理仪表风故障；

（2）检查处理检测控制仪表的故障；

（3）将回流防喘振阀暂时投入手动控制，故障排除后恢复自动；

（4）恢复保温伴热正常工作，对防喘振阀引压管和阀芯处化冻；

（5）停机检查清除阀内杂物，消除卡滞故障。

案例分析：

（1）问题描述：某深冷装置三回一防喘振阀开阀指令给出后阀位无动作。

（2）现场检查：①关闭防喘振阀上下游截止阀，用万用表检查现场定位器，定位器信号传输正常；②防喘振阀为气关阀，关闭仪表风，将阀内存留仪表风进行泄压后，阀门无动作；③旋转阀顶部手轮，阀门开关困难，控制室内给开阀指令，阀门无动作。

（3）原因诊断：①用手触摸阀体，阀体温度较低，判断为阀内结冰，将阀芯冻住；②启蒸汽炉，用蒸汽化冻；③打开低点排污阀，排净阀内残液，三回一防喘振阀开关正常。

（4）整改措施：重新恢复防喘振阀保温并加厚，在最外层包裹塑料布，减少热量散失加强保温效果。

2. 离心压缩机喘振。

故障现象：

（1）压缩机出现强烈振动，引起相连管线和设备振动；

（2）出口压力最初升高，继而急剧下降，呈周期性大幅度波动；

（3）压缩机入口流量大幅波动，气流出现脉动，压缩机出口流量急剧下降；

（4）压缩机发出强烈的异常噪声，同时出口单流阀也发出间断的“啪啪”声；

（5）压缩机的驱动电动机电流和功率大幅波动。

（6）压缩机本体振动、位移参数波动或增大。

故障危害：

（1）造成系统参数大幅波动；

（2）导致压缩机密封、轴瓦、叶轮的损坏；

（3）压缩机振动、位移超高，导致联锁停机，装置停运；

（4）气流冲击使分子筛破碎，导致下游过滤器或冷箱流道堵塞；

（5）机组振动大，造成管线连接处存在破裂风险，可燃介质泄漏，严重时造成火灾、爆炸事故。

故障原因：

（1）原料气入口阀故障或入口流量过低；

（2）脱水单元原料气程控阀故障关闭；

（3）回流防喘振阀故障，不能正常调节；

（4）流量计测量不准确；

（5）膨胀机故障停机时 J-T 阀开度不够或调节不及时；

（6）压缩单元下游流程不畅。

处理方法：

（1）原料气入口阀故障时改投副线，处理故障阀；联系调度调气，保证气源充足稳定；

（2）在控制室立即打开程控阀或在现场将原料气程控阀改手动全开；

（3）检查回流防喘振阀工作状态，消除故障，必要时手动控制回流防喘振阀；

（4）处理流量计故障，保证测量准确；

（5）膨胀机故障停机时需立即降低 J-T 阀压力设定值，防止压缩机出口憋压；

（6）检查导通压缩单元下游流程。

案例分析 1：

（1）问题描述：某深冷装置正常启机后，发现装置产品率偏低。

（2）现场检查：①检查入口孔板流量计，无异常，排除仪表故障；②检查控制系统阀位状态，无异常；③检查现场工艺流程，发现压缩机回流防喘振阀现场为全开状态。

（3）原因诊断：控制系统显示回流防喘振阀全关，现场实际为全开状态，导致压缩机出口气量降低，产品率降低。

（4）整改措施：进行仪表维修后恢复正常。

案例分析 2：

（1）问题描述：某深冷装置在启动压缩机的过程中发生喘振。

（2）现场检查：①入口供气流程正常；②压缩机出口无压力；③压缩机机组振动较大且振动值不断上升，声音异常；④压缩机出口单流阀间断异响。

（3）原因诊断：①判断压缩机发生喘振，停压缩机组；②经排查现场工艺流程后发现压缩机二级出口空冷器入口阀未打开。

（4）整改措施：打开压缩机二级出口空冷器阀门，导通流程，启动压缩机组。

3. 压缩机级间空冷器出口温度高。

故障现象：

（1）空冷器出口温度高；

（2）下一级压缩机出口气体温度升高；

（3）压缩机的驱动电动机电流增大；

（4）压缩机出口压力升高。

故障危害：

（1）压缩机机组能耗增大；

（2）使级间分离效果变差，压缩机吸气带液，造成压缩机液击；

（3）压缩机压缩气体温度过高，使密封圈老化、失效甚至严重时出现泄漏；

（4）造成脱水单元进气温度高，脱水后的天然气露点达不到要求；

（5）导致压缩机排气温度超高联锁停机；

（6）由于温度高，原料气中的重组分不能在分离器里很好地分离，进入脱水单元分子筛会出现吸烃现象，降低轻烃收率。

故障原因：

（1）温度检测仪表不准；

（2）压缩机入口气量过高；

（3）压缩机回流防喘振阀故障开启；

（4）风机启动数量不足；

（5）风机叶片角度不正确；

（6）风扇皮带松；

（7）风扇反转；

（8）风扇电动机偷停；

（9）百叶窗开度小；

（10）环境温度高；

（11）空冷器变频故障；

（12）空冷器翅片堵塞，影响散热；

（13）空冷器管束内部结垢。

处理方法：

（1）检查现场实测温度，更换合格温度表或温度变送器；

（2）降低压缩机入口气量；

（3）回流防喘振阀改手动控制，排除故障后恢复自动；

（4）启动备用风机；

（5）调整风机叶片角度；

（6）更换风扇皮带；

（7）改正风扇电动机接线错误；

（8）处理电机偷停故障；

（9）开大百叶窗；

（10）采用环境加湿喷淋；

（11）空冷器变频改工频，处理空冷器变频器故障；

（12）仪表风或消防水冲洗翅片；

（13）停机处理，空冷器管束内部除垢。

4. 原料气离心压缩机轴位移过大。

故障现象：

（1）原料气压缩机轴位移偏离正常值范围，报警或联锁停机；

（2）干气密封一级泄漏差压增大；

（3）压缩机止推轴承温度有上升趋势。

故障危害：

（1）长期位移过大造成压缩机损坏；

（2）造成密封损坏。

故障原因：

（1）工艺参数波动或控制不合理；

（2）安装间隙不合适；

（3）机械故障。

处理方法：

（1）检查压缩机各级入、出口温度压力控制在正常范围内，严格控制压缩机上、下游工艺参数，减少波动，相应及时调节干气密封参数，防止因轴位移过大导致干气密封损坏；

（2）检查确认轴位移过大原因，必要时重新安装；

（3）排除机械故障。

案例分析：

（1）问题描述：某深冷装置原料气压缩机因为高压缸

轴位移联锁停机，联锁值 0.70。

（2）现场检查：①现场手动停丙烷机，停空冷器和循环冷却水；②为保证机组的正常密封，将高压缸主密封气调节阀改为手动控制，并缓慢打开 7%，主密封气与平衡管压差稳定在 0.2MPa 左右，高压缸一级泄漏压差在正常范围内。

（3）原因诊断：①控制画面显示高压缸轴位移联锁停机，联锁值 0.70；②现场检查发现机柜内原料气压缩机高压缸轴位移的隔离式安全栅烧坏。

（4）整改措施：更换安全栅，调试正常后启机。

5. 压缩机三级出口分离器液体排空。

故障现象：

（1）压缩机三级出口分离器液位显示超低报警；

（2）压缩机入口压力升高，三级出口压力降低，重烃收集罐压力升高。

故障危害：

重烃收集罐压力超压运行，无法及时泄压易出现危险。

故障原因：

（1）仪表显示虚假数据，液位始终高于设定值，导致液位调节阀始终处于打开状态或人为误操作手动打开调节阀导致分离器液体排空；

（2）液位调节阀失灵或有异物卡滞，调节阀不能关闭；

（3）液位调节阀副线关闭不严，造成罐液位排空。

处理方法：

（1）现场检查实际液位情况，若出现远传与就地指示不匹配，应立即处理，确保测量液位准确；

（2）处理液位调节阀故障，清除调节阀内的异物；

（3）现场检查调节阀副线是否没关严，如没关严关闭副线阀。

案例分析：

（1）问题描述：某深冷装置出现重烃收集罐压力较高的现象。

（2）现场检查：①重烃收集罐压力远超调节阀设置压力；②重烃收集罐压力调节阀全开；③查看三级分离器液位历史趋势，液位高于设定液位且持续保持不变；④三级分离器液位调节阀全开；⑤现场液位计无液位。

（3）原因诊断：远传液位计显示错误，导致三级分离器液位调节阀全开，将液位排空后，高压气进入重烃收集罐，导致重烃收集罐压力超高。

（4）整改措施：现场关闭液位调节阀上下游阀门，通过跨线阀门手动控制三级分离器液位，维修远传仪表后恢复调节阀控制。

6. 压缩机出口压力升高。

故障现象：

（1）压缩机出口压力显示数值升高；

（2）压缩机出口温度升高；

（3）电动机电流增大；

（4）压缩机组轴温、振动数值有变大趋势。

故障危害：

（1）压缩机出口压力升高，导致压比增大，出口温度升高，机组能耗增加；

（2）出口压力升高过大，会导致压缩机振动、位移等参数变大，出口压力超出安全阀设定值时会导致安全阀起跳，大量高压气体放空，存在安全隐患；

（3）严重时导致压缩机联锁停机，甚至损坏设备。

故障原因：

（1）压缩机出口空冷器管束或过滤器冻堵或脏堵，造成气流不畅，导致压缩机出口憋压；

（2）脱水单元入口过滤器堵塞；

（3）脱水单元程控阀故障关闭，流程被切断；

（4）分子筛粉化严重，造成干气粉尘过滤器堵塞；

（5）冷冻单元出现冻（脏）堵，系统流程不畅；

（6）膨胀机故障停机，J-T阀未及时打开或压力设定值过高。

处理方法：

（1）若空冷器管束或封头冻堵，则需进行升温并用蒸汽进行化冻；若为脏堵，则对管束进行彻底清洗；

（2）切换至备用入口过滤器，更换在用过滤器滤芯；

（3）将程控阀切换至手动控制，并迅速打开；

（4）切换备用干气粉尘过滤器，更换在用过滤器滤芯；粉化严重则申请停机更换分子筛；

（5）对冻堵部位加注甲醇，对制冷系统进行升温处理，检查脱水系统运行是否正常；

（6）检查 J-T 阀设定值是否过高，并手动开大 J-T 阀，待压缩机出口压力恢复至正常值时，再将 J-T 阀投入自动运行。注意：调整 J-T 开度时需密切观察并调整塔顶压力在正常范围内，防止塔压超高出现故障。

案例分析 1：

（1）问题描述：主压缩机运行中一段或二段回流阀自动打开，或一、二段回流阀全部自动打开，装置入口 813 计量显示气量大幅下降。

（2）现场检查：①压缩机入口压力无变化；②检查界区来气压力、分子筛吸附塔压力均无变化；③检查主压缩机电流升高，压缩机出口压力升高，高于 4.5MPa；④检查 E-110 冷箱压差升高约 20kPa；⑤加注甲醇后，E-110 冷箱压差恢复。

（3）原因诊断：分子筛脱水不合格，导致冷箱冻堵。

（4）整改措施：①适当关小装置来气阀降低装置来气；②调整压缩机出口水冷器温度 TT-1302，避免压缩机进出口温度或冷箱入口温度过高停机；③停运丙烷机，对制冷系统进行升温化冻，对制冷单元加注甲醇；④调整分子筛吸附周期，由 30h 降低至 18h 左右。

案例分析 2：

（1）问题描述：某深冷装置发现脱水单元出口粉尘过滤器前锥形滤网堵塞，滤网前后压差最高达 0.8MPa，造成压缩机出口憋压。

（2）现场检查：①滤网前后压差高达 0.8MPa；②切换粉尘过滤器前锥形滤网，压缩机出口压力降低；③拆卸粉尘过滤器前锥形滤网发现分子筛堵塞滤网。

（3）原因诊断：① 装置停机泄压后，对 1#、2# 吸附器进行退料；②检查内部结构，发现系施工过程中构件安装错误及安装质量问题，导致丝网与吸附器金属壁间隙过大、丝网破损，造成分子筛漏出。

（4）整改措施：①重新安装吸附器内部构件；②填充分子筛、瓷球；③对吸附器进行置换、化验、充压、再生后装置恢复运行。

7. 压缩机组润滑油系统压力降低。

故障现象：

（1）压缩机组供油汇管压力显示数值降低；

（2）压缩机组供油系统回油视窗回油量减少；

（3）压缩机组轴承温度升高，轴振动出现波动。

故障危害：

（1）机组润滑和冷却效果下降，轴承温度升高，振动值变大；

（2）压缩机联锁停机；

（3）联锁失灵、无法停机，机组密封、轴承、叶轮等部件损坏。

故障原因：

（1）润滑油泵入口过滤器堵塞，泵不上量；

（2）泵出口过滤器堵塞，泵出口憋压；

（3）泵出口自力式调节阀故障，泵回流量增大；

（4）泵出口管线、法兰泄漏；

（5）高位油箱注油阀组截止阀人为打开；

（6）泵本体故障；

（7）压力变送器引管堵塞或仪表信号线虚接，显示数据不准。

处理方法：

（1）启动备用泵，切断主运行泵流程，清理泵入口过滤器；

（2）切换备用过滤器，清理堵塞过滤器；

（3）调整自力式调节阀跨线阀控制润滑油汇管压力，关闭自力式调节阀上下游阀门，维修自力式调节阀；

（4）申请停机，处理渗漏点；

（5）现场缓慢关小高位油箱注油阀组截止阀开度，压力平稳后关闭该阀；

（6）启动备用泵，停运主运行泵并维修；

（7）维修压力变送器引管或仪表信号线。

8. 分子筛吸附器入、出口压差升高。

故障现象：

（1）干燥器入、出口压差逐步升高；

（2）压缩机三级出口压力升高；

（3）增压机入口压力下降，膨胀机制冷温度升高。

故障危害：

（1）压缩机三级出口压力超压，严重时造成联锁停机；

（2）三级出口憋压造成压缩机喘振，严重时导致机组停机或损坏；

（3）导致下游气量不足，膨胀机转速下降，制冷温度不达标，轻烃收率降低。

故障原因：

（1）干燥器顶部过滤网堵塞，导致气流受阻；

（2）分子筛粉化严重，导致气体流动阻力增大；

（3）分子筛受硫化物、润滑油等物质污染，形成焦块，导致气流受阻；

（4）吸附塔操作时压力波动过大，造成筛网撕裂、支撑损坏、瓷球混乱，导致气体流动阻力增大；

（5）仪表压力、压差显示不准确，显示虚假数据。

处理方法：

（1）停机清理干燥器顶部过滤网；

（2）分子筛粉化、结焦严重时需停机更换合格分子筛；

（3）及时排放过滤分离器内的液体防止润滑油类的物质进入吸附塔；

（4）操作时保证气流平稳，减小吸附塔床层切换时压力波动，减少冲击，严格控制升、降压速度不超过 0.3MPa/min，确保吸附塔内附件完好；出现翻床时停机处理；

（5）现场检查处理仪表显示不准确问题。

9. 分子筛吸附器吸附时间过长。

故障现象：

（1）干燥器出口天然气露点升高；

（2）冷箱进、出口压差升高；

（3）吸附时间超过 12h。

故障危害：

导致低温单元发生冻堵故障，严重时装置无法正常运行。

故障原因：

（1）分子筛再生未按时完成；

（2）再生气流量低或无流量；

（3）再生气进床层温度低；

（4）原料气程控阀关闭不严；

（5）导热油系统故障。

处理方法：

（1）查找分子筛再生延时的原因并及时处理；

（2）根据再生气流量低或无流量产生的原因排除故障；

（3）根据再生气进床层温度低产生的原因排除故障；

（4）根据原料气程控阀关闭不严产生的原因排除故障；

（5）根据导热油加热系统故障产生的原因排除故障。

案例分析 1：

（1）问题描述：某深冷装置启机后出现冷箱Ⅱ冻堵现象。

（2）现场检查：①启机约 30min 后冷箱Ⅱ压差升高至 51.46kPa；②启动甲醇泵，注入甲醇后压差降低；③随后膨胀机入口滤网压差迅速升高至 300kPa；④向膨胀机入口滤网处加注甲醇，压差下降不明显；⑤现场停运膨胀机，提高装置负温，此时 J-T 阀设置值为 2.5MPa；⑥ 2.5h 后压缩机三级出口压力出现明显憋压现象，判断 J-T 阀处冻堵严重，现场手动停压缩机。

（3）原因诊断：①打开原料气粉尘过滤器排液线低点，发现低点有水。②分析分子筛运行状态：装置执行指令停机时，分子筛 1 床层为冷吹状态 4450s，2 床层为吸附状态；装置 3d 后启机时，由于分子筛 1 床层冷吹温度为 90℃，未完全再生完毕，需继续冷吹再生，因此分子筛 2 床层继续保持吸附状态，脱水效果逐渐变差，导致进冷箱原料气含水增大，造成后续低温单元冻堵。

（4）整改措施：采用已冷吹完毕的分子筛 1 床层进行吸附，缓慢降低装置负温至 -45℃，对分子筛 2 床层进行再生，达到脱水效果。

案例分析 2：

（1）问题描述：某深冷装置在导热油炉维修完毕后，出现制冷单元冻堵现象。

（2）现场检查：①冷箱一级、二级贫富气换热器压差持续升高；②低温分离器液位调节阀冻堵，通过现场跨线阀手动控制液位。

（3）原因诊断：分子筛热吹阶段，因导热油炉故障处理时间较长，导致分子筛吸附时间延长，造成制冷单元冻堵。

（4）整改措施：①缩短再生时间，满足再生要求后立即切换吸附器；②提高制冷低温；③启动甲醇泵向压差高的部位加注甲醇，待压差恢复正常后，停止甲醇加注。

10. 干燥器原料气程控阀关闭不严。

故障现象：

（1）进入干燥器的再生气温度低；

(2) 再生床层降压缓慢或无法降到正常压力;

(3) 再生床层热吹升温缓慢;

(4) 现场检查干燥器程控阀是否完全关闭;

(5) 再生气流量低。

故障危害:

(1) 造成分子筛再生延时,严重时导致无法再生;

(2) 导致低温单元冻堵;

(3) 部分原料气进入再生气系统,直接外输,导致装置轻烃收率下降。

故障原因:

(1) 检查阀位和反馈信号不一致;

(2) 仪表风压力低或减压阀故障;

(3) 仪表传动机构卡阻或脱落;

(4) 气缸使用的润滑脂不能满足要求;

(5) 继电器损坏;

(6) 程控阀内漏。

处理方法:

(1) 检查现场阀位状态,调整反馈信号触点位置,保证反馈信号与阀位状态一致;

(2) 检查仪表风供给,检查仪表风减压阀工作状态并调整到正常压力;

(3) 检查并恢复仪表传动机构工作状态;

(4) 更换符合要求的低温润滑脂;

(5) 检查更换继电器;

(6) 维修或更换程控阀。

案例分析 1:

(1) 问题描述:某深冷装置分子筛降压速度较慢,降压时间异常。

（2）现场检查：①现场压力表与远传显示一致，排除仪表故障问题；②经现场检查发现主流程程控阀未完全关闭。

（3）原因诊断：现场手动关闭程控阀后，分子筛降压速度恢复正常，判断为程控阀仪表风保压阀损坏。

（4）整改措施：维修更换保压阀。

案例分析2：

（1）问题描述：某深冷装置分子筛升压阀关闭不严导致自动进程暂停。

（2）现场检查：①中控室升压阀阀位状态异常报警；②升压转并行进程暂停；③检查控制画面程控阀状态未返回；④现场检查程控阀未完全关闭；⑤现场程控阀执行机构有气流声。

（3）原因诊断：怀疑程控阀膜片损坏，导致阀门无法完全关闭。

（4）整改措施：对程控阀进行检查，发现膜片损坏，更换膜片后恢复正常。

11. 原料气程控阀未打开。

故障现象：

（1）在ME操作盘上开关程控阀无动作，且无反馈信号；

（2）现场检查程控阀保持在原位无动作；

（3）压缩机出口憋压。

故障危害：

（1）造成分子筛无法再生；

（2）导致压缩机喘振停机，安全阀起跳，严重时会导致压缩机损坏。

故障原因：

（1）检查阀位和反馈信号不一致；

（2）仪表风压力低或减压阀故障；

（3）气缸内活塞或其联动部件卡阻；

（4）程控阀阀芯卡阻；

（5）气缸使用的润滑脂不能满足要求；

（6）继电器损坏。

处理方法：

（1）检查现场阀位状态，调整反馈信号触点位置，保证反馈信号与阀位状态一致；

（2）检查仪表风供给，检查仪表风减压阀工作状态并调整到正常压力；

（3）检查并恢复仪表传动机构工作状态；

（4）运用就地手轮，反复执行开关动作，必要时拆解阀体，清理异物；

（5）部分原料气进入再生气系统，直接外输，导致装置轻烃收率下降；

（6）检查更换继电器。

12. 再生气无流量或流量低故障。

故障现象：

（1）再生气流量检测无流量；

（2）再生气流量检测数值由正常值逐渐降低到零。

故障危害：

（1）使分子筛无法再生，吸附时间过长，露点不合格原料气进入低温单元，导致低温单元冻堵；

（2）严重时导致装置停运。

故障原因：

（1）检测仪表故障；

（2）再生气流量调节阀故障；

（3）再生气系统流程未导通；

（4）脱甲烷塔控制压力低；

（5）干燥器原料气程控阀关不严，高压气使再生气无法进入床层；

（6）外输气管网压力高；

（7）再生气空冷器冻堵；

（8）再生气粉尘过滤器堵塞。

处理方法：

（1）通知仪表专业人员检查处理检测仪表的故障；

（2）导通调节阀副线，处理再生气流量调节阀故障，故障消除后恢复自动控制；

（3）检查并导通再生气流程；

（4）在操作卡要求范围内可提高脱甲烷塔压力；

（5）现场检查程控阀，手动关闭；

（6）外输管网压力高时，汇报值班干部和调度室；

（7）开启空冷器热风循环，化冻；

（8）切换备用过滤器，清理堵塞的过滤器。

案例分析 1：

（1）问题描述：某深冷装置冬季运行期间再生床层热吹时发生再生气无流量。

（2）现场检查：①检查再生气流量计，手动开大再生气流量调节阀无流量，观察再生床层温度不升反降，导热油炉出口温度不降反升；②现场打开再生气调节阀跨线再生气仍无流量；③确认再生气程控阀仪表风供给正常，再生气程控阀处于全开状态；④确认再生床层主气阀仪表风供给正常，阀位处于全关状态；⑤再生气出口温度 10℃，打开再生气空冷器入出口跨线仍无流量；⑥检查再生气粉尘过滤器入出口压差达到300kPa。

(3) 原因诊断：再生气粉尘过滤器内滤芯堵塞。

(4) 整改措施：打开再生气粉尘过滤器跨线，关闭再生气粉尘过滤器入出口阀门，对再生气粉尘过滤器进行泄压后进行更换滤芯。

案例分析2：

(1) 问题描述：某深冷装置分子筛再生过程中再生气流量低于正常值。

(2) 现场检查：①全开再生气流量调节阀，流量仍低于正常值；②现场检查流程，无异常；③查看外输气管网压力，外输管网压力较高。

(3) 原因诊断：外输气管网压力高造成再生气流量低。

(4) 整改措施：汇报调度，外输气管网压力降低后，再生气流量恢复正常。

案例分析3：

(1) 问题描述：某深冷装置分子筛热吹过程中再生气流量逐渐降低。

(2) 现场检查：①现场检查流程无异常；②查看再生气空冷器，发现有一组空冷器出口温度为负值，另一组温度正常。

(3) 原因诊断：空冷器冻堵导致再生气流量低。

(4) 整改措施：开启空冷器热风循环，对空冷器化冻后恢复正常。

案例分析4：

(1) 问题描述：某深冷装置再生气流量缓慢降低。

(2) 现场检查：①现场检查流程无异常；②检查再生气流量调节阀开度，相同流量下调节阀开度有增加趋势；③检查再生气空冷器现场压力表，再生气空冷器进出口压差有上升趋势。

（3）原因诊断：再生气空冷器堵塞导致再生气流量低。

（4）整改措施：更换备用空冷器，对故障空冷器进行清理备用。

13. 再生气进床层温度低。

故障现象：

再生气进床层温度低，达不到再生所需温度。

故障危害：

分子筛再生不合格，吸附能力下降，原料气露点不合格，进入冷冻单元，导致低温单元冻堵。

故障原因：

（1）再生气流量过大；

（2）导热油出口控制温度过低；

（3）原料气程控阀关闭不严；

（4）冷吹程控阀关闭不严或未关闭；

（5）导热油换热器副线阀未关严；

（6）导热油炉故障停炉；

（7）换热器换热效果差，再生气温度达不到要求。

处理方法：

（1）调整再生气流量达到正常范围；

（2）提高导热油炉出口温度至正常值；

（3）现场检查原料气程控阀并手动关闭；

（4）现场检查关闭冷吹程控阀；

（5）关闭导热油换热器副线阀；

（6）检查造成停炉故障的原因，消除故障后，按操作规程启炉并逐步升温到导热油正常温度；

（7）清理换热器污垢，维修或更换内漏的换热器。

案例分析：

（1）问题描述：某深冷装置分子筛热吹温度不达标。

（2）现场检查：①再生气流量无异常；②检查各项参数，发现再生气温度低；③导热油炉运行正常；④检查导热油炉控制柜，发现导热油炉控制温度仍为冷吹时的设定温度。

（3）原因诊断：操作人员未及时更改设定温度导致再生气进床层温度低。

（4）整改措施：重新设定导热油炉温度。

14. 导热油炉停炉故障。

故障现象：

（1）ME 显示导热油温度低，燃烧器喷嘴熄灭，出现报警画面；

（2）导热油炉不点火。

故障危害：

导热油不能被加热，再生气失去加热的热源，导致分子筛无法再生。

故障原因：

（1）燃料气压力调节故障，燃料气过滤器堵塞或冻堵；

（2）导热油炉电磁阀故障或仪表风接线松动；

（3）继电器故障；

（4）火焰检测器探头松动或火焰检测器故障；

（5）点火电极故障；

（6）循环泵出口压力低，导热油炉入口、出口压差低于 0.1MPa；

（7）导热油流速低在炉内高温裂解，产生过多的低沸物，使循环泵出口压力波动大，造成导热油炉入出口压差低联锁停炉；

（8）导热油循环泵故障；

（9）导热油炉风机卡位销螺栓松动，风机故障；

（10）排烟温度高或烟气温度监测探头故障；

（11）膨胀罐液位低报警；

（12）操作间可燃气体检测报警；

（13）报警联锁未消除。

处理方法：

（1）调节燃料气减压阀保证供气压力正常，清理燃料气入口滤网，如出现冻堵需化冻，并其外部加保温和伴热；

（2）紧固电磁阀接线，插头，清理引压管，必要时更换电磁阀；

（3）更换继电器；

（4）固定火焰检测器探头或更换火焰检测器；

（5）清理或更换点火电极；

（6）切换清理循环泵入口滤网，调整泵出口压力至正常值，使导热油炉入、出口压差大于0.2MPa；

（7）提高需循环泵出口压力，增加导热油流速。通过膨胀罐排除系统内的低沸物，必要时停炉更换合格导热油；

（8）启动备用循环泵，处理故障泵问题；

（9）紧固风机卡位销及螺栓，处理风机故障；

（10）检查处理烟气温度高原因，更换烟气温度监测探头；

（11）向系统补充合格导热油，使膨胀罐液位达到30%～60%之间；

（12）检查处理操作间可燃气体检测报警原因，调校检测仪；

（13）消除系统报警，现场、远传、急停、燃烧器报警复位。

案例分析：

（1）问题描述：某深冷装置导热油炉运行期间发生排烟温度超高报警联锁停炉。

（2）现场检查：①检查导热油炉排烟温度变送器是否故障；②持温枪对排烟温度进行复测对比；③降低装置处理量，最大限度延长分子筛吸附时间；④降温后打开后烟墙人孔检查。

（3）原因诊断：导热油炉后烟墙内部防爆门密封垫破损造成关闭不严，防火墙和隔热棉是否脱落，高温烟气未经换热直接进入烟道，导致排烟温度超高停炉。

（4）整改措施：装置降至最低负荷，对导热油炉内部脱落的防火墙和隔热棉进行维修固定，对防爆门密封垫进行维修更换。

15. 冷箱内部渗漏。

故障现象：

冷箱出口温度变化大，导致低温单元参数波动大且不易调整恢复。

故障危害：

脱甲烷塔温度梯度异常波动，使低温单元正常运行状态被破坏。

故障原因：

（1）操作不平稳，系统升、降温速度过快，产生较大热应力，导致了冷箱通道与工艺层通道之间的隔板破裂；

（2）原料气含水导致冷箱冻胀损坏；

（3）冷箱保冷层氮气压力不足，湿气进入保冷层，冬季发生冰冻，出现冻胀挤压，损坏冷箱；

（4）焊接工艺存在缺陷；

（5）原料气中硫化氢等酸性气体含量高，冷箱材质被腐蚀。

处理方法：

（1）严格控制温变速率低于 1℃ /min；

（2）保证分子筛再生时间和温度达到要求，保证脱水效果；

（3）发生冻堵，及时加注甲醇解冻；

（4）在冷箱入、出口加装切断阀，防止出现局部温变速率过快；

（5）保证冷箱保冷层氮气压力达到 5kPa；

（6）冷箱渗漏严重，立刻停机，返厂维修；

（7）定期化验分析气源组分变化规律。

案例分析：

（1）问题描述：某深冷装置运行期间巡检发现冷箱 I 出现渗漏故障。

（2）现场检查：①冷箱 I 附近地面有珠光砂；②冷箱 I 保冷外壳顶部放空口有气体渗出；③冷箱 I 顶部放空口有珠光砂漏出；

（3）原因诊断：①装置停运泄压后，现场拆卸冷箱 I；②对其进行打压后判断为原料气流道外层隔板渗漏、侧沸器、重沸器最外层隔板渗漏；

（4）整改措施：①氮气置换检测合格后，对冷箱 I 外箱体开口；②对冷箱 I 原料气流道两处封头、侧沸器、重沸器封头进行开口；③封堵原料气流道最外层流道、侧沸器、重沸器最外层流道；④维修后对冷箱 I 进行打压试验，稳压 1h 无渗漏，确认维修合格，装置恢复运行。

16. 冷箱堵塞。

故障现象：

（1）冷箱压差增大；

（2）压缩机出口压力升高；

（3）膨胀机转速下降；

（4）原料气流量降低。

故障危害：

（1）装置原料气处理能力降低；

（2）冷箱换热能力下降；

（3）冷箱损坏；

（4）严重时需装置停机处理。

故障原因：

（1）分子筛吸附时间过长，分子筛吸附趋于饱和，干燥器出口原料气露点不合格，导致冷箱冻堵；

（2）分子筛再生不彻底，分子筛吸水能力下降，原料气露点不合格，导致冷箱冻堵；

（3）仪表指示不准确；

（4）粉尘过滤器滤芯损坏，分子筛粉尘等堵塞冷箱通道；

（5）液体或油类物质进入分子筛床层使分子筛中毒、焦化、变质，吸附性能下降，导致冷箱冻堵。

处理方法：

（1）严格控制分子筛吸附时间，启动甲醇泵，针对冻堵部位加注甲醇解冻；

（2）保证分子筛再生时间和温度达到要求，保证脱水效果；

（3）维修或更换合格检测仪表；

（4）清理或更换粉尘过滤器滤芯，定期反吹干气粉尘过滤器，装置停机，爆破反吹冷箱；

（5）降低制冷负荷，对系统进行升温解冻；更换分子筛。

案例分析：

（1）问题描述：某深冷装置运行期间突发压缩机出口压力增加，一级贫富气压差逐渐上涨超过报警值。

（2）现场检查：①检查吸附床层吸附时间；②检测冷箱入口原料气露点；③降低装置负荷，停运一组原料气粉尘过滤器检查内部滤芯堵塞情况。

（3）原因诊断：原料气粉尘过滤器滤芯破损，内部发现分子筛和磁球，判断吸附器内部筛板和滤网破损。

（4）整改措施：①装置停运泄压后，打开冷箱入口过滤器发现内部堆积分子筛；②对吸附器进行置换后退料；③维修底部筛板并更换滤网；④对堵塞冷箱和吸附器出口至冷箱段管线进行爆破吹扫。

17. 低温分离器液位高。

故障现象：

（1）低温分离器液位升高超过正常值；

（2）分离器液位超高报警或联锁停膨胀机。

故障危害：

（1）膨胀机联锁停机；

（2）膨胀机入口气带液现象，极易造成膨胀端叶轮出现液击，造成设备损坏。

故障原因：

（1）预冷温度过低液化量增大；

（2）低温分离器液位调节阀故障；

（3）液位调节阀手动控制或设定值过高，不能正常调节；

（4）液位检测仪表指示失准，虚假数据；

（5）排液线流程不畅，造成液位升高。

处理方法：

（1）控制膨胀机入口温度不能过低；

（2）通过液位调节阀副线阀控制液位，防止液位超高；

（3）排出调节阀故障后恢复自动控制，检查确认调节阀设定值正常；

（4）检查远传液位计，排除仪表故障，确保测量准确；

（5）检查导通排液线流程，若出现堵塞及时处理。

案例分析：

（1）问题描述：某深冷装置检修后启机时，发现低温分离器液位超出正常值而调节阀未动作。

（2）现场检查：①中控室检查低温分离器液位调节阀为自动状态，但阀位反馈为关闭状态；②低温分离器现场液位与主控液位对应无误，排除仪表故障；③现场阀位状态为关闭。

（3）原因诊断：停机后触发低温分离器液位低联锁，液位建立后调节阀未及时复位。

（4）整改措施：现场对低温分离器液位调节阀进行复位，液位调节正常。

18. 膨胀机喷嘴卡滞无动作。

故障现象：

（1）膨胀机启动时喷嘴无法打开，膨胀机无转速；

（2）ME 显示喷嘴开关信号正常，而现场检查喷嘴调节机构无动作。

故障危害：

（1）膨胀机不能正常启、停机；

（2）不能调节膨胀机转速；

（3）造成膨胀 / 增压机组效率下降，装置制冷量不足。

故障原因：

（1）膨胀机调节机构的供风管冻堵；

（2）有杂质进入喷嘴；

（3）喷嘴在检修后装配不正确造成卡滞。

处理方法：

（1）对膨胀机调节机构的供风管化冻处理，检查仪表风露点是否合格，消除仪表风干燥器故障；

（2）清理进入喷嘴的杂质；

（3）停机重新装配膨胀机喷嘴。

案例分析：

（1）问题描述：某深冷装置调节塔顶负温时，发现开关喷嘴开度后膨胀机转速无明显变化。

（2）现场检查：①现场检查时发现膨胀机保冷不完善，机组表面结冰；②调节机构供风管被冰包裹；③仪表风压力显示为零。

（3）原因诊断：仪表风管冻堵导致喷嘴开度无法调节。

（4）整改措施：现场除冰后，将膨胀机组做保冷处理，仪表风供给恢复正常。

19. 膨胀机组润滑油损失严重。

故障现象：

油箱液位下降。

故障危害：

（1）润滑油损耗增大；

（2）油箱液位过低，机组因缺油导致联锁停机。

故障原因：

（1）停机处理步骤不正确。

① 先停密封气后停油泵，导致跑油；

② 油箱泄压太快，油被气带走。

（2）启机或运行过程中操作步骤或调整不正确。

① 未投用密封气，先启动润滑油泵，导致跑油；

② 密封气压力、压差调节不正确；

③ 密封气量调节不正确。

（3）润滑油系统设备管线渗漏。

① 润滑油系统管路连接有渗漏；

② 润滑油冷却器内漏；

③ 油箱密封气捕雾网破损；

④ 油箱安全阀内漏；

⑤ 膨胀机密封损坏；

⑥ 油箱压力控制过高。

处理方法：

（1）停机过程中处理。

① 要先停油泵，后停密封气；

② 停机后油箱卸压要缓慢，防止润滑油随气带走。

（2）启机和运行过程中操作。

① 必须先投用密封气，并且在密封气压力压差气量调整正常后方可启动润滑油泵；

② 运行过程中要根据膨胀机负荷变化随时调节密封气量、密封气压差在规定范围内。

（3）润滑油系统渗漏处理。

① 检查并紧固连接渗漏部位，消除漏点；

② 校验或更换安全阀；

③ 停机更换油箱捕雾网；

④ 停机对润滑油冷却器堵漏，更换冷却器；

⑤ 停机更换轴承密封；

⑥ 将油箱压力控制在正常值。

案例分析 1：

（1）问题描述：某深冷装置运行期间出现膨胀机油箱

液位下降较快的现象。

（2）现场检查：膨胀机油箱液位下降过快，且在循环水池的水面发现油花。

（3）原因诊断：①停运膨胀机、切断流程后，退油泄压；②加装盲板，打开封头，加装封头工装；③在壳层通入氮气，用肥皂水进行验漏，发现油冷器管束与管板处发生渗漏；④分析渗漏原因为油冷器使用时间较长出现腐蚀渗漏，因油路比循环水压力高，导致润滑油漏至循环水中，润滑油损失较快。

（4）整改措施：①使用销子将该渗漏点进行胀堵；②经打压试漏合格后，回装油冷器；③补充润滑油后启动膨胀机。

案例分析2：

（1）问题描述：某深冷装置投产后，膨胀机润滑油损失严重。

（2）现场检查：①机组设备、密封气均运行正常；②检查机组运行数据，无异常波动。

（3）原因诊断：可能由于油箱压力控制过高造成润滑油损失较大。

（4）整改措施：降低油箱压力运行，润滑油损失现象明显好转。

案例分析3：

（1）问题描述：某深冷装置正常运行期间发现膨胀机润滑油损失较大。

（2）现场检查：①机组设备、密封气均运行正常；②检修时发现膨胀机组出口管线低点有润滑油。

（3）原因诊断：膨胀机密封损坏导致润滑油损失。

（4）整改措施：更换膨胀机密封，润滑油损失现象明显好转。

20. 膨胀机入口滤网冻堵。

故障现象：

（1）膨胀机转速下降；

（2）膨胀机出口温度升高；

（3）现场检查，膨胀机入口滤网压差高。

故障危害：

（1）膨胀机处理气量下降，出口制冷温度升高；

（2）冻堵严重时需停丙烷机、膨胀机，升温化冻；

（3）装置轻烃收率降低。

故障原因：

（1）分子筛吸水能力下降，原料气露点不合格，造成膨胀机入口滤网发生冻堵；

（2）积炭、分子筛粉化严重堵塞膨胀机入口滤网。

处理方法：

（1）向膨胀机入口注入甲醇进行解冻；停丙烷机和膨胀机，升温化冻；

（2）检查并反吹粉尘过滤器，清理冷箱入口过滤器，清理膨胀机入口滤网。

案例分析：

（1）问题描述：某深冷站膨胀机转速迅速下降，塔顶制冷温度回升。

（2）现场检查：①检查 J-T 阀前压力稳定无波动；②检查 J-T 阀前压力与膨胀机进口压力（滤网后）压差上涨，最高时达到 1400kPa；③膨胀机转速从 31200r/min 降至 9626r/min；④膨胀机出口温度呈上涨趋势。

（3）原因诊断：分子筛脱水不合格，导致膨胀机入口滤网冻堵。

（4）整改措施：①停运丙烷机、对制冷系统进行升温化冻；②对制冷单元加注甲醇；③冻堵严重时停运膨胀机，检查并清理膨胀机入口滤网，检查滤网完好后回装；④将分子筛吸附周期由 30h 缩短至 18h 左右，将分子筛入口热吹温度由 230℃提升至 250℃。

21. 膨胀机转速升高。

故障现象：

（1）脱甲烷塔压力突然降低，造成膨胀机膨胀比增大，转速升高；

（2）膨胀机入口喷嘴开度增大，转速升高。

故障危害：

联锁停机或膨胀机飞车。

故障原因：

（1）塔压调节阀故障，塔压过低；

（2）J-T 阀突然故障关闭；

（3）膨胀机入口喷嘴开度过大；

（4）装置进气量突然改变，膨胀机转速大幅波动；

（5）停机时增压机回流防喘振阀故障，失去制动作用；

（6）膨胀机转速探头检测故障，出现虚假数据。

处理方法：

（1）脱甲烷塔压力调节阀副线控制塔压在正常值，排除塔压调节阀故障后恢复自动控制；

（2）调整膨胀机入、出口压力，控制膨胀比不变，排除 J-T 阀故障后恢复自动控制；

（3）减小喷嘴开度，降低膨胀机转速；

（4）合理控制装置进气负荷，尽量避免气流波动；

（5）停机时，增压机回流防喘振阀故障不能开启，需手动开启防喘振阀副线阀；

（6）检查膨胀机转速探头检测情况，排除故障，确保显示正确。

22. 脱甲烷塔塔底液位超高。

故障现象：

脱甲烷塔塔底液位持续上升超过 80%，并有继续上升趋势。

故障危害：

（1）造成脱甲烷塔液泛；

（2）造成低温制冷单元温度失控。

故障原因：

（1）远传液位检测失灵，检测数值过低，导致塔液位调节阀关闭；

（2）塔液位自动调节阀故障；

（3）塔底泵出口回流阀全开；

（4）轻烃工艺流程不畅通；

（5）轻烃储罐压力高；

（6）脱甲烷塔塔顶、塔底温度控制过低，降液量过大；

（7）塔底泵故障；

（8）脱甲烷塔吸收段二氧化碳冻堵，化冻后轻烃大量落下。

处理方法：

（1）维修或更换远传液位仪表；

（2）打开液位调节阀副线阀，手动控制降低塔液位，排除调节阀故障后恢复自动调节；

（3）关小塔底泵出口回流阀；

（4）检查确定脱甲烷塔至轻烃储罐的工艺流程已导通；

（5）降低轻烃储罐压力；

（6）控制脱甲烷塔塔顶，塔底温度在正常范围内；

（7）启动备用泵，处理故障；

（8）打开液位调节阀副线阀，待液位恢复正常时关闭。

案例分析：

（1）问题描述：某深冷装置脱甲烷塔液位持续升高，达到 100%。

（2）现场检查：①检查塔底泵运行是否故障；②检查塔液位自动调节阀状态；③降低装置负荷，提高制冷温度，降低塔底轻烃产量；④关闭泵回流和塔回流，提高塔底泵出口流量。

（3）原因诊断：脱甲烷塔液位自动调节阀故障，无法自动调节。

（4）整改措施：打开塔液位自动调节阀副线进行手动排液，仪表维修人员维修后恢复自动。

23. 脱甲烷塔发生二氧化碳冻堵。

故障现象：

（1）塔顶、塔底压力快速升高；

（2）塔顶负温急剧下降或升高；

（3）膨胀机转速下降；

（4）塔内填料压差升高。

故障危害：

（1）脱甲烷塔超压；

（2）装置处理能力下降，收率下降；

（3）脱甲烷塔紧急放空阀和安全阀频繁起跳，造成放空管线振动或损坏。

故障原因：

(1) 原料气二氧化碳含量高于设计值；

(2) 脱甲烷塔塔顶温度控制过低。

处理方法：

(1) 降低装置进气负荷，降低膨胀机转速，丙烷机制冷机减载，全开蒸发器原料气跨线阀，升高塔顶温度，降低脱甲烷塔塔压，冻堵严重时，需停膨胀机化冻；

(2) 提高脱甲烷塔负温化冻，待压差恢复正常后，严格按工艺要求及原料气中二氧化碳的含量控制塔顶负温。

案例分析 1：

(1) 问题描述：某深冷装置塔顶温度低于 −90℃且快速下降。

(2) 现场检查：①塔一段填料压差呈升高趋势；②塔底轻烃流量降低（5.1t/h 降至 4.3t/h），③塔压升高（0.89MPa 升至 0.91MPa）；④膨胀机转速下降（从 35000r/min 下降至 32500r/min）。

(3) 原因诊断：来气二氧化碳含量升高，塔顶二氧化碳冻堵。

(4) 整改措施：①丙烷机减载至空载，打开天然气进蒸发器副线阀，降低膨胀机转速，对制冷系统进行回温；②降低塔顶压力，将塔顶压力由 0.91MPa 调整为 0.85MPa；③观察塔底瞬时流量不低于 3.5t/h。

案例分析 2：

(1) 问题描述：某深冷装置在正常运行时发现脱甲烷塔二段吸收段压差升高。

(2) 现场检查：①塔底温度降低；②检查现场差压表显示准确，排除仪表故障问题。

（3）原因诊断：根据每月原料气组分中二氧化碳含量化验结果，判断为二氧化碳冻堵。

（4）整改措施：降低膨胀机转速，提高脱甲烷塔塔顶温度；密切关注脱甲烷塔填料压差，根据压差控制塔顶负温。

案例分析3：

（1）问题描述：某深冷装置在正常运行时发现脱甲烷塔上段填料压差有上升趋势。

（2）现场检查：①塔顶填料差压表显示正常；②塔压有明显上升趋势；③在线露点分析仪显示 -85℃，无异常。

（3）原因诊断：原料气中二氧化碳含量升高，塔顶出现冻堵。

（4）整改措施：适当降低膨胀机转速，提高脱甲烷塔塔顶温度；密切关注脱甲烷塔填料压差，根据压差控制塔顶负温。

24. 脱甲烷塔侧线循环效果差。

故障现象：

（1）脱甲烷塔温度梯度不合理；

（2）冷箱换热入、出口温度波动大；

（3）严重时低温单元温度调节失控。

故障危害：

（1）热虹吸循环无法正常建立，脱甲烷塔传质、传热效果变差，产品质量下降；

（2）轻烃收率大幅下降；

（3）严重时造成冷箱损坏。

故障原因：

（1）启机过程中脱甲烷塔侧线的自然循环未建立或侧线循环不畅通，造成塔内气液离效果不佳；

（2）进侧沸器轻烃的入口调节阀故障关闭，导致流体不循环；

（3）冷箱原料气流量波动大，换热温度变化大，侧线循环不正常；

（4）原料气含水高造成冷箱冻堵；

（5）冷箱原料气通道堵塞，侧沸器轻烃不能实现热虹吸循环；

（6）重沸器和侧沸器的物流调节不正确，造成塔内气液负荷不正常，没有建立合理的温度梯度和浓度梯度；

（7）冷箱本体出现内漏。

处理方法：

（1）在装置启机过程中脱甲烷塔液位建立后，通过向侧沸器轻烃线出口注入干气或打开侧沸器轻烃侧出口，对火炬放空线对侧线进行强制循环；

（2）检查处理侧沸器轻烃调节阀故障，开启轻烃调节阀；

（3）手动控制进入重沸器原料气流量调节阀的副线阀，检查处理调节阀故障，排除故障后恢复自动；

（4）控制原料气的脱水温度在40℃以下，保证再生温度和再生时间，及时排出过滤分离器的液体，如果分子筛已老化失效需停机更换合格子筛；

（5）冷箱原料气通道堵塞需停机吹扫冷箱，为防止冷箱堵塞应定期反吹分子筛粉尘过滤器；

（6）调整重沸器和侧沸器调节阀的开度，保证塔内气液负荷合理，建立正常的温度梯度和浓度梯度；

（7）停机检查漏点，返厂维修或更换冷箱。

案例分析1：

（1）问题描述：某深冷装置出现塔底温度降低。

（2）现场检查：①重沸器入口关断阀、侧沸器流量调节阀关闭；②现场手动开阀后，两阀均可正常开启。

（3）原因诊断：①检查机柜间内压缩机停机报警信号继电器时，发现接线引脚松动，重沸器入口关断阀、侧沸器流量调节阀假信号联锁关阀。

（4）整改措施：重新紧固回路各引脚接线，阀门恢复正常。

案例分析2：

（1）问题描述：某深冷装置启机后出现侧沸器进出口温差小的现象。

（2）现场检查：①现场温度表与远传温度基本一致；②侧沸器手动调节阀开关正常，现场开度与主控室一致，排除调节阀故障。

（3）原因诊断：侧沸循环不畅。

（4）整改措施：缓慢打开侧沸器强制循环线或放空线，为循环提供动力。

25. 脱甲烷塔压力高。

故障现象：

（1）脱甲烷塔压力超出正常值；

（2）膨胀机转速降低，膨胀机出口温度升高；

（3）膨胀机后增压的深冷装置外输气压力升高。

故障危害：

（1）膨胀比降低，膨胀机制冷能力降低，制冷温度不达标；

（2）超压导致气体放空，造成资源浪费，影响装置产量；

（3）超压时安全阀频繁启动，导致安全阀损坏或不回坐；

（4）频繁大量放空导致放空管线振动大，使管托脱落或出现管线破裂等恶性事故。

故障原因：

（1）脱甲烷塔塔压调节阀故障；

（2）检测仪表故障，塔压变送器故障显示压力高；

（3）装置下游流程不畅，外输管网压力高；

（4）膨胀机故障停机，J-T 阀突然开大；

（5）塔顶二氧化碳冻堵，造成塔憋压。

处理方法：

（1）塔压调节阀手动副线调节，处理调节阀故障，消除后恢复自动控制；

（2）检查塔压的压力变送器，消除仪表故障；

（3）检查并导通下游流程，外输管网压力高需及时汇报调度；

（4）开大塔压调节阀防止塔压超高，降低 J-T 阀压力设定值避免压缩机出口憋压，检查排除膨胀机故障后启动膨胀机；

（5）出现冻堵时应立即降低塔压，降低膨胀机转速，升高塔顶温度，为预防二氧化碳冻堵，需化验分析入口原料气二氧化碳含量变化趋势，随二氧化碳含量的升高，相应的提高膨胀机出口温度。

案例分析 1：

（1）问题描述：某深冷装置运行时塔压显示突然升高至 1.3MPa 左右。

（2）现场检查：①检查塔顶安全阀未起跳；②现场检查塔压调节阀开度较小；③主控室手动开大塔顶压力调节阀无反应。

（3）原因诊断：调节阀阀门定位器故障。

（4）整改措施：①逐步打开塔顶压力调节阀跨线阀，同时逐步关小调节阀上游截止阀直至全关，同步观察塔压，塔压控制平稳后，关闭塔顶压力调节阀下游截止阀；②调整膨胀机入口压力、膨胀机转速、膨胀机密封气压差稳定，关注塔底瞬时流量不低于 3.5t/h；③联络对调节阀进行检查维修。

案例分析 2：

（1）问题描述：某深冷装置脱甲烷塔压力出现间歇高报。

（2）现场检查：①脱甲烷塔压力间歇高报，调节阀能够实现塔压自动调节；②塔顶压力高报出现在分子筛吸附器再生减压过程中。

（3）原因诊断：塔压调节阀调节机构失灵，导致调节阀在调节过程中滞后或提前动作。

（4）整改措施：更换调节阀执行机构。

26. 装置制冷温度不达标。

故障现象：

（1）脱甲烷塔塔顶温度升高；

（2）膨胀机出口温度高；

（3）膨胀机入口预冷温度高；

（4）塔底轻烃出口流量降低。

故障危害：

（1）装置轻烃收率降低；

（2）装置控制参数不达标。

故障原因：

（1）装置处理量过大；

（2）膨胀机转速低；

（3）增压机回流防喘振阀故障开启；

（4）膨胀比降低，膨胀机入口压力不足或脱甲烷塔压力过高；

（5）膨胀机故障，制冷效率降低；

(6) 丙烷蒸发器副线阀开度过大;

(7) 丙烷机参数调节不正确，辅助制冷量不够;

(8) 丙烷机故障;

(9) 原料气中重组分含量升高，膨胀机制冷能力下降;

(10) 冷箱换热效率低。

处理方法:

(1) 控制装置处理量在正常范围;

(2) 提高膨胀机喷嘴开度，提高转速;

(3) 排除增压机回流防喘振阀故障后恢复自动控制;

(4) 提高 J-T 阀压力设定值，在工艺操作卡范围内降低脱甲烷塔压力;

(5) 停机处理膨胀机故障，保证膨胀机工作效率;

(6) 关闭丙烷蒸发器副线阀;

(7) 调整丙烷制冷系统各点参数，保证蒸发器液位和冷凝温度正常;

(8) 处理丙烷制冷机故障;

(9) 在工艺操作卡范围内降低原料气压缩机级间空冷器温度，使天然气中的重组分能够充分冷凝下来，降低下游冷凝负荷;

(10) 加注甲醇消除冷箱冻堵故障，必要时返厂维修或更换冷箱。

27. 装置制冷温度过低时。

故障现象:

(1) 塔顶负温过低;

(2) 膨胀机出口温度低;

(3) 冷箱各点预冷温度降低;

（4）塔压升高、填料压差升高。

故障危害：

（1）低温单元各点温度异常偏低；

（2）脱甲烷塔塔顶二氧化碳冻堵，正常运行状态被破坏；

（3）塔压持续超高，造成安全阀或塔顶捕雾网损坏；

（4）严重时冷箱损坏。

故障原因：

（1）丙烷机制冷量大，膨胀机入口温度低；

（2）膨胀机转速高，导致出口温度控制过低；

（3）脱甲烷塔气液负荷分配不均匀，液相负荷过大；

（4）脱甲烷塔塔顶二氧化碳冻堵；

（5）塔液泛，出现塔顶气雾沫夹带现象。

处理方法：

（1）开大进丙烷蒸发器跨线阀，降低丙烷机能量输出减少丙烷制冷量；

（2）降低膨胀机转速，减少喷嘴开度或降低 J-T 阀设定值；

（3）调节重沸器、侧沸器气液分配量，建立合理的温度梯度；

（4）出现二氧化碳冻堵时，要降低装置进气量，对脱甲烷塔升温或降塔压，直到二氧化碳冻堵现象消除后再恢复装置正常运行参数；

（5）提高塔底轻烃输送量防止脱甲烷塔液位超高。

28. 火炬单元无法正常点火。

故障现象：

（1）火炬点火时现场电磁阀无动作；

（2）点火时电磁阀动作，但火炬头点火电极不点火；

（3）点火电极有点火声音，但仍无法点着火炬头。

故障危害：

（1）火炬系统不能正常运行，天然气放空无法及时燃烧。

故障原因：

（1）现场燃料气阀组电磁阀出现故障；

（2）仪表接线出现虚接或断开，火炬头点火电极未动作，信号无法传至现场；

（3）现场引火筒点火处燃料气孔堵塞；

（4）装置同时间进行氮气置换。

处理方法：

（1）打开电磁阀跨线阀进行控制点火，维修或更换电磁阀后恢复正常流程；

（2）检查仪表控制回路是否断路；

（3）在火炬头顶部对堵塞的进行清理引火筒燃料气孔；

（4）氮气置换结束后重新点火。

29. 轻烃储罐压力升高。

故障现象：

（1）塔底轻烃流量降低；

（2）脱甲烷塔塔液位升高；

（3）塔底泵出口压力升高。

（4）塔底泵轴承温度升高。

故障危害：

（1）塔底流量降低，低于泵额定流量时，泵易发生机械损坏；

（2）轻烃储罐压力过高，会使塔底轻烃不能及时输送，造成塔液位超高，容易出现冲塔现象；

（3）导致轻烃罐罐顶安全阀启跳，造成放空浪费；

（4）塔底轻烃无法及时输送至罐区。

故障原因：

（1）外输泵故障，储罐内轻烃不能及时外输；

（2）轻烃外输系统流程不畅，造成憋压；

（3）仪表指示不准，出现假数据；

（4）外输泵气缚，无法有效外输。

处理方法：

（1）如有备用罐，倒备用罐降低储罐压力；

（2）及时启动备用外输泵；

（3）检查外输系统流程；

（4）对故障仪表进行维修。

案例分析：

（1）问题描述：某深冷装置夏季运行时，出现脱甲烷塔液位高报警。

（2）现场检查：①塔底液位调节阀处于全开状态；②塔底泵出口流量较低，现场检查流量计后排除仪表故障问题；③塔底泵出口压力较高；④轻烃储罐压力较高。

（3）原因诊断：由于夏季温度升高导致轻烃储罐压力升高，泵出口压力与轻烃罐压力基本持平，导致流量降低。

（4）整改措施：适当关小泵回流提高泵出口压力后，塔底液位降低，参数恢复正常。

第四部分 HSE知识

一、基础知识

（一）名词解释

1. **危险物品**：易燃易爆物品、危险化学品、放射性物品等能够危及人身安全和财产安全的物品。

2. **重大危险源**：长期地或者临时地生产、搬运、使用或者储存危险物品，且危险物品的数量等于或者超过临界量的单元（包括场所和设施）。

3. **安全生产工作机制**：生产经营单位负责、职工参与、政府监管、行业自律和社会监督。

4. **人为责任事故**：由于生产经营单位或者从业人员在生产经营过程中违反法律、法规、国家标准或行业标准和规章制度、操作规程所出现的失误和疏忽而导致的事故。

5. **事故责任主体**：对发生生产安全事故负有责任的单位或者人员。

6. **行政责任**：责任主体违反有关行政管理的法律、法规的规定，但尚未构成犯罪的违法行为所应承担的法律责任。

7. 刑事责任：责任主体实施刑事法律禁止的行为所应承担的法律后果。

8. 民事责任：责任主体违反安全生产法律规定造成民事损害，由人民法院依照民事法律强制进行民事赔偿的一种法律责任。

9. 从业人员人身安全保障：从业人员的工伤保险补偿和人身伤亡赔偿的法律保障。

10. 安全生产责任保险：一种商业保险，主要帮助企业进行事故预防、风险控制和辅助管理，一旦发生生产安全事故，由第三方赔付。

11. 职业病：企业、事业单位和个体经济组织等用人单位的劳动者在职业活动中，因接触粉尘、放射性物质和其他有毒、有害因素而引起的疾病。《中华人民共和国职业病防治法》所称的职业病，并不是泛指的职业病，而是由法律作出界定的职业病。

12. 工伤：员工在为国家或集体生产劳动过程中受到的意外伤害。

13. 道路：公路、城市道路和虽在单位管辖范围内但允许社会机动车通行的地方，包括广场、公共停车场等用于公众通行的场所。

14. 车辆：机动车和非机动车。

机动车是指动力装置驱动或者牵引，上道路行驶的供人员乘用或者用于运送物品以及进行公车专项作业的轮式车辆。

非机动车是指以人力或者畜力驱动，上道路行驶的交通工具，以及虽有动力装置驱动但设计最高时速、空车质量、外形尺寸符合有关国家标准的残疾人机动轮椅车、电动自行车等交通工具。

15. 交通事故：车辆在道路上因过错或者意外造成的人

身伤亡或者财产损失的事件。

16. 三管三必须：管行业必须管安全，管业务必须管安全，管生产经营必须管安全。

17. 四不放过：事故原因没查清不放过、事故责任者没有严肃处理不放过、事故责任者与应受教育者没受到教育不放过，防范措施没落实不放过。

18. 四不伤害：不伤害自己、不伤害他人、不被他人伤害、保护他人不受伤害。

19. 本质安全：通过设计等手段使生产设备或生产系统本身具有安全性，即使在误操作或发生故障的情况下也不会造成事故。

20. 安全生产许可：国家对矿山企业、建筑施工企业和危险化学品、烟花爆竹、民用爆炸物品生产企业实行安全生产许可制度。企业未取得安全生产许可证的，不得从事生产活动。

21. 安全生产：在社会生产活动中，通过人、机、物料、环境的和谐运作，使生产过程中潜在的各种事故风险和伤害因素始终处于有效控制状态，切实保护劳动者的生命安全和身体健康。

22. 安全生产管理：针对人们在生产过程中的安全问题，运用有效的资源，发挥人们的智慧，通过人们的努力，进行有关决策、计划、组织和控制等活动，实现生产过程中人与机器设备、物料、环境的和谐，达到安全生产的目标。

23. 目视化管理：通过安全色、标签、标牌等方式，明确人员的资质和身份、工器具和设备设施的使用状态，以及生产作业区域的危险状态的一种现场安全管理方法，它具有视觉化、透明化和界限化的特点。

24. 噪声：物体的无规则振动产生的不悦耳的声音，泛指嘈杂、刺耳的声音。

25. 危险：系统中存在导致发生不期望后果的可能性超过了人们的承受程度。

26. 危险源：可能导致人身伤害和（或）健康损害的根源、状态或行为，或其组合。

27. 风险：某一特定危害事件发生的可能性和后果的组合。

28. 事故隐患：生产经营单位违反安全生产法律、法规、规章、标准、规程和安全生产管理制度的规定，或者因其他因素在生产经营活动中存在可能导致事故发生的物的危险状态、人的不安全行为和管理上的缺陷。按照集团公司隐患判定标准事故隐患分为一般事故隐患、较大事故隐患和重大事故隐患。

29. 危险化学品：具有毒害、腐蚀、爆炸、燃烧、助燃等性质，对人体、设施、环境具有危害的剧毒化学品和其他化学品。

30. VOCs：挥发性有机化合物（Volatile Organic Compounds）的英文缩写，世界卫生组织的定义为熔点低于室温而沸点在 50 ～ 260℃之间的挥发性有机化合物的总称。

31. 溶剂汽油：用作溶剂的汽油。溶剂汽油是由天然石油或人造石油经分馏而得的轻质产品。

32. 液化石油气：liquefied petroleum gas（LPG），由可燃轻质烃（如丙烷和丁烷）组成的压缩天然气，尤指石油炼制或天然汽油加工后的副产品。

33. 硫化氢：一种无机化合物，分子式为 H_2S，相对分子质量为 34.076，有臭鸡蛋的无色气体，有毒。

34. 急救：任何意外或急病发生时，施救者在医护人员到达前，按医学护理的原则，利用现场适用物资临时及适当地为伤病者进行的初步救援及护理，然后从速送往医院。

35. **燃烧**：可燃物与助燃物（氧或氧化剂）发生的一种剧烈的、放热、发光的化学反应。

36. **闪燃**：在一定温度下，易燃、可燃液体表面的蒸气和空气的混合气体与火焰接触时，能闪出火花，但随即熄灭，这种瞬间燃烧的过程称为闪燃。

37. **自燃**：可燃物质在没有外部明火焰等火源的作用下，因受热或自身发热并蓄热所产生的自行燃烧的现象。

38. **阴燃**：只冒烟没有火焰的缓慢燃烧现象。

39. **火灾**：在时间或空间上失去控制的燃烧所造成的灾害。

40. **爆炸**：物质在瞬间突然发生物理或化学变化，同时释放出大量气体和能量（光能、热能和机械能）并伴有巨大声音的现象。

41. **静电**：由于物体与物体之间的紧密接触和分离，或者相互摩擦，发生了电荷转移，破坏了物体原子中的正负电荷的平衡而产生的电。

42. **防静电接地**：防止静电对易燃油、天然气储蓄罐和管道等的危险作用而设的接地。

43. **触电**：人体直接触及电源或高压电经过空气或其他导电介质传递电流通过人体时引起的组织损伤和功能障碍。

44. **跨步电压触电**：电气设备绝缘损坏或者当输电线路一根导线断线接地时，在导线周围的地面上，由于两脚之间的电位差所形成的触电。

45. **保护接零**：把电工设备的金属外壳和电网的零线可靠连接，以保护人身安全的一种用电安全措施。

46. **保护接地**：将正常情况下不带电，而在绝缘材料损坏后或其他情况下可能带电的电器金属部分（即与带电部分相绝缘的金属结构部分）用导线与接地体可靠连接起来的一种保护接线方式。

47. 安全电压：不会使人直接致死或致残的电压。一般环境条件下允许持续接触的“安全特低电压”是36V。

48. 安全距离：为了防止人体触及或接近带电体，防止车辆或其他物体碰撞或接近带电体等造成的危险，在其间所需保持的一定空间距离。

49. 动火作业：在具有火灾、爆炸危险性的生产或者施工作业区域内，以及可燃气体浓度达到爆炸下限10%以上的生产或施工作业区域内可能直接或者间接产生火焰、火花或者炽热表面的非常规作业。

50. 高处作业：在坠落高度基准面2m及以上有可能坠落的高处进行的作业。

51. 进入受限空间作业：进入各类罐、炉膛、锅筒、管道、容器、阀井、排污池以及深度超过1.2m的坑、堤等进出受到限制和约束的封闭、半封闭空间、设备、设施的操作和检维修作业，及有中毒、窒息、火灾、爆炸、坍塌、触电等危害的空间或场所的作业。

52. 挖掘作业：使用人工或推土机、挖掘机等施工机械，通过移除泥土形成沟、槽、坑或凹地的挖土、打桩、地锚入土深度在0.5m以上的作业；建筑物墙壁开槽打眼，造成某些部分失去支撑的作业；在铁路路基2m内的挖掘作业。

53. 临时用电作业：临时用电作业是指临时性使用（不超过6个月）380V及以下的非标准配置低压电力系统作业。非标准配置的临时用电线路是指除有插头、连线、插座的专用接线排和接线盘之外的临时性电气线路，包括电缆、电线、电气开关、设备等。

54. 管线打开作业：采取下列方式（包括但不限于）改

变封闭管线或设备及其附件的完整性：解开法兰；从法兰上去掉一个或多个螺栓；打开阀盖或拆除阀门；调换 8 字盲板；打开管线连接件；去掉盲板、盲法兰、堵头和管帽；断开仪表、润滑、控制系统管线，如引压管、润滑油管等；断开加料和卸料临时管线（包括任何连接方式的软管）；用机械方法或其他方法穿透管线；开启检查孔；微小调整（如更换阀门填料）；其他。管线打开可能造成危险介质在打开处泄漏，发生火灾、爆炸、物体打击、灼烫、中毒和窒息等事故。

55. **移动式起重机**：移动式起重机是指自行式起重机，包括履带起重机、汽车起重机、轮胎起重机等，不包括桥式起重机、龙门式起重机、固定式桅杆起重机、悬挂式伸臂起重机以及额定起重量不超过 1t 的起重机。

56. **工业三废**：工业生产活动中产生的废气、废水、固体废弃物的总称。

57. **防爆工具**：通常为铜合金制成的工具，工具和物体摩擦或撞击时不会产生火花。

58. **个人防护用品**：从业人员为防御物理、化学、生物等外界因素伤害所穿戴、配备和使用的各种防护品的总称。

59. **安全帽**：对人体受外力伤害起防护作用的帽子，由帽壳、帽衬、下颏带和后箍等部件组成。

60. **阻燃防护服**：在接触火焰及炽热物体后能阻止本身被点燃、有焰燃烧和阴燃燃烧的防护服。

61. **自给式空气呼吸器**：使用者自携储存空气的储气瓶，呼吸时不依赖环境空气的一种呼吸器。

62. **安全带**：高处作业人员预防坠落伤亡的个人防护用品，由安全绳、吊绳、自锁钩等部件组成。

（二）问答

1.《中华人民共和国安全生产法》的立法目的是什么？

目的是为了加强安全生产工作，防止和减少安全生产事故，保障人民群众生命和财产安全，促进经济社会持续健康发展。

2. 双重预防机制包含哪两个部分？

双重预防机制包含生产安全风险分级防控和隐患排查治理两个部分。

3. 安全生产方针是什么？

安全第一、预防为主、综合治理。

4.《中华人民共和国安全生产法》着重对事故预防做出规定，主要体现在哪“六先”？

安全意识在先；安全投入在先；安全责任在先；建章立制在先；事故预防在先；监督执法在先。

5. 刑事责任与行政责任的区别是什么？

一是责任内容不同，负刑事责任的行为要比负行政责任的行为社会危害性更大；二是行为人是否承担刑事责任，只能由司法机关依照刑事诉讼程序决定；三是负刑事责任的责任主体常被处以刑罚。

6. 工伤保险和民事赔偿的区别是什么？

工伤保险是以抚恤、安置和补偿受害者为目的的补偿性措施。民事赔偿是以民事损害为前提，以追究生产经营单位民事责任为目的，对受害者给予经济赔偿的惩罚性措施。

7. 从业人员的安全生产义务是什么？

（1）遵章守规，服从管理的义务；（2）正确佩戴和使用劳动防护用品的义务；（3）接受安全培训，掌握安全生产技能的义务；（4）发现事故隐患或者其他不安全因素及时报告的义务。

8. 从业人员的人身保障权利是什么？

（1）获得安全保障、工伤保险和民事赔偿的权利；（2）得知危险因素、防范措施和事故应急措施的权利；（3）对本单位安全生产的批评、检举和控告的权利；（4）拒绝违章指挥和强令冒险作业的权利；（5）紧急情况下的停止作业和紧急撤离的权利。

9.《中华人民共和国安全生产法》对生产经营单位发生事故后的报告和处置规定是什么？

生产经营单位发生生产安全事故后，事故现场有关人员应当立即报告本单位负责人。单位负责人接到事故报告后，应当迅速采取有效措施，组织抢救，防止事故扩大，减少人员伤亡和财产损失，并按照国家有关规定立即如实报告当地负有安全生产监督管理职责的部门，不得隐瞒不报、谎报或者迟报，不得故意破坏事故现场，毁灭有关证据。

10. 追究安全生产违法行为三种法律责任的形式是什么？

追究安全生产违法行为三种法律责任的形式是行政责任、民事责任和刑事责任。

11.《中华人民共和国劳动法》赋予劳动者享有哪些权利？

劳动者享有平等就业和选择职业的权利、取得劳动报酬的权利、休息休假的权利、获得劳动安全卫生保护的权利、接收职业技能培训的权利、享受社会保险和福利的权利、提请劳动争议处理的权利以及法律规定的其他劳动权利。

12.《中华人民共和国劳动法》规定劳动者需要履行哪些义务？

（1）劳动者应当完成劳动任务；（2）劳动者应当提高职业技能；（3）劳动者应当执行劳动安全卫生规程；（4）劳动

者应当遵守劳动纪律和职业道德。

13.《中华人民共和国劳动法》对女职工有哪些保护规定？

（1）禁止用人单位安排女职工从事矿山井下、国家规定的第四级体力劳动强度的劳动和其他禁忌从事的劳动。（2）禁止用人单位安排女职工在经期从事高处、低温、冷水作业和国家规定的第三级体力劳动强度的劳动。（3）禁止用人单位安排女职工在怀孕期间从事国家规定的第三级体力劳动强度的劳动和孕期禁忌从事的活动。对怀孕 7 个月以上的职工，不得安排其延长工作时间和夜班劳动。（4）禁止用人单位安排女职工在哺乳未满 1 周岁婴儿期间从事国家规定的第三级体力劳动强度的劳动和哺乳禁忌从事的其他劳动，不得延长其工作时间和安排夜班劳动。

14. 职业病防治的基本方针是什么？

预防为主，防治结合。

15. 消防安全“一懂三会”是什么？

懂得所在场所火灾危险性，会报警、会逃生、会扑救初起火灾。

16. 机动车同车道行驶规定是什么？

同车道行驶的机动车，后车应当与前车保持足以采取紧急制动措施的安全距离。

有前车正在左转弯、掉头、超出，与对面来车有会车可能，前车为紧急执行任务的警车、消防车、救护车、工程抢险车，行经铁道路口、交叉路口、窄桥、弯道、陡坡、隧道、人行横道、市区交通流量大的路段等没有超车条件的情况下，不得超车。

17. 非机动车通行规定是什么？

非机动车应当在非机动车道内行驶；在没有非机动车

道的道路上，应当靠车行道的右侧行驶。残疾人机动轮椅车、电动自行车在非机动车道内行驶时，最高时速不得超过15km/h。非机动车应当在规定的地点停放；未设停放点的，非机动车停放不得妨碍其他车辆和行人通行。

18. HSE 九项原则是什么？

（1）任何决策必须优先考虑健康安全环境。

（2）安全是聘用的必要条件。

（3）企业必须对员工进行健康安全环境培训。

（4）各级管理者对业务范围内的健康安全环境工作负责。

（5）各级管理者必须亲自参加健康安全环境审核。

（6）员工必须参与岗位危害识别及风险控制。

（7）事故隐患必须及时整改。

（8）所有事故事件必须及时报告、分析和处理。

（9）承包商管理执行统一的健康安全环境标准。

19. 班组级岗前安全培训内容有哪些？

岗位安全操作规程；岗位之间工作衔接配合的安全与职业卫生事项；有关事故案例；其他需要培训的内容。

20. 国家规定了哪四类安全标志？

国家规定的四类安全标志有禁止标志、警告标志、指令标志、提示标志。

21. 安全色的含义分别是什么？

警告为黄色（小心点，不然容易出事），严禁为红色（千万不能这么干），指令为蓝色（请按要求做），提示为绿色（不知道怎么办，跟我走吧）。

22. 危险作业有哪几种？

进入受限空间作业、挖掘作业、高处作业、移动式起重机吊装作业、管线打开作业、临时用电作业和动火作业等。

23. 高处作业时作业人员的安全职责有哪些？

（1）持有经审批有效的高处作业许可证进行高处作业；

（2）了解作业的内容、地点、时间及要求，熟知作业过程中的危害及控制措施，并严格按照许可证规定的内容进行作业；

（3）在安全措施未落实时，有权拒绝作业；

（4）作业过程中如发现情况异常或感到身体不适，应告知作业负责人，并迅速撤离现场。

24. 进入受限空间作业时作业人员的安全职责有哪些？

（1）在进入受限空间作业前确认作业区域、内容和时间；

（2）进入受限空间作业前，参加工作前安全分析，清楚作业安全风险和安全措施；

（3）进入受限空间作业过程中，执行进入受限空间作业许可证及操作规程的相关要求；

（4）服从作业监护人和属地监督的监管；作业监护人不在现场时，不得作业；

（5）发现异常情况有权停止作业，并立即报告；有权拒绝违章指挥和强令冒险作业；

（6）进入受限空间作业结束后，负责清理作业现场，确保现场无安全隐患。

25. 进入受限空间作业时作业监护人的安全职责有哪些？

（1）对进入受限空间作业实施全过程现场监护；

（2）熟悉进入受限空间作业区域、部位状况、工作任务和存在风险；

（3）检查确认作业现场安全措施的落实情况，以及作业人员资质和现场设备的符合性；

（4）保证进入受限空间作业过程满足安全要求，有权纠正或制止违章行为；

（5）负责进、出受限空间人员登记，掌握作业人员情况并保持有效沟通；

（6）发现人员、工艺、设备或环境安全条件变化等异常情况，以及现场不具备安全作业条件时，及时要求停止作业并立即向现场负责人报告；

（7）熟悉紧急情况下的应急处置程序和救援措施，熟练使用相关消防设备、救护工具等应急器材，可进行紧急情况下的初期处置。

26. 动火作业过程中有哪些重要注意事项？

（1）动火作业前应清除距动火点周围 5m 之内及动火点下方的可燃物质或者用阻燃物品隔离；

（2）距离动火点 10m 范围内及动火点下方，严禁同时进行可燃溶剂清洗或者喷漆等作业；

（3）距动火点 15m 区域内的漏斗、排水口、各类井口、排气管、地沟等应封严盖实，严禁排放可燃液体，严禁有其他可燃物泄漏；

（4）距动火点 30m 内严禁排放可燃气体，严禁有液态烃或者低闪点油品泄漏；

（5）动火作业区域应设置灭火器材和警戒；

（6）动火作业开始前 30min 内，作业单位应对作业区域或者动火点可燃气体浓度进行检测分析，合格后方可动火；

（7）应根据作业施工方案中规定的气体检测时间、位置和频次进行检测，间隔不应超过 2h。

27. 高处作业过程中有哪些重要注意事项？

（1）作业人员应按规定系用与作业内容相适应的安全带。安全带应高挂低用，不得系挂在移动、不牢固的物件上或有尖锐棱角的部位，系挂后应检查安全带扣环是否扣牢。

（2）高处作业所用的工具应随手放入工具袋，不得随意放置或向下丢弃，传递物料时不得抛掷。

（3）高处作业过程中，作业监护人应对高处作业实施全过程现场监护，作业点下方应设安全警戒区，并有明显警戒标志。

（4）禁止踏在梯子顶端作业，同一架梯子只允许一个人在上面作业，不准带人移动梯子。

28. 进入受限空间作业过程中有哪些重要注意事项？

（1）进入受限空间作业前应按照作业许可证或作业施工方案的要求进行气体检测，作业过程中应进行气体监测；

（2）作业人员在进入受限空间作业期间应采取适宜的安全防护措施，必要时应佩戴有效的个人防护装备；

（3）受限空间外醒目处要设置警戒线或警戒标志，未经许可不得进入受限空间；

（4）气体分析合格前或非作业期间，受限空间入口应采取封闭措施，并挂警示牌，不得私自进入；

（5）发生事故或紧急情况，现场作业人员不应盲目施救。

29. 挖掘作业过程中有哪些重要注意事项？

（1）作业场所不具备设置安全通道条件时，应设置逃生梯；

（2）在基坑（槽）、管沟边沿 1m 范围内不应放置土石、材料。基坑（槽）、管沟边沿堆土高度不得超过 1.5m；

（3）作业周边应设置隔离防护设施及安全警示标志；

（4）地下电缆、管线等地下设施两侧 2m 范围内应采用人工开挖。

30. 临时用电作业过程中有哪些重要注意事项？

（1）电工应持有效证件上岗操作；

（2）使用电气设备前应检查电气装置和保护设施，严禁设备带缺陷运转；

（3）暂时停用设备的开关箱应断开电源隔离开关，并关门上锁；

（4）临时用电配电箱及开关箱内的控制开关应安装漏电保护器，在每次使用之前应利用试验按钮进行测试；

（5）配电箱（盘）应保持整洁、接地良好；

（6）所有的临时配电箱应标上电压标识和危险标识，在其安装区域内应在前方 1m 处用黄色油漆、警示带等作警示；

（7）配电箱（盘）、开关箱应设置端正、牢固；

（8）移动工具、手持工具等用电设备应有各自的电源开关，应实行"一机一闸一保护"，严禁两台或两台以上用电设备（含插座）使用同一开关。

31. 管线打开作业过程中有哪些重要注意事项？

（1）管线打开前必须泄压彻底，并根据介质危害特性及打开后可能的危害程度选择采取清洗、置换、吹扫、降温、检测、个体防护等风险削减措施；

（2）管线打开作业时应选择和使用合适的个人防护装备；

（3）在可能产生易燃易爆、有毒有害气体的环境中应进行气体检测。

32. 移动式起重吊装作业过程中有哪些重要注意事项？

（1）在进行吊装作业时，必须明确指挥人员；

（2）任何人员不得在吊物下工作、站立、行走，不得随同吊物或起重机械升降；

（3）任何情况下，严禁汽车起重机带载行走；

（4）操作中起重机应处于水平状态。对于易摆动的工件，应拴溜绳控制，禁止将溜绳缠绕在身体的任何部位；

（5）吊装作业区域外沿应设置警戒，保证工作区域内没有无关人员。

33. 什么是关键性吊装作业？

符合下列条件之一的，应视为关键性吊装作业，实行升级管理：

（1）货物载荷超过额定起重能力的75%；

（2）货物需要一台以上的起重机联合起吊；

（3）吊臂和货物与管线、设备或输电线路的距离小于规定的安全距离；

（4）吊臂越过障碍物起吊，操作员无法目视且依靠指挥信号操作。

34. 危险作业前应完成哪些准备工作？

完成人员资质和施工机具的检查；完成作业施工方案（三级以上危险作业）；完成安全技术交底；完成作业前安全分析；完成许可证现场签批。

35. 工业企业的噪声排放标准是多少？

工业企业的生产车间和作业场所的工作地点的噪声标准为85dB。

36. 如何使用便携式可燃气体检测仪？

（1）使用仪器之前，必须保证其电量充足，避免使用过程中因电量不足而自动关机；

（2）长按电源/确认键数秒，等待气体检测仪开机，并确保其读数稳定；

（3）佩戴好相应的防护措施之后，将四合一气体检测仪手持或使用背夹固定在腰带上，然后进入检测区域进行检测；

（4）站到待检阀组的上风口，打开可燃气体检测仪，将检测仪调整至“0”挡；

（5）将探头靠近被检处，观察检测仪报警灯变化；

（6）检查所有法兰、阀门压盖、压力表接头、焊口等，如检测仪报警灯闪烁变化及报警声变化确认为漏点，报警声越急促说明渗漏量越大；

（7）检查完毕，做好记录，关闭可燃气体检测仪。

37. 如何佩戴空气呼吸器？

（1）打开空气呼吸器箱盖，将高压气瓶拿出；

（2）逆时针打开气瓶底部红色阀门，检查气瓶压力是否在 27MPa；

（3）关闭气瓶阀门，按下呼吸器供气阀黄色按钮，检查气瓶报警压力是否在 6MPa，并伴随有哨笛声；

（4）将气瓶背好，并将气瓶压力表及呼吸器供气阀放至胸前，拉紧肩带、腰带，保证气瓶在身后不摆动；

（5）将呼吸面具佩戴好，并拉紧头部上方、两侧太阳穴及颌部两侧头带，用手堵住呼吸面具接口，检查气密性；

（6）打开气瓶阀门，将气瓶呼吸器供气阀与呼吸面具连接（连接时注意头部上仰，同时右手按住呼吸器供气阀两侧黄钮，左手扶住呼吸面具接口，顺势将呼吸器供气阀接口插入呼吸面具），即可进行呼吸；

（7）操作完毕后，将呼吸器供气阀与面具分离，关闭气瓶阀门，放开呼吸面具头带，脱下呼吸面具，松开气瓶腰带及肩带，卸下气瓶。

38. 如何佩戴安全帽？

（1）检查安全帽的拱带、缝合线、铆钉、下颏带等是否有异常情况；

（2）使用时将安全帽戴正、戴牢，不能晃动；

（3）调节好后箍，系好下颏带，扣好帽扣，以防安全帽脱落。

39. 如何佩戴安全带？

（1）使用前检查绳、带和自锁钩等附件是否齐全完好；

（2）将安全带穿在肩上；

（3）系好腰带扣、肩带扣；

（4）系好双腿带扣；

（5）将保险绳挂钩挂在安全带挂环上。

40. 如何穿戴隔热服？

（1）使用前检查：使用前应该仔细检查隔热服表层各部分是否完好无损，内层隔热层和舒适层是否整齐；

（2）穿着顺序：耐高温裤子、耐高温鞋罩、耐高温上衣、耐高温头罩、耐高温手套，隔热服穿好后仔细检查各部位大小是否合适，能否完整地覆盖暴露部位，各部位锁扣是否扣紧；

（3）耐高温裤子：耐高温裤子款式跟普通背带裤类似，穿上以后整理到合适位置，交叉扣好背带扣即可；穿上以后应检查裤长是否合适，是否影响正常操作；

（4）耐高温鞋罩：穿好耐高温裤子后，分别将两只鞋罩套在鞋上固定后面的系带或粘扣，调整鞋罩的位置使其完整的覆盖脚面（注意：一定要把鞋罩的筒塞到裤腿内侧，以防止火花飞溅和热熔飞溅顺着耐高温鞋筒掉进鞋内）；

（5）耐高温上衣：上衣穿着比较简单，穿上后整理一下两只袖子到合适位置，扣好扣子或粘扣即可；

（6）耐高温头罩：穿好上衣以后戴上耐高温头罩，调整面屏至合适位置，扣上固定卡扣，调整前后突出位置，使其完全遮盖住上衣的衣领部位，防止高温飞溅顺衣领掉进隔热服内；

（7）耐高温手套：耐高温手套佩戴也比较简单，如果抬高胳膊工作，需要将手套的筒套到上衣的袖子上面；如果低头工作，应该把上衣袖口套在耐高温手套外层，这是为了防止高温飞溅进到手套筒内或袖口内对使用者造成伤害。

41. 电气事故及危害有哪些？

常见的电气事故包括电流伤害、电磁场伤害、雷电事故、静电事故和电路故障。

（1）电流伤害：人体直接或间接触及带电体所受到的伤害。电流直接通过人体造成内部伤害的触电为电击，如果短暂接触，会导致头晕、无力、面色苍白等，如果症状严重会诱发休克；电流的热效应、化学效应及机械效应对人体外部造成的局部伤害为电伤，如果长期接触，会对皮肤造成灼伤，导致皮肤受损，引发疼痛、糜烂、烧伤等。

（2）电磁场伤害：人体在电磁场作用下，吸收辐射能量而受到的不同程度的伤害。电磁场伤害可能引起中枢神经系统功能失调，表现为神经衰弱症候群，如头痛、头晕、乏力、睡眠失调，记忆力减退等，还对心血管的正常工作有一定影响。

（3）雷电事故：雷电导致的高电压、高电流及高温对建筑、设备及人体造成的事故。雷击可能造成建筑物设施毁坏，伤及人畜，也可能引起易燃易爆物品的火灾和爆炸。

（4）静电事故：在生产过程中产生的有害静电导致的事故，如石油、化工、橡胶行业，静电放电能引起爆炸性混合物发生爆炸。

（5）电路故障：电能在传递、分配、转换过程中，由于失去控制而造成的事故，电路和设备故障不但威胁人身安全，也会严重损坏电气设备。

42. 触电防护技术有哪些？

触电防护技术包括防直接触电技术和防间接触电技术。

防直接触电技术：

（1）绝缘：用绝缘材料将导体包裹起来，使带电体与带电体之间或带电体与其他导体之间实现电气上的隔离，使电流沿着导体按规定的路径流动，确保电气设备和线路正常工作，防止人体触及带电体发生触电事故。

（2）屏护：采用屏护装置控制不安全因素，即采用遮栏、护罩、护盖、栅栏、保护网、围墙等将带电体与外界隔离，防止直接接触触电。

（3）间距：为防止车辆或人员过分接近带电体造成事故，以及为了防止火灾、过电压防电和各种短路事故，在带电体和地面之间、带电体和其他设备之间、带电体和带电体之间保持一定的安全距离。安全距离的大小取决于电压的高低、设备的类型、安装的方式等因素。

（4）使用绝缘安全工具：包括绝缘杆、绝缘夹钳、绝缘靴、绝缘手套、绝缘垫和绝缘站台。

防间接触电技术：

（1）保护接地：将故障情况下可能呈现危险电压的电气设备的金属外壳、配电装置的金属构架等外露导体与接地装置相连，利用接地装置足够小的接地电阻值，降低故障设备外壳可导电部分对地电压，减小人体触及时流过人体的电流，达到防止电击的目的。

（2）保护接零：将电气设备在正常情况下不带电的金属部分与电网的零线做电气连接。

43. 电火花是如何形成的？

电火花是电极间击穿放电而成，分为工作火花和事故火花。

（1）工作火花：电气设备正常工作时或正常操作过程中产生的火花，如直流电动机电刷与整流子滑动接触处、交流电动机电刷与滑环接触处的电刷后方的微小火花等。

（2）事故火花：电气线路或设备发生故障时出现的火花，如发生短路、漏电时出现的火花；绝缘表面积聚污秽、受潮后出现闪络等。

44. 乙二醇有什么危险特性？

（1）乙二醇液体可燃，蒸气与空气混合能形成爆炸性混合物，遇明火、高热能引起爆炸；

（2）乙二醇对呼吸道和皮肤有刺激作用，短期暴露及吸入后刺激咽喉；

（3）接触高浓度乙二醇可使眼睛红肿，视觉模糊；

（4）食入乙二醇后会使视神经系统、心脏、肺和肾脏中毒，引起恶心、呕吐，长期刺激会引起神经受损、眼球持续转动、无知觉。

45. 硫化氢有什么危险特性？

（1）硫化氢是一种可燃气体，与空气混合燃烧，生成二氧化硫和水，并产生热量，在空气中体积浓度达到 4.3% ～ 46% 时会引起爆炸着火。

（2）硫化氢是一种神经毒剂，也为窒息性和刺激性气体，其毒性作用主要是中枢神经系统和呼吸系统，人体吸入硫化氢可引起急性中毒和慢性损害。

① 轻度中毒时，表现为畏光、流泪、眼刺痛、异物感、流涕、鼻及咽喉灼热感等症状，并有头昏、头痛、乏力，检查可见眼结膜充血等；

② 中度中毒为立即出现头昏、头痛、乏力、恶心、呕吐、走路不稳，可有短暂意识障碍等；

③ 重度中毒时表现为头晕、心悸、呼吸困难、行动迟钝，继而出现烦躁、意识模糊、呕吐、腹泻、腹痛和抽搐，迅速进入昏迷状态，最后可因呼吸麻痹而死亡；

④ 在硫化氢极高浓度（1000mg/m^3 以上）条件下，人员可在数秒钟内突然昏迷、呼吸骤停，继而心跳骤停，发生闪电型死亡。

46. 一氧化碳有什么危险特性？

一氧化碳是一种易燃、易爆、有毒的气体。

轻度中毒者可出现剧烈的头痛、头昏、心跳、眼花、四肢无力、恶心、呕吐、烦躁、步态不稳、意识障碍；中度中毒者除上述症状外，面色潮红、多汗、脉快、意识障碍，表现为浅至中度昏迷；重度中毒时，意识障碍严重，呈深度昏迷或植物状态。

47. 四氢噻吩有什么危险特性？

四氢噻吩，是一种有机化合物，化学式为 C_4H_8S，主要用作城市煤气、石油液化气、天然液化气等燃料气体的加臭剂，也可用作医药和农药原料。

（1）高度易燃，遇高热、明火及强氧化剂易引起燃烧。

（2）具有麻醉作用。小鼠吸入中毒时，出现运动性兴奋、共济失调、麻醉，最后死亡。慢性中毒实验中，小鼠表现为行为异常、体重增长停顿及肝功能改变。对皮肤有弱刺激性。

48. 危险化学品燃烧爆炸事故有什么危害？

（1）高温的破坏作用。

正在运行的燃烧设备或高温的化工设备被破坏时，其灼热的碎片可能飞出，点燃附近储存的燃料或其他可燃物，引起火灾。此外，高温辐射还可能使附近的人受到严重灼烫伤害甚至死亡。

（2）爆炸的破坏作用。

① 碎片的破坏作用：机械设备、装置、容器等爆炸后产生许多碎片，飞出后会在相当大的范围内造成危害。一般碎片飞散范围在 100 ～ 500m。

② 冲击波的破坏作用：冲击波的传播速度极快，在传播过程中，可以对周围环境中的机械设备和建筑物产生破坏作用，使人员伤亡。冲击波还可以在作用区域内产生震荡作用，使物体因震荡而松散，甚至破坏。当冲击波大面积作用于建筑物时，波阵面超压在 20 ～ 30kPa 内，就足以使大部分砖木结构建筑物受到严重破坏。超压在 100kPa 以上时，除坚固的钢筋混凝土建筑外，其余部分将全部破坏。

（3）造成中毒和环境污染。

实际生产中，许多物质不仅是可燃的，而且是有毒的，发生爆炸事故时，会使大量有毒物质外泄，造成人员中毒和环境污染。此外，有毒物质本身毒性不强，但燃烧过程中可能释放出大量有毒气体和烟雾，造成人员中毒和环境污染。

49. 危险化学品有哪些危害，应如何防护？

危化品的危害：

（1）中毒：毒物进入人体后，损害人体某些组织和器官的生理功能或组织结构，从而引起一系列症状体征，称为中毒。危险化学品中毒现场急救主要是除毒，减轻毒物对中毒者的进一步伤害。

（2）窒息：窒息是由于外伤、溺水、烟熏、火燎、土埋、密室缺氧以及异物吸入等原因，引起声门突然紧闭，气管及肺内空气不能外溢，使肺内压力急剧升高，氧气不能进入人体，造成重要器官及全身缺氧综合征。

（3）化学灼伤：化学灼伤是化工生产中的常见急症。

是化学物质对皮肤、黏膜刺激、腐蚀及化学反应热引起的急性损害。按临床分类有体表（皮肤）化学灼伤、呼吸道化学灼伤、消化道化学灼伤、眼化学灼伤。常见的致伤物有酸、碱、酚类、黄磷等。某些化学物质在致伤的同时可经皮肤、黏膜吸收引起中毒，如黄磷灼伤、酚灼伤、氯乙酸灼伤，甚至引起死亡。

（4）烧伤：烧伤是指热力、电流、化学物质、激光、放射线等作用于人体所造成的损伤。

（5）冻伤：冻伤是指人体在严寒条件下暴露时间过长，或突然遭受寒冷袭击，身体散热大于产热，致使肌体局部缺血，或体温下降，引起一系列的生理变化。

防护措施：

（1）防燃烧、爆炸系统的形成：替代、密闭、惰性气体保护、通风置换、安全监测联锁。

（2）消除点火源：引发事故的点火源有明火、高温表面、冲击、摩擦、自燃、发热、电气火花、静电火花、化学反应热、光线照射等。具体的做法有：控制明火和高温表面；防止摩擦和撞击产生火花；火灾爆炸危险场所采用防爆电气设备避免电气火花。

（3）火灾、爆炸蔓延扩散的措施：限制火灾、爆炸蔓延扩散的措施包括阻火装置、防爆泄压装置及防火防爆分离等。

50. 天然气有什么危险特性？

（1）燃烧性。

天然气接触火源能够产生剧烈的燃烧，并出现火焰，具有燃烧速度快、放出热量多、火焰温度高、辐射热强的特点。

（2）爆炸性。

天然气与空气混合，浓度达到一定范围时形成爆炸性混合物，一旦遇火源即发生燃烧或爆炸。天然气在空气中的爆炸极限为 5% ～ 15%。

（3）毒性。

天然气的毒性因其化学组成的不同而异，以甲烷为主者仅导致窒息。如含有 H_2S、CO 等气体时，则毒性依其含量而有不同程度的增加。长期接触天然气者，可能出现神经衰弱综合征。

（4）腐蚀性。

天然气中 H_2S、CO、CO_2 等组分不仅腐蚀设备、降低设备耐压强度，严重时可导致设备裂隙、漏气，遇火源引起燃烧或爆炸。

51. 甲烷有什么危险特性？

（1）燃烧性与爆炸性。

甲烷为易燃气体，与空气混合能形成爆炸性混合物，预热源或明火有燃烧爆炸的危险，其爆炸极限为 5% ～ 15%。

（2）窒息。

甲烷对人基本无毒，但浓度过高时，使空气中氧含量明显降低，使人窒息。

52. 轻烃有什么危险特性？

轻烃易燃易蒸发，其蒸气与空气可形成爆炸性混合物，遇明火、高热或与氧化剂接触猛烈反应，有引起燃烧爆炸的危险。其蒸气比空气重，能在较低处扩散到相当远的地方，遇火源会着火回燃。

53. 氨有什么危险特性？

（1）燃烧性与爆炸性。

氨与空气混合能形成爆炸性混合物，遇明火、高热能引起燃烧爆炸，其爆炸极限为 15.7% ～ 27.4%。

（2）毒性。

急性氨中毒主要表现为呼吸道黏膜刺激和灼伤。吸入极浓的氨气可能发生呼吸心跳停止。氨对眼和潮湿的皮肤能迅速产生刺激作用，潮湿的皮肤或眼睛接触高浓度的氨气能引起严重的化学烧伤。

54. 丙烷有什么危险特性？

（1）燃烧性与爆炸性。

丙烷为易燃气体，与空气混合能形成爆炸性混合物，遇热源和明火有燃烧爆炸的危险，其爆炸极限为 2.1% ～ 9.5%。

（2）毒性。

丙烷具有单纯性窒息及麻醉作用。

55. 甲醇有什么危险特性？

（1）燃烧性与爆炸性。

甲醇易燃，其蒸气与空气可形成爆炸性混合物，遇明火、高热能引起燃烧爆炸，爆炸极限为 6% ～ 36.5%。

（2）毒性。

甲醇对中枢神经系统有麻醉作用；对视神经和视网膜有特殊选择作用，引起病变；可导致代谢性酸中毒。甲醇急性中毒症状有：头疼、恶心、胃痛、疲倦、视力模糊以至失明，继而呼吸困难，最终导致呼吸中枢麻痹而死亡。慢性中毒反应为：眩晕、昏睡、头痛、耳鸣、视力减退、消化障碍。

56. 原油有什么危险特性？

（1）燃烧性。

原油的组分主要是可燃性有机物质，其闪点通常为 -6.67 ～ 32.22℃。原油的易燃性是以其闪点来划分的，闪点越低，越易燃烧，燃烧速度越快，火灾危险性越大。

（2）爆炸性。

原油易蒸发，当原油蒸气与空气混合，达到爆炸极限时，遇到点火源即可发生爆炸。原油蒸气在空气中的爆炸极限为 1.1% ～ 8.7%。

（3）毒性。

原油中芳烃和一些不饱和烃对人体神经系统具有麻醉作用。原油遇热能分解释放出有毒烟雾，吸入大量蒸气可引起神经症状。

57. 根据燃烧物及燃烧特性不同，火灾可分为几类？

（1）A 类火灾：固体物质燃烧的火灾；

（2）B 类火灾：液体火灾和可熔化的固体物质燃烧的火灾；

（3）C 类火灾：可燃性气体燃烧的火灾；

（4）D 类火灾：金属燃烧的火灾；

（5）E 类火灾：物体带电燃烧的火灾。

（6）F 类火灾：烹饪器具内烹饪物火灾。

58. 石油火灾的特性有哪些？

（1）爆炸的危险性大；

（2）火焰温度高，辐射强；

（3）易形成大面积火灾；

（4）具有复燃、爆燃特性；

（5）会产生沸溢和喷溅现象。

59. 火灾处置的“五个第一时间”是什么？

第一时间发现火情、第一时间报警、第一时间扑救初期火灾、第一时间启动消防设施、第一时间组织人员疏散。

60. 发生火灾如何报警？

发生火灾后，要立即拨打 119 火警电话，讲清失火单位的详细地址（位置）及报警人的单位、姓名，并说明燃烧介质和火势。报警后要派人到主要路口接应，引导消防车到达火场。

61. 灭火的方法有哪几种？

（1）隔离法，将可燃物与氧气、火焰隔离；

（2）窒息法，降低燃烧空间的氧浓度；

（3）冷却法，降低燃烧物的温度至燃点以下；

（4）抑制法，用灭火剂参与燃烧的链式反应，抑制自由基产生或降低火焰中自由基浓度从而使燃烧停止。

62. 身上着火如何自救？

（1）立即脱去衣帽，如果来不及可把衣服撕开扔掉；

（2）卧倒在地上打滚，把身上的火苗压灭；

（3）若附近有池塘、水池、小河等，可直接跳入水中；但身体已被烧伤，且烧伤面积很大时，不宜跳水，以防感染。

63. 接触轻烃后如何处理？

（1）当皮肤接触到轻烃时，应脱去被污染的衣物，用肥皂水和清水彻底冲洗皮肤。

（2）当眼睛接触到轻烃时，应提起眼睑，用流动的清水或生理盐水冲洗。

（3）如果吸入大量轻烃挥发气，应转移到通风良好、空气新鲜的地方，保持呼吸道通畅。如呼吸困难，立即输入氧气，如停止呼吸，进行人工呼吸，并送医院救治。

（4）如果食入轻烃，应饮足量温水，催吐，送医院救治。

64. 接触氨后如何处理？

（1）当皮肤接触到氨时，应立即脱去被污染的衣物，应用 2% 的硼酸液或大量清水彻底清洗；

（2）当眼睛接触到氨时，应立即提起眼睑，用大量流动清水或生理盐水彻底清洗至少 15min；

(3) 当吸入氨时，迅速脱离现场，保持呼吸道畅通，若呼吸困难，应输送氧气；若呼吸停止，应立即进行人工呼吸，并送医院救治。

65. 如何使用手提式干粉灭火器？

(1) 迅速提灭火器至着火点的上风口；

(2) 将灭火器上下颠倒几次，使干粉预先松动；

(3) 拔下保险销；

(4) 一只手握住喷嘴，另一只手紧握压把，用力下压，干粉即从喷嘴喷出；

(5) 喷射时，将喷嘴对准火焰根部，左右摆动，由近及远，快速推进，不留残火，以防复燃。

66. 如何使用推车式干粉灭火器？

(1) 将干粉灭火车推或拉至现场；

(2) 右手抓着喷粉枪，左手顺势展开喷粉胶管，直至平直，不能弯折或打圈；

(3) 除掉铅封，拔出保险销；

(4) 用手按下供气阀门；

(5) 左手把持喷粉枪管托，右手把持枪把，用手指扳动喷粉开关，对准火焰喷射，不断靠前，左右摆动喷粉枪，让干粉笼罩住燃烧区直至扑灭为止。

67. 如何使用干粉炮车？

(1) 打开氮气瓶阀；

(2) 缓慢旋转减压器调节螺杆，使进气压力达到工作压力 1.4MPa；

(3) 打开进气球阀（充气阀）向罐内充气，当罐内压力达到 1.4MPa 时，减压器处于平衡状态；

(4) 打开干粉车炮筒上的固定销子，转动炮筒对准火源；

（5）打开炮筒下面的出粉阀即可灭火。

68. 干粉灭火器适用范围是什么？

（1）碳酸氢钠干粉（BC）灭火器适用于易燃、可燃液体、气体及带电设备的初期火灾；

（2）磷酸铵盐（ABC）干粉灭火器除可用于上述几类火灾外，还可扑救固体物质的初期火灾；

（3）干粉灭火器不能扑救金属燃烧的火灾。

69. 二氧化碳灭火器使用时有何注意事项？

（1）二氧化碳是窒息性气体，在空气不流通的火场使用后，必须及时通风；

（2）在灭火时，要连续喷射，防止余烬复燃，不可颠倒使用；

（3）使用中要戴上手套，动作要迅速，以防止冻伤；

（4）在室外使用时，不能逆风使用。

70. 灭火器外观检查有哪些内容？

（1）铅封：灭火器一经开启，必须按规定要求进行充装，充装后应做密封试验，并重新铅封；

（2）防腐：检查可见部分的完好程度，防腐层轻度脱落的应及时补好，有明显腐蚀的应送消防器材专修部门处理；

（3）零部件：检查零部件是否完整，有无松动，变形，锈蚀或损坏，装配是否合理；

（4）压力表：储压式灭火器的压力表指针应在绿色区域内；

（5）喷嘴：检查灭火器喷嘴是否堵塞，如堵塞应进行疏通。

71. 轻烃储罐的喷淋水系统什么时候投用？

（1）当环境温度高时，打开轻烃储罐的喷淋水对其进行喷淋降温；

（2）当有轻烃储罐发生火灾时，打开相邻的轻烃储罐喷淋水，对其进行降温。

72. 引起静电火灾的条件是什么？

（1）周围和空间必须有可燃物存在；

（2）具有产生和累积静电的条件，包括物体自身或其周围与它相接触物体的静电起电的条件；

（3）静电累积起足够高的静电电位后，必将周围的空气介质击穿而产生放电，构成放电的条件；

（4）静电放电的能量大于或等于可燃物的最小点火能量。

73. 防止静电火灾的基本措施有哪些？

（1）做好各危险介质容器、管线的密闭工作；

（2）对轻烃泵房、压缩机厂房采取强制通风措施；

（3）操作人员进入生产装置区必须穿防静电工作服、工作鞋；

（4）进入轻烃泵房、轻烃储罐区、压缩机厂房等危险场所前应释放静电。

二、必备技能

（一）特种设备的使用

1.《中华人民共和国特种设备安全法》突出哪些安全主体责任？

经营单位、生产单位、使用单位。

2. 特种设备主要特征有哪些？

使用比较普及，涉及生命安全，危险性较大，事故所带来的危害极大。

3. 油气初加工装置中常见的特种设备有哪些？

依据《中华人民共和国特种设备安全法》，特种设备主要有对人身和财产安全有较大危险性的锅炉、有机热载体炉、压力容器（含气瓶）、压力管道、起重机械（桥式起重机）、场（厂）内专用机动车辆等。

4. 特种设备使用具体要求中“三有”是指什么？

一有检验：定期检验，且有效合格。

二有证件：特种设备具有“注册登记证”，作业人员具有“操作资格证”。

三有效：安全附件灵敏有效，运行质量可靠有效，隐患整改及时有效。

5. 特种设备作业人员职责是什么？

熟悉所操作特种设备的技术特性，以及可能发生的事故和应采取的措施等。

遵守劳动纪律，执行安全规章制度和操作规程，听从指挥，保持本岗位特种设备的安全和清洁，不随意拆除安全保护装置，有权拒绝违章指挥。

在作业过程中发现事故隐患或不安全因素，应立即向特种设备管理人员和单位有关负责人报告。

（二）消防安全

1. 什么是第一、第二灭火应急力量和疏散引导员？

发生火灾时，在火灾现场的员工为第一灭火应急力量，应在1min内组织扑救初期火灾；火灾确认后，单位按照本单位灭火和应急疏散预案，组织员工形成的灭火应急力量为第二灭火应急力量，应在3min内开展火灾扑救；发生火灾时，单位各楼层疏散通道、安全出口部位负责组织引导现场人员疏散的工作人员为疏散引导员。

2. 如何处置初期火灾？

（1）员工巡检发现火情后，应立即按下就近处火灾声光报警器，主控室接到报警信息后，立即汇报值班干部及调度室。（2）员工使用就近的消火栓、灭火器等设施器材灭火，同时观察火势可能波及的设备范围，便于现场指挥人员作出正确判断。（3）迅速引导无关人员进行疏散逃生。

3. 火灾发生时疏散逃生的路线是怎样的？

（1）一般路线：通常情况下，火场逃生时应遵照逃生原则，依托建筑物本身的疏散设施，选择最短、最安全的线路。生产车间发生火灾时，就应选择最近的出口进行撤离。

（2）特殊情况下的逃生路线：所谓特殊情况是指由于火灾蔓延迅速、火势猛烈，一般疏散路线被火势阻断，或是建筑物内的可利用疏散设施无法使用，像疏散楼梯倒塌、安全出口被封堵等情况，即火场内人员无法通过自身能力逃离现场。这种情况下就要选择通往相对安全、受火势威胁较小或可能较晚的、通风良好、便于消防队员发现和救助的地方和路线来逃生。如情况更为危险，则可将自己置于以相对独立、密闭的空间内，采取封闭门缝、打湿可燃物等一定的防护措施，坚守待援。

4. 火灾逃生策略是什么？

面对大火，必须坚持“三要”“三救”“三不”的原则，才能够化险为夷，绝处逢生。

“三要”：

（1）“要”熟悉自己住所的环境；（2）“要”遇事保持沉着冷静；（3）“要”警惕烟毒的侵害，平时要多注意观察，做到对住所的楼梯、通道、大门、紧急疏散出口等了如指掌，对有没有平台、天窗、临时避难层（间）胸中有数。

“三救”：

（1）选择逃生通道自“救”；（2）结绳下滑“自救”；（3）向外界求“救”。

“三不”：

（1）“不”乘普通电梯；（2）“不”轻易跳楼；（3）“不”贪恋财物。

5. 火场怎么求救？

当发生火灾时，可在窗口、阳台、房顶、屋顶或避难层处，向外大声呼叫，敲打金属物件、投掷细软物品、夜间可打手电筒、打火机等物品的声响、光亮，发出求救信号，引起救援人员的注意，为逃生争得时间。

（三）急救处置

1. 如何进行口对口人工呼吸？

（1）保持病人仰头抬颏；

（2）急救者用按于病人前额那只手的拇指和食指，捏紧其鼻翼下端；

（3）深吸一口气后，张开嘴巴完全把病人的嘴巴包住；

（4）然后用力吹气 1 ～ 1.5s 使肺脏扩张；

（5）吹气后，抢救者松开捏鼻孔的手，让病人胸廓及肺依靠其弹性自主回缩呼气；

（6）每次吹气量为 500 ～ 600mL（成年人需要量），每次吹气时观察到病人胸部上抬即可；

（7）开始时应连续 2 次吹气。

2. 如何进行胸外心脏按压？

（1）按压时，病人必须保持平卧位（水平位），头部位置低于心脏，使血液易流向头部；下肢可抬高，以促使静脉血回流；

（2）若胸外按压在软床上进行；应在病人背部垫以硬板，以保证按压的有效性；

（3）胸外按压的正确部位是胸骨中下 1/3 交界处；

（4）用一只手的掌根部放在胸骨的下半部，另一只手重叠放在这只手的手背上，手掌根部横轴与胸骨长轴确保方向一致，手指无论是伸展还是交叉在一起，都不要接触胸壁；

（5）按压时肘关节伸直，依靠肩部和背部的力量垂直向下按压，使胸骨压低 4 ～ 5cm，随后突然松弛，按压及放松时间大致相等，放松时双手不要离开胸壁，否则会改变正确的按压位置；

（6）按压频率为 100 次 /min。

3. 止血的方法有几种？

止血的方法有三种，即加压包扎止血法，指压止血法，橡皮止血带止血法。

4. 如何对昏迷病人进行紧急处理？

凡昏迷病人，由于舌根向后坠落，造成呼吸道入口处不同程度的阻塞，影响氧气顺利进入肺部。

（1）立即将病人置于平卧位，头偏向一侧；

（2）抽去病人枕后枕头，或在其两肩胛骨下放一薄枕，有利于头向后稍仰；

（3）急救者可用压额举颌法打开病人的呼吸道，使舌根上举、呼吸道畅通，并不断地清除其口、鼻腔内的黏液、血液和分泌物；

（4）取出病人口袋内的硬币、小刀和钥匙等，以免造成压伤；

（5）冬天应注意保暖，夏天注意防暑降温；

（6）如发现病人的心跳、呼吸已停止，应立即做心肺复苏初级救生术。

5. 烧烫伤后如何应急处理？

（1）冲：在烫伤之后立即将受伤部位在凉水下进行冲洗，带走热量；

（2）脱：将受伤部位所覆盖的衣物脱下来，减少轻污染物在皮肤上的存留时间；

（3）泡：将受伤部位在冰中浸泡 10 ～ 20min，疼痛较剧烈，可达到 30min，减轻受伤部位的疼痛、疏散热源；

（4）盖：选取干净纱布或干净的毛巾覆盖伤口；

（5）送：尽快送至医院治疗，避免使用土方法处理伤口，以免加重伤口污染导致感染。

6. 冻伤后如何应急处理？

要及时积极进行救治，尽快脱离导致冻伤的环境。对于全身性冻伤的患者，要做好全身和局部保暖措施，用温水进行局部快速复温，以 40 ～ 42℃的温水效果为佳，待其体温恢复正常 10min 后，擦干身体，用厚暖被服继续保温，并及时到医院救治。

7. 中暑后如何应急处理？

（1）将中暑的人员移至清凉处，并饮用电解质饮料。

（2）躺下或者坐下并抬高下肢，促进血液回流。

（3）降温，用温的湿毛巾敷患者的前额和躯干，或者用大的湿毛巾、湿床单将患者裹起来，用电风扇吹促进水分的蒸发，有助于患者身上热量的丧失。注意不要用酒精擦拭患者的身体，以免发生过敏反应，神志清楚的患者饮用清凉的饮料。如果是神志不清的重度中暑患者，应转送至医院进行急救治疗。

8. 骨折外伤如何应急处理？

骨折现场急救四步骤可以简单记忆为脱离环境、止血包扎、肢体固定、搬运病人。

（1）如果伤员肢体被重物压住，应设法去除重物；手被机器打伤者，应立刻关闭机器。手被夹者甚至要拆开机器，解除压迫。

（2）包扎是最常见的外科治疗手段，可起到保护创面、止血、止痛、减少污染的作用，适用于全身各个部位。包扎时注意充分暴露伤口，伤口上加盖干净敷料，较深的伤口要填塞止血，松紧要适当，打结不要打在伤口上。

（3）患肢夹板固定前，必须先止血、包扎伤口。包扎时，暴露的骨折端不能送回伤口内以免损伤血管、神经及加重污染。夹板的长度要超过上下关节，宽度适宜。夹板与皮肤之间及夹板两端要加以纱布、棉花等物作垫子，以防局部组织压迫坏死。结打在夹板一侧，松紧适当，指（趾）要露出，以便观察肢体血循环。

（4）搬运要有明确的目的，伤员应头在后，脚在前，上下坡 / 梯时要保持伤员的水平状态，一般采用卧位。

9. 触电如何应急处理？

（1）脱离电源：这步操作需要争分夺秒，根据现场环境和条件采用最快、最安全的方式切断电源，或者使患者脱离电源，如关闭电闸、切断电线、挑开电线、拉开触电者等。

（2）紧急处理：电击后的患者可能存在假死状态，让周围人拨打 120，同时心肺复苏，必须坚持不懈地进行，不能轻易放弃，直到 120 救护人员赶到。

（四）个人劳动防护用品（PPE）的使用

1. 正压呼吸器的使用需要注意哪些方面？

（1）气瓶中压力不得低于 27MPa。

（2）检验供气阀是否好用，确保在使用过程中压力不足时发出报警声。

（3）当压力低于 5.5MPa 或指针在红区时，发生报警哨声，表示气瓶压力不足，应立即撤离现场，否则存在窒息或中毒的风险。

（4）使用过程中还需要经常看压力表，需要判断压力是否充足，因在噪声大的环境中，可能听不到报警哨声。

（5）头带需要戴在颈部，防止面罩脱落时掉落在地面。

（6）额前头发夹在面罩中会影响面罩气密性。

（7）面罩气密性不严，在有毒有害场所会引起窒息或中毒的危险。

（8）主要用于受限空间、有毒有害气体、缺氧等环境中。

（9）使用后需要将面罩、背架带等部件及时归位，便于下次应急使用。

（10）使用后需按下供气阀将放空管路剩余空气排掉。

2. 可燃气体检测仪的使用需注意什么？

（1）检测四种有毒有害气体：可燃气体、O_2、CO、H_2S。

（2）仪表显示的是检测气体的浓度。

（3）当检测仪发出声光报警时，有以下几种情况：一是可燃气体浓度达到报警值时，表明现场有气体泄漏，应立即启动预案处理。二是氧气浓度低于 19.5% 表明缺氧环境，高于 22% 为富氧环境。三是 CO 和 H_2S 达到报警值，表明环境中存在有毒气体，应采取防护措施。

（4）当浓度达到 100%LEL 时，表明现场已达到天然气爆炸极限 5%，有爆炸危险，应立即撤离。

（5）用于可燃气体、受限空间、缺氧、有毒气体等场所。

3. 全面罩呼吸器的使用需注意什么？

（1）气密性检查。正压法：用手捂住前方的呼吸口，缓缓呼气，面罩稍微鼓起但没有空气溢出。负压法：用手捂住左右两侧吸气口，缓缓吸气，面罩稍微塌陷并贴近面部，没有空气漏入。

（2）不能用于空气中氧气含量低于 19.5% 的环境。

（3）不能在污染物未知的环境中使用。

4. 3M6006 滤毒盒在哪些场所使用？

主要用于防护有机蒸气、硫化氢、二氧化硫、硫化氢、甲醛等有机气体泄漏的场所，在天然气、轻烃、丙烷、甲烷泄漏时，可选用 3M6006 滤毒盒。

三、风险识别

（一）认识风险

1. 风险、隐患、危险源三者的逻辑关系是什么？

（1）危险源广义上讲是事故的诱因，客观存在。

（2）风险指某个危险源导致一种或几种事故伤害发生的可能性和后果的组合。危险源是风险的载体。

（3）隐患指某种措施弱化，导致风险不可控。如果隐患排查不到位，可能导致事故，全部来源于第一类及第二类危险源。

2. 什么是海因里希法则？

1941年由美国工程师海因里希通过大量机械伤害统计得出，每发生330起意外事件，有300件未产生人员伤害，29件造成人员轻伤，1件导致重伤或死亡。

3. 什么是墨菲定律？

事情如果有变坏的可能，不管这种可能性有多小，它总会发生。要有两点认识，一是不能忽视小概率危险事件，即“黑天鹅事件”；二是习以为常的风险，时刻不能放松，必须从我做起，采取积极的预防方法、手段和措施，消除人们不希望有的和意外的事件，即“灰犀牛事件”。

4. 风险管理的宗旨是什么？

任何岗位、任何工作、任何项目，都要有风险意识。无论是管理岗位还是操作岗位，在开展任何工作活动之前，首先要进行危害辨识与风险评估，在保证安全环保的前提下开展工作。

5. 危害因素、事件、事故的逻辑关系是什么？

危害因素是指可能导致事故根源和状态；事件是指导致或可能导致事故的情况；事故是指造成死亡、疾病、伤害、污染、损坏或其他损失的意外情况，属于递进关系。

6. 危害因素辨识的定义和任务是什么？

危害因素辨识是识别健康、安全和环境危害因素的存在并确定其特性的过程。其有两个关键任务：一是识别可能存在的危害因素；二是辨识可能发生的事故后果。

7. 事故发生链条是怎样的？

事故发生链条如图68所示。

8. 在本岗位可能受到什么伤害？

电伤、压伤、割伤、擦伤、骨折、化学性灼伤、扭伤、冻伤、烧烫伤、中暑、中毒等伤害。

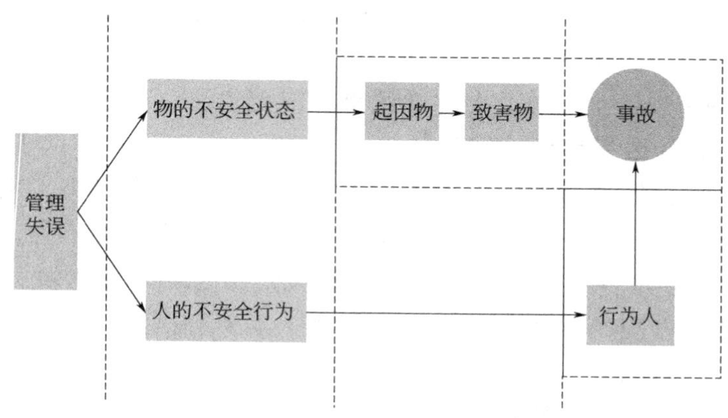

图 68　事故链条示意图

9. 在本岗位有什么物体或物质可能导致伤害？

电气设备、梯子、人站立的作业面、锅炉、压力容器、起重机械、化学品、化工机械、噪声、蒸汽、电气动工具、车辆等。

10. 在本岗位可能发生什么伤害？

碰撞、撞击、坠落、坍塌（挖掘作业）、倒塌（危房倾倒、恶劣天气倾倒）、灼烫（高温管线）、火灾（ABCDEF 类火灾）、爆炸、中毒（油气泄漏、化验室药品中毒）、触电。

11. 在本岗位存在哪些不安全状态？

（1）防护、保险、信号等装置缺乏或缺陷（安全阀底阀未开、继电保护通讯失效、继电保护二次回路虚接、接地扁钢未满焊）。

（2）设备、设施、工具、附件有缺陷（厂区轴流风机非防爆、烟囱绷绳拉线选用过细、吊装钢丝绳短股或吊装带破损、天吊限位器调整错误）。

（3）个人防护用品缺少或有缺陷（未佩戴劳动防护用品、安全帽私自打眼、普通皮鞋代替防静电工鞋）。

（4）生产设施环境不良（厂房照明损坏、轴流风机损坏、机器渗漏有油污、危化品酸碱未分类存储、剧毒药品未设置双人双锁）。

12. 常见人的不安全行为有哪些？

（1）操作错误；

（2）人为造成安全装置失效；

（3）使用非防爆工具；

（4）盲目相信经验，手代替工具；

（5）冒险进入危险区域，危险作业未经审批盲目操作；

（6）攀爬、坐、站立在不安全位置；

（7）机器运转时进行修理、维护、调整等工作；

（8）注意力不集中；

（9）劳动防护用品未佩戴或佩戴不规范。

13. 岗位写风险应遵循哪些步骤？

如图 69 所示，写风险步骤主要有：

（1）写清工作任务；

（2）写清伤害；

（3）写清危害因素；

（4）写清控制措施；

（5）写清操作规程相关项。

（二）风险评价

1. 风险评价工具有哪些？

应用最广、操作简单的方法为作业条件危险性分析法（LEC 法）、风险矩阵法（LS 法）。

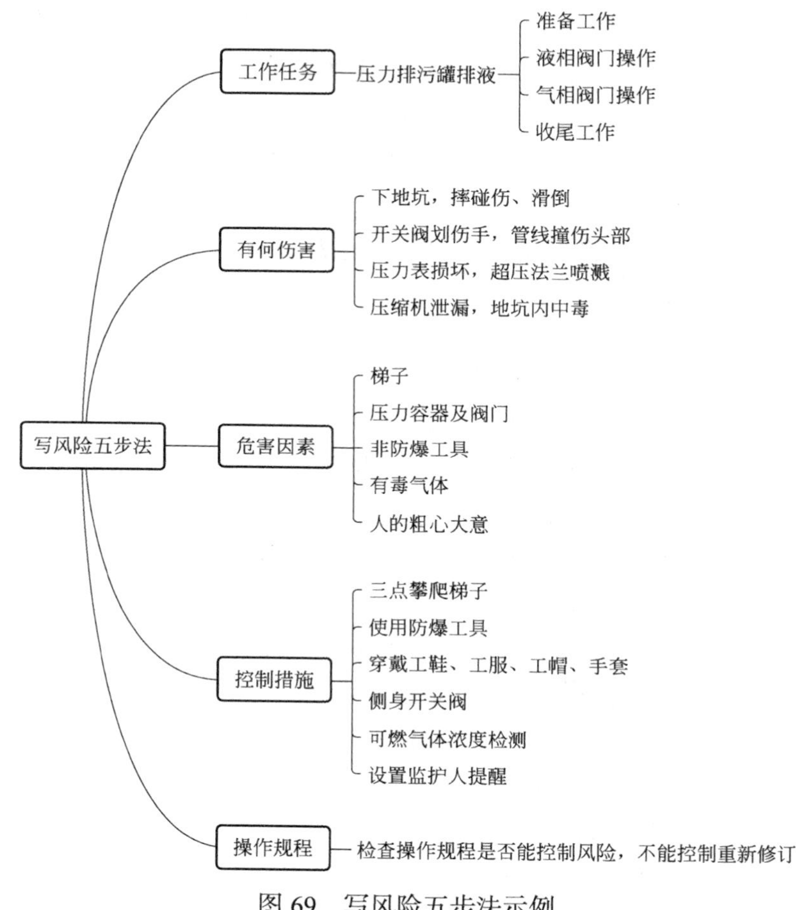

图 69　写风险五步法示例

2. LEC 法和 LS 法有何差异？

作业条件危险性分析法（LEC 法）适宜用来评价人们在具有潜在危险环境中作业活动时的危险性半定量评价方法。一般需要有关人员（生产安全管理人员、技术人员、操作人员代表等）组成小组，依据过去的经历、有关的知识，经充分讨论，计算危险度，最后确定风险等级。

风险矩阵法（LS 法）适宜用来评价设备设施风险，也是半定量半定性评价方法，计算风险度，根据风险矩阵划分，判定风险可能产生的后果。

3. 作业条件危险性分析法（LEC）的具体评估方法是什么？

作业条件危险性分析法（LEC），又称格雷厄姆—金尼法，又称作业条件危险性评价法，用来评价人们在具有潜在危险环境中作业活动时的危险性半定量评价方法。

$$D=L \cdot E \cdot C$$

式中 L——事故、事件发生的可能性；

E——人员暴露于危险环境中的频繁程度；

C——发生事故可能造成的后果；

D——风险高低的等级，表示危险程度。

D 值越大，说明该作业活动危险性越大、风险越大，如表 24、表 25 所示。

表 24 LEC 法相关判定标准

事故发生的可能性（L）	分数值	暴露于危险环境的频繁程度（E）	分数值	事故造成的后果（C）	分数值
完全会被预料到	10	连续暴露	10	十人以上死亡	100
相当可能	6	每天工作时间内暴露	6	数人死亡	40
可能，但不经常	3	每周一次或偶然暴露	3	一人死亡	15
完全意外，很少可能	1	每月暴露一次	2	严重伤残	7
可以设想，很不可能	0.5	每年几次暴露	1	有伤残	3

续表

事故发生的可能性（L）	分数值	暴露于危险环境的频繁程度（E）	分数值	事故造成的后果（C）	分数值
极不可能	0.2	非常罕见地暴露	0.5	轻伤，需救护	1
实际上不可能	0.1				

表 25　LEC 风险级别判定标准

分数值	风险级别	危险程度
＞ 320	5	极其危险，不能继续作业（立即停止作业）
160 ～ 320	4	高度危险，须立即整改
70 ～ 159	3	显著危险，需要整改
20 ～ 69	2	一般危险，需要注意
<20	1	稍有危险，可以接受

注：LEC 法危险等级的划分都是凭经验判断，难免带有局限性，应用时要根据实际情况进行修正。

4. 运用作业条件危险性分析法（LEC 法）的案例如何分析？

本案例列举进入受限空间作业时的分析步骤，见表 26。

表 26　LEC 法案例分析

任务类型	工作任务简述		危害因素及描述
	工作内容	操作步骤	
检修作业	过滤器滤料清理	打开人孔，强制通风	罐内可燃气体浓度超标，引起火灾、爆炸（危害 1）
		清理滤料	罐内部湿滑，滑倒造成摔伤、擦伤（危害 2）

续表

任务类型	工作任务简述		危害因素及描述
	工作内容	操作步骤	
检修作业	过滤器滤料清理	清理滤料	可燃气体积聚，引起火灾、爆炸（危害 3）
			行灯电压过高，造成触电、火灾、爆炸（危害 4）
			置换不合格，人员窒息（危害 5）
		作业完毕清理现场	垃圾、废料环境污染，影响安全操作、阻塞通道（危害 6）

风险评价				现有控制措施
可能性（*L*）	暴露频率（*E*）	严重度（*C*）	风险值（*D*）	
1（危害 1）	1	15	15	1. 采用防爆轴流风机强制通风、连续通风； 2. 作业监护人在作业前 30min 检测可燃气体浓度，可燃气体浓度小于爆炸下限的 10%
3（危害 2）	1	1	3	作业人员佩戴安全绳，穿防滑鞋，正确穿戴劳保，不裸露皮肤
1（危害 3）	1	40	40	1. 确认气体检测值，连续气体监测，两次检测间隔时间最多不超过 30min； 2. 使用防爆工具（铜质锹）； 3. 30min 轮换作业一次，对进入罐内人员及携带工具进行登记； 4. 罐内上水，退出气体，退水
1（危害 4）	1	1	1	使用 12V 安全电压行灯
1（危害 5）	1	40	40	连续含氧量监测，两次检测间隔时间最多不超过 30min
3（危害 6）	1	1	3	作业人员对设备、现场进行清理，按进出物品登记表确认无物品遗留罐内

本次作业是一项典型的受限空间作业，通过分析得出，较高风险的工作主要为密闭空间的中毒、爆炸、窒息风险，所以在作业前就要做好全面的置换、强制通风，严格落实作业许可制度，连续气体监测，确保风险可控。

5. 风险矩阵法（LS 法）具体评估方法是什么？

风险矩阵法（LS 法），是识别出可能存在的危害，判定可能产生的后果及可能性，二者相乘，得出所确定危害的风险，根据风险级别，采取相应的风险控制措施，此方法适用于设备管理及人员管理。

$$R=LS$$

式中 L——事故、事件发生的可能性；

S——事故后果严重性；

R——危险性（也称风险度）。

R 值越大，说明被评价对象危险性越大、风险越大，见表 27 至表 30。

表 27　风险矩阵法（L）参考取值

分值	参考频率	人员情况	设备设施、工器具及材料	环境状况	规程和针对性管理方案
5	近一年内发生过	无培训、无经验	超期运行或超检验期	受限空间作业，存在有毒有害气体	没有
4	在公司内发生过	有培训但培训时间不够或效果不好	无保护自动装置或存在质量问题	立体交叉作业，场地狭窄	有，但不完善，偶尔执行
3	在行业内发生过	经验不足，多次出现差错	基本完好，但安全装置不完善	通风、光照或温度需采取措施才能作业，周围有运行设备，立面有同时作业	有，较完善，但只有部分执行

续表

分值	参考频率	人员情况	设备设施、工器具及材料	环境状况	规程和针对性管理方案
2	在国内曾发生过	偶尔出现差错	总体完好，但有缺陷	通风、光照或温度不影响作业，系统停运且周围无运行设备，同一作业面有作业	有，完善，但偶尔不执行
1	从未听说过	培训充分，经验丰富	完好无缺陷	通风、光照或温度良好，系统停运且周围无运行设备	有，完善，严格执行

表 28 风险矩阵法（*S*）参考取值

分值	可能造成的人员伤害	可能造成的财产损失
1	一般无损伤	直接经济损失 5000 元以下
2	1 ～ 2 人轻伤	直接经济损失 5000 元以上，1 万元以下
3	造成 1 ～ 2 人重伤，3 ～ 6 人轻伤	直接经济损失 1 万元以上，10 万元以下
4	1 人死亡，3 ～ 6 人重伤或严重职业病	直接经济损失 10 万元以上，100 万元以下
5	2 人以上死亡，7 人及以上重伤	直接经济损失 100 万元以上

表 29 风险矩阵法（*R*）取值区域划分

可能性（*L*）	严重性（*S*）				
	1	2	3	4	5
1	1	2	3	4	5
2	2	4	6	8	10
3	3	6	9	12	15
4	4	8	12	16	20
5	5	10	15	20	25

表 30　风险矩阵法（R）值风险判定依据

风险度（R）	等级	应采取的行动 / 控制措施	实施期限
17 ～ 25	重大风险	在采取措施降低危害前，不能继续作业或运行，且应对改进作业措施进行评估	立即整改
10 ～ 16	较大风险	采取紧急措施降低风险，建立运行控制程序，定期检查评估	及时整改
5 ～ 9	一般风险	建立目标和操作规程，加强培训及沟通	按计划整改
0 ～ 4	低风险	建立作业指导书，但需定期检查	条件具备时整改

6. 什么是工作前安全分析？

根据《工作前安全分析管理规范》（Q/SY 1238—2009）规定，工作前安全分析是指事先或定期对某项工作任务进行风险评价，并根据评价结果制定和实施相应的控制措施限度消除或控制风险的方法。

7. 工作前安全分析的应用范围包括哪些？

应用于以下作业活动：

（1）新的作业；

（2）非常规（临时）的作业；

（3）承包商作业；

（4）改变现有的作业；

（5）评估现有作业。

8. 工作前安全分析的步骤是什么？

（1）成立小组，基层负责人指定；

（2）审查工作计划、分解工作任务、了解现场作业环境；

（3）识别危害因素，填写工作前安全分析表；

（4）对危害因素运用 LEC 法评价打分；

（5）根据风险评价得分高低，制定相对应的风险控制措施；

（6）分析控制措施是否完善有效，可以控制风险；

（7）小组成员一致认同后，进行作业。

（三）双重预防机制

1. 双重预防机制的由来及含义是什么？

2015 年 12 月 24 日，总书记在中共中央政治局常委会会议上发表重要讲话强调：必须坚决遏制重特大事故频发势头，对易发生重特大事故的行业领域采取风险分级管控、隐患排查治理双重预防工作机制，推动安全生产管控前移，加强应急救援工作，最大限度减少人员伤亡和财产损失。

2021 年 9 月 1 日颁布实施的《中华人民共和国安全生产法》中企业主要负责人的安全职责中明确提出要“组织建立并落实安全风险分级管控和隐患排查治理双重预防工作机制，督促、检查本单位的安全生产工作，及时消除生产安全事故隐患”，双重预防机制建设已正式立法。

2. 双重预防机制建设的三道防线是什么？

如图 70 所示，双重预防机制建设的三道防线如下：

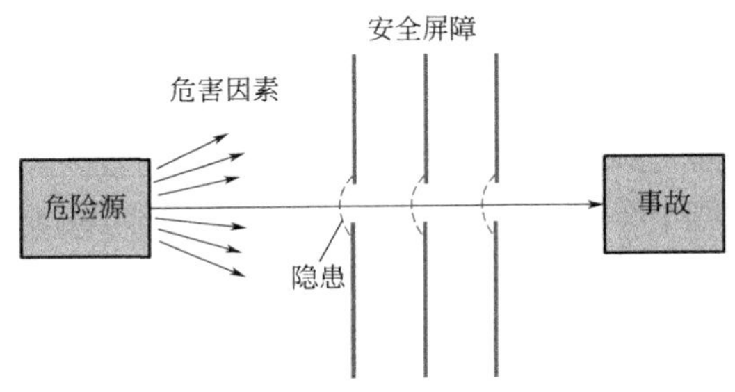

图 70　双重预防机制建设三道防线

第一道防线是安全风险防控；

第二道防线是隐患排查治理；

第三道防线是事故应急救援。

3. 集团公司“四条红线”具体内容是什么？

（1）可能导致火灾、爆炸、中毒、窒息、能量意外释放的高危和风险作业；

（2）可能导致着火爆炸的生产经营领域的油气泄漏；

（3）节假日和重要敏感时段（包括法定节假日，国家重大活动和会议期间）的施工作业；

（4）油气井井控等关键作业。

4. 双重预防机制建设整体工作思路是什么？

一是策划和准备；二是风险辨识评估；三是风险分级管控；四是隐患排查；五是隐患治理及验收，如图 71 所示。

5. 风险（危险程度、危险度）评估方法有哪些？

（1）作业活动危险源及其风险（危险程度、危险度）应采用作业危害分析法（JHA）等方法进行评估。

（2）设备设施危险源及其风险可采用安全检查表分析法（SCL）等方法进行评估。

（3）对于复杂的工艺企业可委托专业安全技术服务机构采用危险与可操作性分析（HAZOP）等方法进行评估。

6. 风险分级及四色标注是怎样的？

根据风险分析结果，确定危险源可导致不同事故类型的风险等级。风险等级从高到低划分为重大风险、较大风险、一般风险和低风险四个等级，分别用红、橙、黄、蓝四种颜色代表。

7. 风险管控的层级是什么？

低风险——班组、岗位管控；

一般风险——部室（车间级）、班组、岗位管控，需要控制整改；

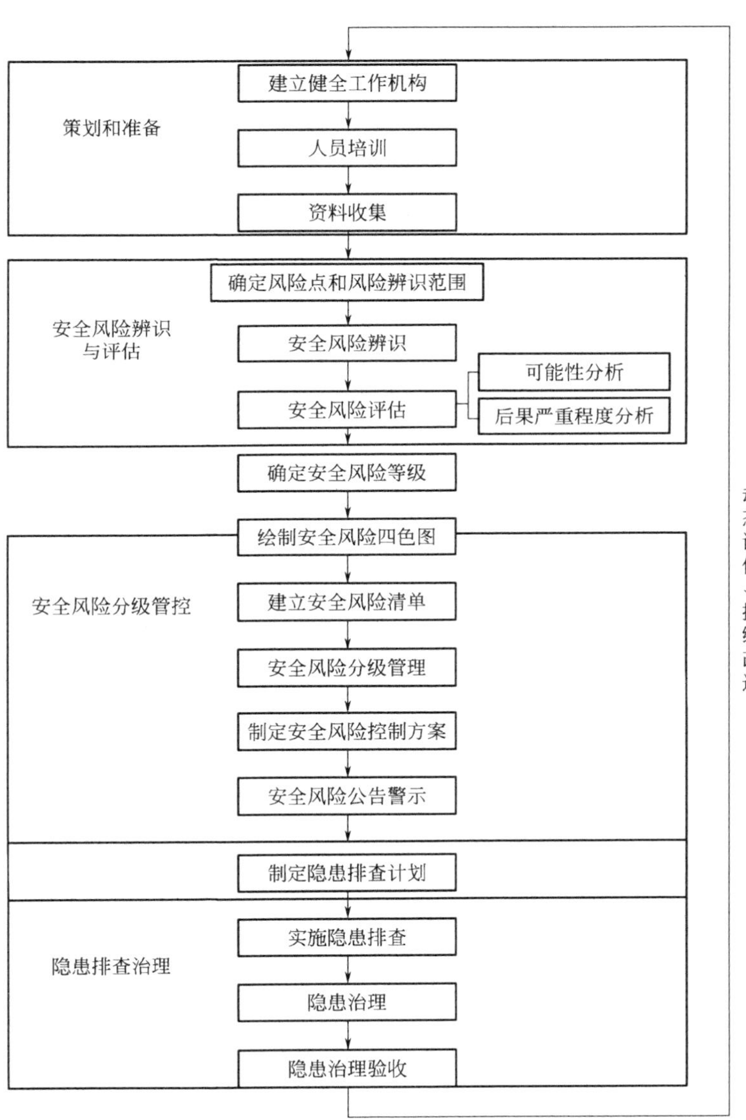

图 71 双重预防机制建设工作流程图

较大风险——公司（厂）级、部室（车间级）、班组、岗位管控，应制定建议改进措施进行控制管理；

重大风险——公司（厂）级、部室（车间级）、班组、岗位管控，应立即整改，不能继续作业，只有当风险降至可接受后，才能开始或继续工作。

风险等级见表 31。

表 31　双重预防机制建设中风险等级判定

风险值	风险度	风险等级	颜色
＞ 320	极其危险	重大风险	红
160 ～ 320	高度危险	较大风险	橙
70 ～ 160	显著危险	一般风险	黄
20 ～ 70	轻度危险	低风险	蓝
小于 20	稍有危险		

（四）HSE 管理工具

1. 工作循环分析（JCA）是怎样的？

工作循环分析是以操作主管（基层单位队长或班组长）与员工合作的方式进行，通过现场评估的方式对已制定的操作规程和员工实际操作行为进行分析和评价的一种方法。

其工作步骤分为准备阶段、初始评估阶段、现场评估阶段、最终评估阶段和记录分析阶段。

（1）准备阶段。

① 识别关键作业过程和关键设备；

② 梳理关键作业过程；

③ 关键设备有关的操作规程，没有相应规程时，建立相应规程；

④ 建立操作规程清单；

⑤ 制定 JCA 计划，确定时间与频次，并通知相关人员。

（2）初始评估阶段。

操作主管与员工讨论实际操作情况与程序的差异，以验证程序的完整性、适用性和员工对操作程序的理解程度。沟通内容应包括：

① 需要的防护设备及完好状态；

② 需要的工具及完好状态；

③ 执行操作程序涉及的一些关键安全要求；

④ 关键安全要求是否针对该工作，操作程序中是否已包含该安全要求；

⑤ 执行该操作程序能否使工作安全、有效地进行。

（3）现场评估阶段。

① 观察实际操作与操作程序的偏差；

② 找到操作程序本身的缺陷；

③ 找出潜在的风险及其他不安全事项。

（4）最终评估阶段。

讨论发现的问题，确认整改建议。

（5）记录分析阶段。

① 通过评估分析，修订关键作业操作程序（每年一次）；

② 组织员工对规程的学习培训；

③ 组织员工参加工作循环分析（每年一次）。

2. 安全观察六步法是什么？

安全观察六步法：观察、表扬、讨论、沟通、启发、感谢。

3. 启动前安全检查是怎样的？

启动前安全检查是在工艺设备启动和施工前对所有相关危害因素进行检查确认，并将所有必改项整改完成，批准启动的过程。

启动前安全检查的范围包括：(1) 新、改、扩建的工艺设施设备，如新建压气站投运前；(2) 工艺设备发生重大变更，如仪表风系统完成改造投入使用前；(3) 工艺设备的停产检修，如深冷装置完成检修投入使用前。

应建立安全检查清单，包括工艺技术、设备、人员、应急响应、环境保护等5方面内容，具体检查内容见表32和表33。

表32 安全检查内容参考表

序号	工艺技术	设备	人员	事故调查及应急响应	环境保护
1	所有工艺安全信息已归档	设备已按设计要求制造、运输、储存和安装	所有相关员工已接受有关HSE危害、操作规程、应急知识的培训	针对以往事故教训制定的改进措施已得到落实	控制排放的设备可以正常工作
2	工艺危害分析建议措施已完成	设备运行、检维修、维护的记录已按要求建立	承包商员工得到相应的HSE培训	确认应急预案与工艺安全信息相一致，相关人员已接受培训	处理废弃物（包括废料，不合格产品）的方法已确定
3	操作规程经过批准确认	设备变更引起的风险已得到分析，操作规程、应急预案已得到更新	新上岗或转岗员工了解新岗位危险并具备胜任本岗位的能力		环境事故处理程序和资源（人员、设备、材料等）确定
4	工艺技术变更，包括工艺或仪表图纸的更新，经过批准并记录在案				符合环境保护法律法规

表 33　安全检查内容示例

序号	检查内容	选择		行动		发现问题	检查人
		有关	无关	必改	待改		
1	水封阀组	√		√		水封阀组两处平台缺少部分护栏	何 ×
2	现场灭火器	√		√		现场未配备灭火器	何 ×
3	电气线路竣工图	√		√		未提供电气线路竣工图	殷 ×
4	开工方案	√		√		开工方案未经批准	颜 ×
5	气密试验	√		√		气密试验未进行	颜 ×
6	消防专项验收	√		√		未提供消防部门的专项验收材料	何 ×
7	操作规程、操作卡、应急预案	√		√		操作规程、操作卡、应急预案未完成	颜 ×
8	手动点火箱	√			√	手动点火箱没有钥匙（带高压电），门没上锁	何 ×
9	压缩机润滑油分析分析	√			√	没有分析报告	孙 ×
10	安全阀校验	√		√		火炬分离罐安全阀未检	孙 ×

4. 上锁挂签管理是什么？

上锁挂签是通过安装上锁装置及悬挂警示标牌，来防止危险能源和物料意外释放可能造成的人员伤害或财产损失的做法。它遵循三个宗旨：

（1）上锁装置必须能够防止不经意的误操作。

（2）每个可能暴露于危险能源的人员必须参与上锁挂牌。

（3）上锁挂牌仅能防止误操作，对于蓄意的行为，并不能产生作用。

5. 上锁挂签的作用是什么？

（1）防止已经隔离的危险能量和物料被意外释放；

（2）对系统或设备的隔离装置进行锁定，保证作业人员免于安全和健康方面的危险；

（3）强化能量和物料隔离管理。

6. 上锁挂签的四个步骤是什么？

辨识、隔离、上锁、确认。

7. 安全锁分哪几种？

（1）个人锁：每人只有一把只供个人专用，用于锁住单个隔离点或锁箱的标有个人姓名的安全锁。

（2）集体锁：用于锁住隔离点并配有锁箱的安全锁，集体锁可以是一把钥匙配一把锁，也可以是一把钥匙配多把锁。

8. 解锁方式分哪几种？

（1）正常解锁：工作完成后，由上锁者本人进行的解锁。

（2）非正常拆锁：上锁者本人不在场或没有解锁钥匙时，且其危险禁止操作标签或安全锁需要移去时的解锁。

（五）法规基础

1. 事故等级判定依据是什么？

根据生产安全事故造成的人员伤亡或者直接经济损失，事故一般分为以下等级：

（1）特别重大事故，是指造成30人以上死亡，或者

100 人以上重伤（包括急性工业中毒，下同），或者 1 亿元以上直接经济损失的事故；

（2）重大事故，是指造成 10 人以上 30 人以下死亡，或者 50 人以上 100 人以下重伤，或者 5000 万元以上 1 亿元以下直接经济损失的事故；

（3）较大事故，是指造成 3 人以上 10 人以下死亡，或者 10 人以上 50 人以下重伤，或者 1000 万元以上 5000 万元以下直接经济损失的事故；

（4）一般事故，是指造成 3 人以下死亡，或者 10 人以下重伤，或者 1000 万元以下直接经济损失的事故。

2. 本企业事故（事件）报告程序是什么？

事故发生后，事故现场有关人员应当立即向本单位负责人报告，单位负责人接到报告后，应当于 1h 内向事故发生地县级以上人民政府安全生产监督管理部门和负有安全生产监督管理职责的有关部门报告。

3. 事故（事件）报告的内容有哪些？

（1）事故发生单位概况；

（2）事故发生的时间、地点以及事故现场情况；

（3）事故的简要经过；

（4）事故已经造成或者可能造成的伤亡人数（包括下落不明的人数）和初步估计的直接经济损失；

（5）已经采取的措施；

（6）其他应当报告的情况。

4. 重大责任事故罪是什么？

在生产、作业中违反有关安全管理的规定，因而发生重大伤亡事故或者造成其他严重后果的行为。

5. 重大劳动安全事故罪是什么？

安全生产设施或者安全生产条件不符合国家规定，因而发生重大伤亡事故或者造成其他严重后果的行为。

6. 工伤的判定标准是什么？

下列情况应认定为工伤：

（1）在工作时间和工作场所内，因工作原因受到事故伤害的；

（2）工作时间前后在工作场所内，从事与工作有关的预备性或者收尾性工作受到事故伤害的；

（3）在工作时间和工作场所内，因履行工作职责受到暴力等意外伤害的；

（4）患职业病的；

（5）因工外出期间，由于工作原因受到伤害或者发生事故下落不明的；

（6）在上下班途中，受到机动车事故伤害的；

（7）法律、行政法规规定应当认定为工伤的其他情形。

职工有下列情形之一的，视同工伤：

（1）在工作时间和工作岗位，突发疾病死亡或者在 48h 之内经抢救无效死亡的；

（2）在抢险救灾等维护国家利益、公共利益活动中受到伤害的；

（3）职工原在军队服役，因战、因公负伤致残，已取得革命伤残军人证，到用人单位后旧伤复发的。

7. 哪些情况不予判定工伤？

（1）故意犯罪的；

（2）醉酒或者吸毒的；

（3）自残或者自杀的。

8. 劳动功能障碍与生活自理障碍分为几级？

劳动功能障碍分为十个伤残等级，最重的为一级，最轻的为十级。

生活自理障碍分为三个等级：生活完全不能自理、生活大部分不能自理和生活部分不能自理。

9. 工伤上报时限是多久？

职工发生事故伤害或者按照《中华人民共和国职业病防治法》规定被诊断、鉴定为职业病，所在单位应当自事故伤害发生之日或者被诊断、鉴定为职业病之日起 30 日内，向统筹地区社会保险行政部门提出工伤认定申请。遇有特殊情况，经报社会保险行政部门同意，申请时限可以适当延长。

用人单位未按前款规定提出工伤认定申请的，工伤职工或者其近亲属、工会组织在事故伤害发生之日或者被诊断、鉴定为职业病之日起 1 年内，可以直接向用人单位所在地统筹地区社会保险行政部门提出工伤认定申请。

参考文献

［1］冯叔初，郭揆常．油气集输与矿场加工．东营：中国石油大学出版社，2006．

［2］刘迪，凌洁．石油化工工艺．北京：中国纺织出版社，2017．

［3］梁文杰，阙国和，刘晨光．石油化学．东营：中国石油大学出版社，2009．

［4］王智．天然气凝液回收技术．天津：天津科学技术出版社，2014．

［5］陆忠．天然气输送与城镇燃气．东营：中国石油大学出版社，2008．

［6］陈德春．天然气开采工程基础．东营：中国石油大学出版社，2007．

［7］李帆，周英彪．城市天然气工程．武汉：华中科技大学出版社，2006．